Über dieses Buch

»Ich lache nicht über Leute, die behaupten, ein UFO gesehen zu haben. Denn ich habe auch eines gesehen.«

Diese Äußerung stammt von Jimmy Carter, Präsident der Vereinigten Staaten, und sie zeigt deutlich die Tendenzwende in der Haltung gegenüber dem UFO-Phänomen an, die gegenwärtig stattfindet. In einer großangelegten gemeinsamen Operation untersuchen z. B. amerikanische und russische Wissenschaftler das Meer zwischen Florida, den Bahamas und den Bermuda-Inseln, das sog. »Bermuda-Dreieck«, das immer wieder in Zusammenhang mit UFO-Erscheinungen gebracht wird.

Nachdem nun also die Menschheit endlich bereit zu sein scheint, die Existenz außerirdischer Wesen als Tatsache anzunehmen, ist auch die Zeit gekommen, dieses Phänomen vorurteilslos, ohne Angst und frei von Klischees ins Auge zu fassen.

Nicht von ungefähr geht zur selben Zeit eine gewaltige Bewegung durch die Menschheit: eine Suche nach Erweiterung ihres Bewußtseins, nach neuen Denk- und Lebensweisen, wie sie sich in den Bemühungen vieler Tausender um yogische und meditative Praktiken zeigt. Yoga ist ja nichts anderes als das gezielte Bemühen des Menschen, seine Grenzen zu überschreiten – und jahrtausendealte Erfahrung beweist, daß es ihm möglich ist; daß der Mensch ein größeres Instrumentarium zu seiner Verfügung hat als nur die »fünf« Sinne und das unterentwickelte Denkvermögen, das er heute ausschließlich benutzt. Telepathie, Ent- und Materialisation u. v. m. – als »Yoga-Siddhis« seit langem bekannt – liegen für ihn im Bereich des Möglichen, können Realität werden.

Betrachtet man nun die Berichte derjenigen, die Kontakte mit UFOs und ihren Besatzungen hatten, unter diesem Gesichtspunkt der Bewußtseinsentwicklung, so fällt sofort ins Auge, daß sich die Planetarier all dieser Fähigkeiten bedienen: Sie senden telepathisch Botschaften, materialisieren ihre UFOs wie sich selber, gelangen mühelos von der vierten in unsere dritte Dimension und können sich wieder »auflösen«, d. h. *ent*materialisieren. Das alles sind reine Bewußtseinsphänomene – und die Körper und Fahrzeuge nur Vehikel.

Die Planetarier also Yogis? Und ihre Botschaft – der Zweck ihres Auftauchens hier? Allen Menschen so deutlich wie möglich zu machen, was der Mensch noch erreichen, was er jetzt lernen kann, um seinen wahren Platz im Kosmos einzunehmen.

Gottfried Herberts

Begegnungen mit Außerirdischen

Freunde aus dem All helfen uns

Fischer Taschenbuch Verlag

Originalausgabe
Fischer Taschenbuch Verlag
November 1977

Umschlagentwurf: Jan Buchholz/Reni Hinsch

Fischer Taschenbuch Verlag GmbH, Frankfurt am Main

Gesamtherstellung: Hanseatische Druckanstalt GmbH, Hamburg
Printed in Germany
580-ISBN-3-596-21979-5

Inhalt

Vorwort 7
Einleitung: Wir sind nicht allein im Kosmos 23

1. Astronaut Aldrin filmte UFOs auf dem Mond 25
2. Schon im Altertum gesichtet 30
3. Zwei Werftarbeiter von UFO-Besatzung entführt . . . 39
4. 785 Kilometer entfernt wieder erwacht 44
5. Polizeifoto von einem Ufonauten 56
6. Zerfetzte Hemden und tiefe Kratzwunden 61
7. Raumschiffe versetzen Tiere in panische Angst 66
8. George Adamski 75
9. Reisen in die Zeit 83
10. Der »kosmische Knopf« der Außerirdischen 92
11. Rätselvolles Bermuda-Dreieck 98
12. Die Technik der Raumschiffe 110
13. Computer entschlüsseln Gedanken 120
14. Botschaften aus dem Jenseits 127
15. Strafplanet Erde 148
16. Die Yogis 170
17. Geheimsache UFOs 177
18. Unser Selbstmordprogramm 190

Literaturhinweise 199

Vorwort

Das Vorwort zu einem Buch wie das vorliegende zu schreiben, stellt ein gewisses Wagnis dar. Denn das UFO-Phänomen, das hier untersucht werden soll, erscheint bei genauerer Betrachtung, die über das bloße Registrieren von imaginären oder tatsächlichen Sensationen hinausgeht, als weitreichendes Phänomen des Bewußtseins. Und in diesem Sinn möchte ich versuchen, auf einige Aspekte hinzuweisen, die bei der bisherigen Behandlung dieses Themas zumeist überhaupt nicht oder nur andeutungsweise mit in die Diskussion eingeführt wurden. Zunächst bietet das Buch einen guten Überblick über die meisten bisher bekannt gewordenen UFO-Erscheinungen, wobei es auf falsche Sensationen oder Sensationsmacherei verzichtet, aber nicht die Bedeutung verschweigt, die diese Erscheinungen haben könnten, wenn man sie nicht nur als isolierte Phänomene versteht, sondern als Teil eines kosmischen Vorgangs, zu dem wir ebenso gehören wie jede andere bekannte oder unbekannte Lebensform auf dieser oder jeder anderen Welt. Wenn man sich diese an sich einfache und grundsätzliche Tatsache vergegenwärtigt, stoßen wir auf einen interessanten Wesenszug *bei uns selbst*, den wir wahrscheinlich nicht direkt mit UFO-Phänomenen in Verbindung bringen werden: die ebenso simple Tatsache, daß wir in unserem Normalbewußtsein so gut wie nie diese kosmische Lebensverbundenheit verkörpern oder danach handeln. Dadurch sind wir in der Lage, bis zu einem gewissen Grad in der Illusion zu verharren, eine geregelte Lebensweise mit der entsprechenden Interpretation der Welt »praktizieren« zu können, die ein Gefühl der Sicherheit vermittelt. Aber diese Sicherheit ist äußerst relativ, und das Trügerische dieses »Normalbewußtseins« enthüllt sich tagtäglich in der Unfähigkeit, neuen Entwicklungen schöpferisch begegnen zu können oder gar die Entwicklung selbst als schöpferische Notwendigkeit zu erkennen. Deutlich zeigt uns das menschliche Wissenschaft, die sich dem Neuen und der Erweiterung der Erkenntnis zuwenden *muß*, aber bei der Bewußtseinsübersetzung ständig die Katastrophe erlebt, daß die neue Erkenntnis ohne eine entsprechende Veränderung im menschlichen Bewußtsein in den meisten Fällen Zerstörung oder Krankheit hervorbringt. Die Beispiele erstrecken sich von der Ebene der atomaren

Geheimnisse über die Begegnung mit dem Rätsel des Alls bis hin zu jenen überkosmischen Dimensionen, die wir als Transzendentes, als Göttliches fühlen, verehren oder erfahren. Der Mensch, dessen Bewußtsein »voratomar« ist, wird die Geheimnisse des Atoms nicht wirklich verstehen und darum falsch, d. h. für ihn schadbringend einsetzen; der Mensch, dessen Bewußtsein nicht universell ist, wird das Rätsel des Alls nicht wirklich enträtseln und darum nicht teilhaben am Universum; der Mensch, dessen Bewußtsein nicht göttlich ist, wird seine Identität mit dem Göttlichen nicht finden. Wenn wir also bereits in unserem menschlichen Bereich eine Lebensauffassung vertreten, die uns ständig in Konflikt mit unseren Erkenntnissen bringt, ist es nicht weiter verwunderlich, wenn wir vor einem scheinbar außermenschlichen Phänomen bewußtseinsmäßig versagen.

Bezogen auf die UFO-Erscheinungen würde das bedeuten, daß wir primär den Versuch wagen sollten, auf die eine oder andere Weise unser Bewußtsein dahingehend zu entwickeln, daß wir in der Lage sind, dem Phänomen an sich, auf seiner entsprechenden *Bewußtseinsebene* zu begegnen. Tun wir dies nicht, können wir nur Aufzeichnungsgeräte sein, die irgendeiner physischen oder auch supraphysischen Erscheinung gegenüberstehen, sie wahrnehmen oder gar von ihr aufgegriffen werden, ohne dabei das geringste zu verstehen, weil in unserem Bewußtsein diese Realität keinen Platz hat und folglich auch keinen Eingang findet. Der nötige Vorgang ist umgekehrt: Unser Bewußtsein dehnt sich zu dieser Realität des unbekannten Konkreten aus. Die Konsequenzen, die aus dieser Sicht der Dinge resultieren, sind weitreichend und würden eine totale Wandlung der Haltung gegenüber dem UFO bedeuten. Man würde nämlich zu dem Schluß kommen, daß das Erscheinen des UFO bereits eine Botschaft ist (gewissermaßen die Universalisierung von McLuhans Postulat: »Das Medium ist die Botschaft«). Und zwar eine Botschaft, die nicht »übersetzt« ist, sondern direkt auf das Bewußtsein einwirkt, sofern in diesem Bewußtsein ein Mindestmaß an Bereitschaft zur Ausweitung vorhanden ist.

1. UFO als psychologische Realität

In diesem weiten und, wie mir scheint, *notwendig* weiten Zusammenhang möchte ich hier auf drei Aspekte hinweisen, die man bei der Auseinandersetzung mit dem UFO-Phänomen in Betracht ziehen könnte. Das ist einmal das UFO als psychologische Realität,

die im Augenblick viel schwerwiegender zu sein scheint als die von vielen angezweifelte und umstrittene physische Realität des UFO. In diesem Zusammenhang, der natürlich weit über die hier aus Platzgründen auf knappe Gedankenanstöße beschränkte Betrachtung hinausweist, sei besonders auf die Schrift C.G. Jungs aufmerksam gemacht: »Ein moderner Mythus von Dingen, die am Himmel gesehen werden«, in der er sich ausführlich mit dem UFO-Phänomen auseinandersetzt (veröffentlicht im 10. Band von Jungs »Gesammelten Werken« mit dem Titel »Zivilisation im Übergang«, erschienen im Walter-Verlag.) Die einleitenden Sätze möchte ich nachfolgend zitieren und zum Ausgangspunkt für einige Denkanstöße machen, die dann in einem kurzen Abschnitt über das »UFO als Realität des erweiterten psychischen Bewußtseins« weitergeführt werden und einen gewissen Endpunkt im dritten Abschnitt über das »UFO als Realität höherer Materieschwingung« finden, wobei mir durchaus klar ist, daß diese drei Aspekte gleichsam vom einigermaßen »Konkreten« und »Akzeptierten« für manchen in jene Bereiche führen, die man als wolkige Phantasmata abtut, die das Gehirn von Zeichendeutern und Weltverbesserern beschatten. Trotzdem sei das Wagnis unternommen, den Denkanstoß weiterzuführen und über das Gewohnte hinausreichen zu lassen.
In der Vorrede zu seinen UFO-Betrachtungen schreibt Jung:

> »Es ist schwierig, die Tragweite zeitgenössischer Ereignisse richtig einzuschätzen, und die Gefahr, daß das Urteil im Subjektiven befangen bleibt, ist groß. Ich bin mir daher des Wagnisses bewußt, wenn ich mich anschicke, denen, die mich geduldig anhören wollen, meine Auffassung von gewissen zeitgenössischen Ereignissen, die mir bedeutend erscheinen, mitzuteilen. Es handelt sich um jene Kunde, die uns von allen Ecken der Erde erreicht, jenes Gerücht von runden Körpern, die unsere Tropo- wie Stratosphäre durchstreifen, genannt ›saucers, Teller, soucoupes, disks und Ufos‹ (Unidentified Flying Objects). Wie gesagt, erscheint mir dieses Gerücht oder das physische Vorhandensein solcher Körper so bedeutend, daß ich mich gedrängt fühle, wiederum, wie schon früher, in jener Zeit, wo sich die Ereignisse vorbereiteten, die Europa ins Mark treffen sollten, einen Warnruf zu erheben. Ich weiß zwar, daß, wie früher, meine Stimme viel zu schwach ist, um das Ohr der vielen zu erreichen. Es ist keine Anmaßung, die mich treibt, sondern mein ärztliches Gewissen, das mir rät, meine Pflicht zu erfüllen, um die wenigen, denen ich mich vernehmbar machen kann, vorzubereiten, daß der Menschheit Ereignisse warten, welche dem Ende eines Äons entsprechen.«

Bisweilen ist man versucht, die immer noch junge westliche Psychologie viel mehr als Wissenschaft der *Mechanik* der Seele denn als Wissenschaft der *Erkenntnis* oder Verwirklichung der Seele zu verstehen. Denn so viel man über die Wirkungen der Seele auch weiß, ihre eigene Seele kennen nur die wenigsten Menschen. Wenn aber das Verhalten des Menschen durch seine Seele bestimmt wird, ist Kenntnis dieser Seele entscheidend für sein individuelles wie kollektives Leben und Überleben, da sowohl Individuum als auch Kollektiv kulturgeschichtlich einem Pulsieren zwischen zwei Polen untergeordnet sind: dem Pulsieren zwischen seelischer Integrierung und Dissoziierung. Dieser Pulsschlag wiederum ist das evolutionäre Element, das säkulare Wandlungen der kollektiven Psyche verursacht oder begleitet. Diese Wandlungen entfalten sich in großen Zeitabschnitten oder anders gesagt: in der Zeitmechanik der Seele. Die Spuren dieser »Mechanik« können wir zunächst im Übergang des Stierzeitalters zu dem des Widders finden, sodann vom Zeitalter des Widders zu dem der Fische, dessen Anfang mit der Entstehung des Christentums zusammenfällt. Wir nähern uns jetzt der großen Veränderung, die mit dem Eintritt des Frühlingspunktes in Wassermann erwartet werden darf. Bei jeder dieser Übergänge, die sich individuell wie kollektiv vollziehen, bedeutet seelische Integration, fähig zu sein, die unumgängliche Wandlung annehmen zu können und größere Entfaltung zu finden. Konsequenterweise verursacht Dissoziierung Ablehnung der Wandlung, Störungen in der seelischen Mechanik, die bis zu materieller Vernichtung führen kann. Gleichzeitig aber ist die Zeit der Wandlungen auch die Zeit, in der die Wahrnehmungsbereitschaft gesteigert ist. Greifen wir nun den zuvor begonnenen Gedanken auf, so würde die Botschaft des UFO in einer solchen Zeit am besten zu einer psychologischen Realität werden können, das heißt, Bestandteil der seelischen Mechanik, die sich auf einen Umbruch zubewegt. Je nach seelischer Neigung zu Integration oder Dissoziation würde die Botschaft, die im einfachen Auftauchen enthalten ist, entweder die Schäden der »Seelenmechanik« aufdecken in dem Sinn, daß der Mensch plötzlich zur Katastrophenahnung erwacht und nun den kulturgeschichtlich jeweils verschieden ausgeprägten Schaden seiner »Mechanik« auf das UFO projiziert und in ihm etwa den Feind aus dem All sieht, das überirdische Monstrum oder die Super-Roboter-Zivilisation, die die Erde zerstören oder erobern will. In der Folge, da diese Invasion nicht stattfindet, enthüllt sich die Botschaft vielleicht doch noch als Hinweis auf die eigenen psychologischen Mängel, womit das UFO seine Botschaft übermittelt hätte und als psychologische Realität wieder in den Hintergrund treten könnte. Dies wäre in Kürze die Beschreibung, wie ein seelisch dissoziierter Mensch oder Kulturkreis auf die Botschaft oder das Auftauchen des UFO reagie-

ren könnte, ein psychologisches Phänomen, wie es Jung in seiner Vorrede anspricht und in seinen weiteren Abhandlungen analysiert.
Ein in seiner Seele verankerter Mensch hingegen würde aus der Begegnung mit dem UFO andere Schlüsse ziehen. Er würde nicht nur seine »Seelenmechanik« in Ordnung bringen, ihm würde auch auffallen, daß die Funktion des UFO offenbar nicht die Zerstörung der Welt ist, sondern etwas wie ein erzieherischer Vorgang, der, wenn man den verschiedenen Berichten Glauben schenken soll, schon urdenkliche Zeiten währt und der seinen Ausgangspunkt in einer Realität hat, die man weder mit der Invasionsangst noch mit der Vorstellung einer freundlich gesinnten Rasse aus dem All vollständig erklären kann. Es könnte vielmehr eine Realität des Bewußtseins sein, die Formen hervorgebracht hat, die ihren materiellen Ursprung sowohl auf der Erde als auch an irgendeinem anderen Platz im Universum haben könnten. Dann wäre primär entscheidend, welchem Bewußtsein oder welcher *Bewußtseinsdimension* entspringt das UFO, und nur an zweiter Stelle wäre es wichtig, den Ort oder Planeten zu kennen, von dem es stammt (falls dann solch ein Ort oder Planet als Ursprung überhaupt noch nötig ist).

2. UFO als Realität des erweiterten psychischen Bewußtseins

Wenn man also die gegenwärtig praktizierte westliche Psychologie vorwiegend als Wissenschaft der »Seelenmechanik« versteht, die ihre Grenzen am schnellsten dort erreicht, wo der Mensch *beginnt*, sich seiner seelischen Realität zu nähern, wird man vielleicht früher oder später auch auf die »alte« Psychologie des Ostens und ihre Methoden des Yoga stoßen und hier ein viel weiteres Verständnis des Menschen und seiner Fähigkeiten vorfinden. Und man würde in dem Maße, wie man mehr Einblick in diese Wissenschaft gewinnt, erkennen, daß hier Wege und Methoden gezeigt werden, die die Bewußtseinsentwicklung über die Verstandesgrenze hinausheben und Bereiche des Überbewußten erschließen. Man würde auch erkennen, daß in allen authentischen Yogarichtungen nicht nur die Suche nach der Seele, sondern vor allem der bewußte Kontakt mit ihr zentrales Anliegen ist, ein Kontakt oder eine »Verwirklichung«, wie man in Asien sagen würde, der immer als ein Wechsel der Erkenntnisdimension beschrieben wurde, der offenbar unbegrenzte Entwicklungsmöglichkeiten im physischen und geistigen Bereich mit sich bringt. Dafür gibt es zu jeder Zeit und in jedem Kulturkreis der Erde Beispiele weiser und erleuchteter Menschen, die über diese Erfahrung berichten. Man kann also sagen, daß es dem Menschen oder doch einigen Menschen möglich ist, über das nur analytische Selbstverständnis hinauszugehen und eine *Selbsterfahrung* zu erlangen, die einen Bewußtseinswechsel bedingt, der vielleicht jene höhere Annäherung an das UFO ermöglicht, von der ich zuvor sprach. Wenn wir uns also nun mit dem Phänomen des UFO aus der Sicht oder, treffender gesagt, aus der Dimension eines durch Yoga weiterentwickelten psychischen Bewußtseins beschäftigen, ist damit nicht nur die gemeinhin okkulte oder übersinnlich genannte Erweiterung der Sinneskräfte gemeint, die zur Wahrnehmung von Dingen und Lebensformen führt, die offenbar von nicht-materieller oder subtiler Beschaffenheit sind: Das psychische Bewußtsein, wie es hier kurz angesprochen werden soll, umfaßt diese Fähigkeiten als Randerscheinungen, die sich aus der Entwicklung ergeben, aber zentral ist vielmehr die Erfahrung eines unmittelbar von kosmischer Liebe geprägten Eins-Seins des ganzen bewußten Wesens mit sichtbaren und unsichtbaren Dingen. Also ein Bewußtsein, das man im allgemeinen als fortgeschrittenes Stadium der Yogaentwicklung beschreibt, bei dem sich die sogenannten *Yoga-Siddhis* einstellen, die Mächte der höheren Natur, deren unsere Seele anteilig ist und die als Potential in jedem Menschen angelegt sind, wenngleich sie nur bei wenigen zur vollen Entfaltung gelangen.

Dieser Aspekt der psychischen Bewußtwerdung des UFO-Phänomens und des psychischen Kontakts mit dem UFO ist bisher kaum angesprochen worden, weil diese Entwicklungsphase des Menschen noch nicht allgemein erschlossen ist. Aber wenn wir den ersten Gedanken des UFOs als »erzieherisches Medium«, dessen Auftauchen die Botschaft ist, weiterführen, scheint jetzt die Frage durchaus berechtigt, ob es nicht sein könnte, daß eben diese mangelnde allgemeine Entwicklung des psychischen Bewußtseins des Menschen den *Kontakt* mit dem UFO oder seinen möglichen Insassen verhindert. Man könnte den Standpunkt vertreten, daß das UFO bisher nur seine *anregende Funktion* erfüllen konnte, die den Menschen von der nötigen Selbstanalyse zu der ebenso wichtigen Selbsterfahrung bringen soll, die dann jene Realitätserweiterung bewirkt, die Voraussetzung ist, das UFO nicht nur als merkwürdige Erscheinung anzusehen oder zu bekämpfen, die sich nicht in das gegenwärtige Weltbild einfügen läßt, sondern als Botschaft und Evolutionsimpuls, als Aufruf, einer größeren Realität entgegenzu-

wachsen. Dann würden sich auch die »Kontaktschwierigkeiten« mit dem UFO erklären lassen, die nicht aus der offenbar schon Jahrhunderte oder gar Jahrtausende währenden Laune außerirdischer Gäste herrühren, die sich am Himmel zeigen, aber nicht vorstellen wollen, sondern vielmehr unserer analytischen Unfähigkeit entstammen, das »Normalbewußtsein« angesichts eines übernormalen Phänomens auf die Ebene des Übernormalen zu erheben – oder dies wenigstens zu versuchen. Anders gesagt, hätten wir immer Schwierigkeiten gehabt, die Realität der Erde als Kugel zu begreifen, wenn wir an der alten Vorstellung der Erde als Scheibe festgehalten hätten. Ebenso ist es jetzt mit dem UFO: Unser Wissen über das Wesen des Universums und über uns selbst ist beklagenswert gering, und es gibt darum keinen vernünftigen Grund, eine weitergehende Bewußtseinsentwicklung auszuschließen, die uns das UFO in seiner tatsächlichen Gestalt und Bedeutung enthüllt.
Unter den verschiedentlich auftauchenden Berichten über Kommunikationsversuche zwischen UFO und Erdenmensch, die man vielleicht in den meisten Fällen als Humbug abzutun geneigt ist, befinden sich dennoch einige, die, aus der Sicht der psychischen Erfahrung betrachtet, aufhorchen lassen, da die Beschreibung Einzelheiten und Hinweise enthält, die nur das psychische Bewußtsein empfangen und verstehen kann. Dazu möchte ich als Beispiel Auszüge aus einer Beschreibung anführen, die auf einen psychischen Kontakt mit einem UFO zurückgehen dürfte. Es handelt sich um den Bericht »The Secret of the Saucers« von Orfeo M. Angelucci, einem amerikanisierten Italiener, Arbeiter bei der Lockheed Aircraft Corporation in Burbank, California. Obgleich er offenbar nicht Yoga übte, war er aufgrund seiner körperlichen Konstitution und seiner privaten geistigen Interessen jenen Ausstrahlungen gegenüber empfindsam, die auch durch Yogaentwicklung wahrnehmbar werden. Am 23. Mai 1952 gegen elf Uhr abends, sagt er, habe er sich unwohl gefühlt und in der oberen Körperhälfte eine prickelnde Empfindung verspürt, wie vor einem Gewitter. Hier kann man bereits sagen, daß dies der Empfindung entspricht, die mit dem Kontakt des feinstofflichen Bewußtseinszentrums in der Brustmitte, dem sog. Herzchakra einhergeht, ein Kontakt, der für viele Yogawege die Initialbewegung auf das eigentliche psychische Wesen zu bedeutet, das dann die weitere spirituelle Entfaltung ermöglicht. (Eine ausführliche Darstellung der Bewegung auf das psychische Wesen zu und die entsprechenden Bewußtseinsveränderungen findet man in »Auroville – Stadt des Zukunftsmenschen«, Fischer Taschenbuch, Band 1700, auf das ich hier zur

weiteren Information verweisen möchte.) M. Angelucci berichtet weiter, daß er Nachtschicht hatte und um 0.30 früh in seinem Auto nach Hause fuhr. Auf dem Wege dorthin sah er ein rotleuchtendes, ovales Objekt niedrig über dem Horizont schweben, das sonst niemand zu beobachten schien. Auf einer einsamen Strecke des Weges, wo die Straße höher liegt als das umgebende Terrain, sah er »in kurzer Distanz« nahe am Boden und unterhalb seiner Position auf der Straße das rote, runde Objekt, welches »pulsierte«. Plötzlich schoß es in einem Winkel von 30 bis 40 Grad in die Höhe, und mit großer Beschleunigung entfernte es sich nach Westen. Aber bevor es verschwand, lösten sich von ihm zwei grüne Feuerkugeln, von denen eine »männliche« Stimme kam, die »perfekt Englisch« sprach. Er konnte sich an die Worte erinnern: »Erschrick nicht, Orfeo, wir sind Freunde!« Die Stimme forderte ihn auf, seinen Wagen zu verlassen. Er tat dies, und an den Wagen gelehnt betrachtete er die zwei »pulsierenden« kreisförmigen Objekte auf »kurze Distanz«. Die Stimme klärte ihn darüber auf, daß die Lichter »instruments of transmission« (Übertragungsorgane) seien und daß er in direkter Kommunikation mit »Freunden aus einer anderen Welt« stehe. Als er sich plötzlich sehr durstig fühlte, sagte die Stimme: »Trink aus dem Kristallbecher, den du auf dem Kotflügel siehst.« Er trank, und es war das »herrlichste Getränk, das er jemals kostete«. Er fühlte sich erfrischt und gestärkt. Die beiden Lichter waren etwa drei Fuß voneinander entfernt. Plötzlich wurden sie blasser, und es entstand zwischen ihnen eine »dreidimensionale« Luminosität. Darin erschienen Köpfe und Schultern von zwei Personen, einem Mann und einer Frau, »being the ultimate of perfection« (das Höchste an Vollkommenheit). Sie hatten große, leuchtende Augen und waren ihm trotz ihrer übernatürlichen Vollkommenheit merkwürdig bekannt und vertraut. Sie betrachteten ihn und die ganze Szene. Es schien ihm, als stünde er in telepathischer Verbindung mit ihnen. Ebenso plötzlich, wie es gekommen, verschwand das Gesicht, und die Feuerbälle nahmen wieder ihren vorigen Glanz an. Er hörte die Worte: »Der Pfad wird sich öffnen, Orfeo«, und die Stimme fuhr fort: »Wir sehen die Erdbewohner, wie jeder ist und nicht so, wie die beschränkten menschlichen Sinne es tun.« (Eine spontane Eigenschaft des psychischen Bewußtseins, die sich im Laufe der Yogaentwicklung bildet.) »Die Bewohner deines Planeten haben seit Jahrhunderten unter Beobachtung gestanden, aber erst neuerdings sind sie einer Wiedererforschung unterzogen worden. Jeder Fortschritt eurer Gesellschaft ist von uns registriert worden. Wir kennen euch, wie ihr euch selbst nicht kennt ... Jeder von euch ist uns unendlich wichtiger als für euch Erdbewohner, weil ihr des wahren Geheimnisses eurer Existenz unbewußt seid ... « (Dieses wahre Geheimnis enthüllt sich, wie der Yoga lehrt, im Augenblick der bewußten Identifikation mit der Seele.) »Uns verbindet ein Gefühl von Bruderschaft mit den Erdbewohnern wegen einer alten Verwandtschaft unseres Planeten mit der Erde. In euch können wir weit zurück in vergangene Zeiten sehen und gewisse Einzelaspekte unserer früheren Welt wiederherstellen. Mit tiefem Mitgefühl und mit Verstehen sehen wir eure Welt auf dem Weg durch ihre Wachstumsschmerzen. Wir bitten dich, uns einfach als deine älteren Brüder zu betrachten.«

An dieser Stelle möchte ich auch kurz auf die Begegnung hinweisen, die John C. Lilly mit den beiden »Wächtern« hatte, die ihn von einer höheren Bewußtseinsebene her unterrichteten und deren Welt er bei einer seiner Versuche aufsuchte, wobei ihm unter anderem von ihnen mitgeteilt wurde: »Deine Reisen hierher sind Ausflüchte vor der Notwendigkeit deines Trips auf deinem eigenen Planeten, wenn man es von der einen Seite betrachtet. Betrachtet man es von der anderen Seite, bist du ein Lernender, und deine Fähigkeit hierherzukommen, beweist, daß du auf dem Weg weit fortgeschritten bist. Da du es jetzt ohne Schmerzen und ohne Angst geschafft hast, hast du eindeutig Fortschritte gemacht.

Deine nächste Aufgabe ist, wenn du willst, dies durch deine eigenen Bemühungen und mit der Hilfe anderer zu erreichen. Zunächst hast du deine Experimente allein in der Einsamkeit unternommen und einige der Wege, die hierherführen, kennengelernt. Deine nächste Aufgabe besteht darin, zu anderen wie du selbst Kontakt aufzunehmen, die diese Fähigkeit besitzen, ihnen zu helfen und von ihnen zu lernen, wie diese Art von Existenz verwirklicht werden kann. Es gibt verschiedene andere auf deinem Planeten, die fähig sind, dich zu unterrichten und auch von dir zu lernen. Es gibt Ebenen jenseits derer, auf der du jetzt bist und auf der wir existieren, zu denen du durch geeignete Arbeit an dir gelangen kannst.« (John C. Lilly, »Das Zentrum des Zyklons«, Fischer Taschenbuch, Bd. 1768.)

Kehren wir zu der Schilderung Angeluccis zurück, dem nun erklärt wurde, daß die UFOs durch ein Mutterschiff ferngesteuert seien. Die Insassen von UFOs brauchten in Wirklichkeit keine derartigen Fahrzeuge. Als »ätherische« Wesen hätten sie solche nur nötig, um sich den Menschen materiell zu manifestieren. (Ein Aspekt, den ich im nachfolgenden Abschnitt »UFO als Realität höherer Materieschwingung« kurz ansprechen werde.) Die UFOs erreichten annähernd Lichtgeschwindigkeit. »Die Geschwindigkeit des Lichtes ist die gleiche wie die der Wahrheit« (also »Gedankenschnelle«). Die himmlischen Besucher seien harmlos und von besten Absichten erfüllt, aber das »kosmische Gesetz« verbiete spektakuläre Landungen auf der Erde. Die Erde sei gegenwärtig von größeren Gefahren bedroht, als man realisiere.

Nach diesen Eröffnungen fühlte sich Angelucci gehoben und gestärkt. »Es war«, wie er sagt, »als ob ich für einen Augenblick mich über die Sterblichkeit erhoben hätte und als ob ich mit diesen höheren Wesen verwandt wäre.« Als die Lichter verschwunden waren, kam es ihm vor, als ob seine Alltagswelt ihre Wirklichkeit verloren hätte und zu einem Aufenthaltsort von Schatten geworden wäre.

Am 23. Juli 1952 fühlte er sich unwohl und blieb der Arbeit fern. Am Abend machte er einen Spaziergang, und auf dem Rückweg, an einer einsamen Stelle, überfielen ihn ähnliche Empfindungen wie bei seinem Erlebnis vom 23. Mai desselben Jahres. Damit verbunden war die »Bewußtseinsdämpfung, die ich bei jener anderen Gelegenheit bemerkt hatte«, also die Überwindung der Barrieren des mentalen Normalbewußtseins, wie der Yoga sagen würde, die Voraussetzung für die spontane psychische Erfahrung. Er sah plötzlich vor sich ein schwachleuchtendes, nebliges Gebilde am Boden, wie eine große »Seifenblase«. Dieses Objekt gewann zusehends an Solidität, und er sah etwas wie einen Eingang, durch den man in ein hell beleuchtetes Inneres blickte. Er trat ein und war in einem gewölbten Raum, der etwa sechs Meter Durchmesser hatte. Die Wände bestanden aus einem »ätherischen, perlmutterartigen Stoff«.

Ihm gegenüber stand ein bequemer Liegestuhl, aus ähnlichem »ätherischen« Stoff verfertigt. Sonst war der Raum still und leer. Er setzte sich in den Stuhl und hatte die Empfindung, als ob er auf Luft säße. Es war, als ob sich der Stuhl von sich aus seiner Körperform anpaßte. Die Türe schloß sich so, als ob dort nie eine Türe gewesen wäre. Er hörte etwas wie ein Summen, ein rhythmisches Geräusch, das wie eine Vibration war und ihn in einen »Halbtrancezustand« versetzte. Der Raum verdunkelte sich, und Musik kam von den Wänden. Dann kam das Licht wieder. Er entdeckte auf dem Boden ein schimmerndes Stück Metall, wie eine Münze. Als er es in die Hand nahm, schien es zu schwinden. Er hatte die Empfindung, daß das UFO ihn forttrage. Plötzlich öffnete sich etwas wie ein rundes Fenster von circa neun Fuß Durchmesser. Er erblickte draußen einen Planeten, die Erde, gesehen aus über eintausend Meilen

Entfernung, wie eine ihm bekannte Stimme erklärte. Er weinte vor Rührung, und die Stimme sagte: »Weine Orfeo ... wir weinen mit dir über die Erde und ihre Kinder. Trotz ihrem schönen Aussehen ist die Erde ein Purgatorium unter den Planeten, die intelligentes Leben entwickelt haben. Haß, Egoismus und Grausamkeit erheben sich von ihr wie ein dunkler Nebel.« Dann bewegten sie sich offenbar in den Weltraum hinaus. Sie begegneten einem UFO von etwa eintausend Fuß Länge und einem Durchmesser von etwa neunzig Fuß, aus durchscheinendem, kristallähnlichem Stoff bestehend. Musik strahlte von ihm aus, welche Visionen von harmonisch rotierenden Planeten und Galaxien mit sich brachte. Die Stimme belehrte ihn, daß jedes Wesen auf seinem (das heißt, den anderen) Planeten unsterblich sei. Es seien nur deren sterbliche Schatten, die sich auf der Erde um ihre Erlösung von der Finsteris bemühten. All diese Wesen seien entweder auf der guten oder auf der bösen Seite. »Wir wissen, Orfeo, auf welcher Seite du stehst.« Vermöge seiner körperlichen Schwäche habe er spirituelle Gaben, und deshalb könnten sie, die himmlischen Wesen, mit ihm in Beziehung treten. Er verstand, daß die Musik sowohl wie die Stimme von diesem großen Weltraumfahrzeug ausgingen. Es entfernte sich langsam, und er beobachtete flammende Wirbel an beiden Enden des Mutterschiffs, die als Propeller dienten; sie waren aber auch Mittel zum Sehen und Hören »vermöge eines telepathischen Kontaktes«.

Auf dem Rückweg begegneten sie zwei gewöhnlichen UFOs, die sich auf dem Weg zur Erde befanden. Die Stimme erklärte ihm die Einstellung der höheren Wesen zu den Menschen: Diese hätten mit ihrer technischen Entwicklung moralisch und psychologisch nicht Schritt gehalten, weshalb sie, die Bewohner anderer Planeten, sich bemühten, den Erdbewohnern ein besseres Verständnis ihrer gegenwärtigen Krise beizubringen und ihnen besonders in der Heilkunst behilflich zu sein. Sie wollten ihn auch über Jesus Christus aufklären. Er sei in Wirklichkeit der »Herr der Flamme«, eine »unbegrenzte Wesenheit der Sonne« und nicht irdischen Ursprungs. »Als der Sonnengeist, der sich für die Kinder des Wehs« (Menschen) opferte, sei er zu einem »Teil der menschlichen Überseele und zum Weltgeist geworden«. Darin sei er von anderen Weltlehrern verschieden.

Jeder Mensch auf Erden habe ein geistiges, unbekanntes Selbst, welches über die stoffliche Welt und das Bewußtsein erhaben sei und ewig außerhalb der Zeitdimension in geistiger Vollendung innerhalb der Einheit der Überseele existiere ... Die menschliche

Existenz auf Erden habe den einen Zweck der Wiedervereinigung mit dem »unsterblichen Bewußtsein«. Unter dem forschenden Auge dieses »großen und mitleidsvollen Bewußtseins« fühlte er sich wie »ein sich windender Wurm – unrein, voll Irrtum und Sünde«. Er weinte, und die Stimme sagte: »Lieber Erdenfreund, wir taufen dich nun im wahren Lichte der ewigen Welten.« Ein weißer Blitz leuchtete auf: Sein Leben lag klar vor seinen Augen, und die Erinnerung an alle seine früheren Existenzen kehrte ihm zurück. Er verstand »das Geheimnis des Lebens«.
Mit dieser exakten Beschreibung der psychischen Verwirklichung und der spirituellen Realität des Menschen, die sich vollständig deckt mit Darstellungen asiatischer Yogalehren (s. dazu auch »Über Erziehung« von Mira Alfassa, der Gründerin von Auroville, die in dem Abschnitt »Psychische und Spirituelle Erziehung« schreibt: »Vor der unermüdlichen Beharrlichkeit deiner Bemühung wird sich plötzlich ein inneres Tor öffnen, und du wirst in ein blendendes Licht tauchen, das dir die Gewißheit der Unsterblichkeit bringen wird, die konkrete Erfahrung, daß du immer gelebt hast und immer leben wirst, daß allein die äußeren Formen vergänglich sind und daß diese Formen in bezug auf das, was du in Wirklichkeit bist, Kleidern vergleichbar sind, die man wegwirft, wenn sie abgenutzt sind.« Erschienen beim Auroville-Verlag, Planegg.), beende ich die Betrachtung über das UFO als Realität des erweiterten psychischen Bewußtseins. Abschließend sei nur noch darauf hingewiesen, daß es eine ganze Reihe von Berichten über Menschen gibt, die nach dem klinischen Tod wieder in ihren Körper zurückkehrten und völlig gleichlautende Aussagen machen.

3. UFO als Realität höherer Materieschwingung

Unser Gedankengang, der bei der erzieherischen Qualität des UFO in unserem psychologischen Gefüge beginnt und von dort zu einer Kontaktaufnahme mit höheren Bewußtseinsinhalten durch entsprechende psychische Entwicklung führt, findet nun einen gewissen Endpunkt in dem, was ich »höhere Materieschwingung« nennen möchte. Hat uns die Begegnung mit dem Yogawissen Asiens bereits einen möglichen Schlüssel zum *inneren* Verständnis des UFO durch *Erfahrung* geliefert, kann es uns vielleicht auch einen Hinweis auf die noch ungeklärte *materielle* Realität des UFO geben. Für die psychoanalytische Stufe der Konfrontation zwischen Mensch und UFO wird zweifellos der materielle Kontakt im allgemeinen wegdiskutiert und statt dessen als Projektion des kollektiven Unbewußten oder ähnliches definiert werden, was für manche oder auch viele Fälle zutreffen mag. Aber dennoch bleibt ein gewisser Rest der Unsicherheit, denn zu viele Berichte beinhalten ausschließlich materielle Phänomene im Zusammenhang mit UFO-Erscheinungen. Die zweite Stufe der Begegnung mit dem UFO durch Bewußtseinsidentifikation oder Wechsel der Bewußtseinsdimension ist zuerst kein unbedingt materielles Phänomen und kann sich in »inneren Räumen« abspielen, wie Lilly sagen würde, die keiner äußerlich wahrnehmbaren Form oder Substanz bedürfen. Aber selbst wenn man diese psychische, gewissermaßen vierdimensionale Kontaktaufnahme als zentralen Vorgang bei der Begegnung mit außerirdischen oder supraphysischen Lebensformen annimmt, weisen doch diese Wesen selbst auf ihre Fähigkeit hin, sich aus dem rein »ätherischen« Zustand in materielle Verdichtung zu begeben. Der Yoga spricht von ganz ähnlichen Dingen in der Wissenschaft der verschiedenen Körperhüllen, die der Mensch neben seinem materiellen, mit den gewöhnlichen Sinnen wahrnehmbaren Körper besitzt. Diese verschiedenen Körper entsprechen gleichzeitig auch verschiedenen Bewußtseinsebenen, mit dazugehörigen Welten und Wesenheiten, die sich dem Yogaadepten erschließen, während er dem Weg zum spirituellen Ziel folgt. Der Veda spricht vor vielen Jahrtausenden bereits von verschiedenen Formen des *Agni*, des Feuers, die von der modernen Wissenschaft erst viel später als gewöhnliches Feuer, als elektrisches Feuer und als atomares Feuer erkannt wurden, wobei noch weitere Formen des Feuers, die den alten Yogis offenbar schon lange bekannt sind, auf ihre Entdeckung durch die Wissenschaft warten. (Haeckel spricht an einer Stelle vom Willen im Atom und weist damit vielleicht den richtigen Weg.) Wenn man nun diese Lehre der verschiedenen Körperhüllen betrachtet, sieht man, daß sie sich mit einer Art Gradation beschäftigt, die vom grobstofflich Soliden über verschiedene Stufen der Feinstofflichkeit zum Ätherischen führt und von dort weiter zur übergeistigen Substanz und schließlich zu einer höchsten, kaum beschreibbaren Seinsform, die eine Ganzheit von Dasein, Bewußtsein und Seligkeit darstellt. Ohne hier in Details gehen zu können, kann man aus den Beschreibungen entnehmen, daß es sich hier bei allen verschiedenen Körperhüllen und Substanzstufen offenbar um verschiedene »Schwingungsfrequenzen« des gleichen Phänomens handelt, d. h. Materie, wie wir sie kennen, ist lediglich eine Seinsweise von etwas Unbenennbarem, das sich in diesem Fall als Materie ausdrückt. Die Lehre der verschiedenen

Körperhüllen ist nun, wie alles beim Yoga, vor allem etwas *Erfahrbares,* und ich hatte selbst die Gelegenheit, einige Auskünfte von einem Yogaadepten über UFOs und ihre materielle Beschaffenheit zu erhalten. Diese Berichte decken sich mit jenen von Angelucci, wobei aber mein Informant darauf hinwies, daß es für den Unerfahrenen sehr schwierig sei, zwischen materiellen Erscheinungen im üblichen Sinn und Materialisationen zu unterscheiden, da letztere die gleiche Solidität und Formgenauigkeit haben, aber dennoch etwas anderes sind als das, was wir gemeinhin als »Materie« bezeichnen. Er wies weiter darauf hin, daß es noch andere Schwingungsebenen gibt, die bereits nichtmateriell sind, aber immer noch für das Auge konkret wahrnehmbar, so daß ein normaler Mensch überzeugt wäre, einem tatsächlich materiellen Phänomen gegenüberzustehen. Dann erst beginnt der Bereich, der der eigentlich reinen Vorstellungswelt entsprechen würde. Mit diesem Bericht, der ergänzt wurde durch einige Schilderungen von Begegnungen mit »Außerirdischen«, eröffnet sich die Möglichkeit, eine Art Abstufung von Welten mit verschiedenen Schwingungsebenen der Materie anzunehmen, die bei entsprechender Bewußtwerdung zugänglich werden. Mein Informant wies auch darauf hin, daß der wirkliche Kontakt mit dem UFO seiner Erfahrung nach nur durch eine hohe seelische Entwicklung möglich wäre. Er berichtete in diesem Zusammenhang von einem Erlebnis, bei dem er sich in einem UFO befand, das sich seiner Ansicht nach im Feinstofflichen bewegte, also sehr nahe unserer gewohnten Materieschwingung, und bei dem eine sehr hohe nichtverbale psychische Übertragung stattfand, die, wie er berichtet, auf die Substanz seines Körpers nachhaltig einwirkte. Das UFO selbst beschrieb er als aus silberner Substanz bestehend, die organisch, das heißt, mit Eigenleben erfüllt wirkte. Die Lebewesen in dem UFO beschreibt er als menschenähnlich mit einer Ausstrahlung der Unsterblichkeit, Weisheit und Liebe. Genauso wie Angelucci weist er darauf hin, daß das UFO nicht unbedingt unserer einschränkenden Vorstellung eines Raumschiffes entspricht, da auf höheren Schwingungsebenen die universelle Fortbewegung dieser Hilfsmittel nicht bedarf. Das UFO ist hier vielmehr etwas wie ein Energiekonzentrat, das eine hohe Bewußtseinsschwingung in einer Welt der Unbewußtheit aufrechterhält und somit für unser Auge körperhaft wird. Das kosmische Gesetz, das Angelucci anspricht, erklärt sich dann in dem Sinn, daß diese hohe Bewußtseinsschwingung für das normale Bewußtsein ohne vorhergehende Wandlung unerträglich wäre, weshalb eine »Landung« nicht zulässig ist und sich eine direkte materielle

Begegnung schwierig gestaltet. In der weiteren Zukunft, so meint mein Informant, ist darum nicht nur eine umfassende psychische Entwicklung der Welt nötig, sondern auch eine Transformation der Materie selbst, das heißt, eine Bewußtwerdung, die es ermöglicht, alle Schwingungsebenen der Welten zu verbinden und eine »Erleuchtung der Materie« durchzuführen, die zu einer höheren Art von Substanz führen würde, die wir uns im Augenblick noch kaum vorstellen können, die aber, wie er mir versicherte, in der feinstofflichen Hülle, also dem Bereich, der der Materie sehr nahe ist, bereits existiert. Er versicherte mir auch, daß aus diesem Grund große Umwälzungen auf der Erde unumgänglich und bereits Teil dieser Transformation seien. In der Folge, so meinte er, würde es dann möglich werden, psychische Qualitäten wie Liebe, Unsterblichkeit, ständige Entwicklungsfähigkeit in Formen von Substanz und Qualitäten von Energie direkt auszudrücken. Daß dem Menschen bei dieser schwierigen Entwicklung geholfen wird, ist für ihn Erfahrungstatsache. Er wies auch darauf hin, daß bei dieser »Psychisierung« der Kontakt mit dem Universum direkt möglich wird und Vorgänge, die beispielsweise in der astrologischen Wissenschaft in Sternensymbolik übersetzt sind, direkt erfahren werden.

Vor dem Hintergrund dieser Aussagen möchte ich nur kurz auf den Yoga des vielleicht größten spirituellen Meisters der Neuzeit hinweisen, den »supramentalen oder integralen Yoga« des Inders Sri Aurobindo, der eben diese Transformation der Materie anstrebt. (Siehe dazu »Die Offenbarung des Supramentalen«, erschienen im Auroville-Verlag.) In seinem umfassenden schriftstellerischen Werk beschreibt er die Vollendung des menschlichen Bewußtseins, die nicht nur zur Erleuchtung des Mentalen führt, sondern auch zu einer Umwandlung der Lebenskräfte und einem Aufstieg des mentalen Denkwesens in die übergeistigen oder supramentalen Erfahrungsebenen. Mit Hilfe dieser *supramentalen Bewußtseinskraft* findet dann die körperliche Transformation bis hinein in die Zellenstruktur statt. Daß derartig weitgreifende Transformationsvorgänge nicht nur zu einer progressiven Wandlung des individuellen Bewußtseins führen, sondern auch gänzlich neuartige *Auslöser* für gesellschaftliche Wandlungen sein können, beschreibt er nicht nur in verschiedenen hervorragenden Werken – diese Tatsache wird in der südindischen Versuchsstadt Auroville praktiziert, die nach Sri Aurobindos Lehren entsteht und ein »Labor« sein soll für die Entwicklung des *supramentalen* Bewußtseins, eines Bewußtseins, das *gleichzeitig* individuell und total ist. Daß auch an diesem

Ort das UFO-Phänomen gesichtet wurde, an dem versucht werden soll, verschiedene Bewußtseinsebenen zu erschließen und mit dem irdischen Leben zu verbinden, erscheint nicht weiter verwunderlich. Und mit einigen Worten dieses großen Yogameisters möchte ich darum abschließen, in der Hoffnung, daß ich einige Hinweise und Denkanstöße geben konnte, die dem aufmerksamen Leser bei der Lektüre dieses Buches helfen, etwas von den Möglichkeiten der Zukunft zu ahnen und vielleicht zu verstehen:
»Das Experiment, das das Leben des Menschen auf einer Erde bedeutet, wird jetzt nicht zum ersten Mal unternommen. Es ist schon millionenmal zuvor vollzogen worden, und das lange Schauspiel wird sich weitere millionenmal wiederholen. In allem, was wir jetzt tun, in unseren Träumen, unseren Entdeckungen, in dem, was wir rasch oder unter Schwierigkeiten errungen haben, ziehen wir unterbewußt aus den Erfahrungen unzähliger Vorgänger unseren Nutzen, und unsere Bemühungen werden auf Planeten, die uns unbekannt sind, und in Welten, die noch nicht erschaffen wurden, ihre Früchte tragen.« (Sri Aurobindo)

M. Klostermann
Aurora-Zentrale, 21. 3. 1977

Einleitung

Wir sind nicht allein im Kosmos

Einst glaubten unsere Vorfahren, die Erde sei der Mittelpunkt der Welt, bis man sich nach und nach in der Erkenntnis bescheiden mußte, daß unsere gute, alte Erde nur ein winziges Staubkörnchen ist – gemessen an den uns heute bekannten Weiten des Alls. Denn nun wissen wir, daß unser Sonnensystem mit seinen rund neun Milliarden Kilometer Durchmesser – gelegen am Ende eines der Spiralarme unserer Galaxie – als relativ klein gilt inmitten jenes bikonvexen Sternenhaufens, den wir Milchstraße nennen und der bis zu 100 Milliarden Sonnensysteme umfaßt. Systeme zudem, die zum Teil unserem eigenen ähnlich sind, weil ihre Sonnen wie die unsrige von Planeten umkreist werden.

Wiese nur jeder zehntausendste dieser Planeten Bedingungen auf, die unserer Erde vergleichbar wären, so blieben noch 10 Millionen Planeten, die bewohnt sein könnten – von Intelligenzen, deren Stufe der Entwicklung der unsrigen zum mindesten gleich, wenn nicht gar weitaus höher wäre.

Versuchen wir weiter, in kosmischen Begriffen zu denken. 80000 Lichtjahre mißt unsere Galaxie im Durchmesser. Selbst der nach Einstein schnellste kosmische Bote, das Licht, mit seinen 300000 Kilometer pro Sekunde oder 9,461 Billionen Kilometer im Jahr braucht zur Durchquerung der Milchstraße 80000 Jahre – in Kilometer eine Zahl mit 18 Nullen. Eine kaum noch vorstellbare Größe – und dennoch ist auch unsere Milchstraße nach kosmischen Größenordnungen nur ein mittlerer Sternenhaufen in den unermeßlichen Weiten des Alls.

Unsere heutige Wissenschaft denkt aber bereits in noch anderen Dimensionen. Nach neuester Erkenntnis umschließt das uns heute bekannte Universum bis zu 100 Milliarden Milchstraßen. Lichtinseln, die das zur Zeit größte Spiegelteleskop der Welt auf dem Mount Palomar in Kalifornien mit seinem 5-Meter-Reflektor gerade noch als verwaschenen Fleck ausmachen, deren Radiostrahlung mit einer Parabol-Antenne noch eben als schwache Impulse erfaßt werden kann. Und diese Impulse kommen immerhin aus einer Entfernung von bis zu 500 Milliarden Lichtjahren. Mit anderen Worten: Wer seine Augen zum Himmel erhebt, blickt in tiefste Vergangenheit.

Da die physikalischen Gesetze im Kosmos überall die gleichen sind, hat sich vermutlich auch das Leben auf anderen Gestirnen nach den gleichen atomar-molekularen Verbindungen aufgebaut. Die Wahrscheinlichkeit, bei einer später einmal möglichen intergalaktischen Reise mit heute noch nicht realisierbaren Geschwindigkeiten über Photonen- oder Tachyonenantriebe auf uns ähnliche Lebewesen zu stoßen, ist durchaus keine Science-fiction-Version mehr, sondern im umgekehrten Sinne heute schon Realität. Denn nicht wir brauchen irgendwann einmal nach extraterrestrischen Lebensformen zu suchen, sondern wir sind von Außerirdischen längst »entdeckt« worden. Nach Ansicht einiger Forscher sogar lange, bevor ein ziemlich unsympathisches Tier vom Stamme der Primaten sich zum Homo sapiens (Mensch) mauserte. UFOs – Botschafter aus dem All – besuchen uns seit Jahrtausenden.

Daher hier nun der Versuch, zum erstenmal über den Kreis der Fachleute hinaus und bis ins Detail ein Phänomen zu schildern, das um der Sensation willen zwar in Einzelfällen von der Presse aufgegriffen, aber noch nie im Zusammenhang dargestellt wurde. Gemeint sind eben diese UFOs, also Unidentifizierte Fliegende Objekte, gemeinhin bespöttelt als fliegende Untertassen. Von offizieller Seite, etwa der amerikanischen Weltraumbehörde NASA oder dem Pentagon, wird die Existenz der UFOs geleugnet oder zum mindesten verschwiegen – verschwiegen allein schon deshalb, weil es eine Vielzahl authentischer Beobachtungen gibt, für die aus irdischer Alltagssicht keine befriedigende Erklärung zu finden ist. Verschwiegen aber auch darum, weil die Reaktion der Menschen auf die Existenz außerirdischer Raumschiffe nicht vorauszuberechnen ist. Es könnte Panik ausbrechen, aber auch eine Umkehrung bestehender Macht bis hin zum Zusammenbruch wirtschaftlicher Systeme.

Der Streit um die UFOs sieht auf beiden Seiten prominente Vertreter. Die einen verweisen die Berichte über geheimnisvolle Flugobjekte schlicht in den Bereich der Spekulationen oder gar Irrlehren. Professor Hermann Oberth hingegen, der Vater der deutschen Weltraumforschung, hält die Existenz von außerirdischen Raumschiffen, die unsere Erde überwachen, für erwiesen. Angesichts dieser Kontroverse, die einerseits zuweilen Züge missionarischen Eifers, andererseits der Intoleranz trägt, dieses Buch. Es will informieren. Allerdings – in diesem Metier hat schon die nackte Information Züge des Phantastischen. Wessen Verstand das übersteigt, kann Trost bei dem katholischen Theologen Teilhard de Chardin suchen, der sagte: »Im kosmischen Maßstab, so lehrt es uns die moderne Physik, hat nur das Phantastische eine Chance, wahr zu sein.«

1. Kapitel

Astronaut Aldrin filmte UFOs auf dem Mond

Man schrieb den 19. Juli 1969. Apollo 11 mit den Astronauten Neil Armstrong, Edwin Aldrin und Michael Collins umkreiste den Mond. Noch ein Tag bis zur historischen Landung. Aldrin filmte die Mondoberfläche. Plötzlich tauchten am Horizont zwei unbekannte diskusförmige, helleuchtende Flugobjekte auf, das eine größer, das andere kleiner. Sie flogen in Formation, lösten sich voneinander, rückten wieder näher zusammen und vollführten Manöver, zu denen von Menschen ersonnene Flugmaschinen niemals fähig waren. Neil Armstrong später: »Ich habe dies nicht erwartet, aber ich habe es gesehen.«

Aldrin mag um Nuancen geringer erstaunt gewesen sein, es war nicht seine erste Begegnung mit UFOs. Bereits drei Jahre zuvor, als er mit Gemini 12 die Erde umkreiste, beobachtete er vier unbekannte, mit irdischen Maßstäben nicht zu vergleichende Raumschiffe. Und noch ein drittes Mal hielt Aldrin ein (diesmal kleineres) UFO auf einem Film fest: während des Starts der Landefähre »Eagle« vom Mond, die zur Raumkapsel »Columbia« mit Michael Collins an Bord zurückkehrte. Nahezu sechs Jahre ruhten Aldrins Filme in den Geheimarchiven der NASA. Aber der Streit um die Existenz außerirdischer Raumschiffe – bei dem die einen »Rückfälle« in mittelalterlichen »Hexenwahn« zu beobachten glauben, die anderen hingegen den aus der Weltkrise führenden Weg in eine bessere Zukunft – zieht sich quer durch die Wissenschaft. Er sieht auf beiden Fronten Astronomen und Physiker aller Länder, und er spaltet natürlich auch in gewisser Weise die NASA. Kein Wunder, daß sich im Ringen um das, was sie als wahr erkannt haben, selbst dort Leute finden, die Material heimlich nach außen schleusen, bevor es offiziell freigegeben wird. Immerhin: Die NASA, mit dieser Tatsache konfrontiert, hat Aldrins Film nachträglich bestätigt.

Beim zweiten Mondflug hat die Apollo-Besatzung ein Lichtphänomen erlebt, das auf Erden auch schon von anderen beobachtet wurde – vor allem bei Autos und Häusern, in deren Nähe sich UFOs befanden. Aufgeregt meldete damals die Besatzung, sie werde von einem unbekannten Raumschiff verfolgt. Augenblicke später überschlugen sich ihre Stimmen fast: »Unsere Kabine wird von einem seltsamen Licht ohne Schatten erhellt.« Die NASA flüchtete sich in die lahme Erklärung, bei dem fremden Raumschiff handele es sich um die eigene Trägerrakete (obwohl keine Trägerrakete der Welt soviel überschüssige Energie besitzt, um der Kapsel zu folgen, die sie selber hochgeschleudert hat), und schaltete kurz darauf alle Radio- und Fernsehübertragungen ab. Die UFO-Forschung vermutet, daß die »Ufonauten« fähig sind, sich in irdische Fahrzeuge – ohne sie zu berühren – hineinzuversetzen, sie von außen und innen zu beleuchten sowie alle Metallteile zu durchqueren, als ob sie nicht vorhanden wären.

Weithin unbekannt sind der Öffentlichkeit auch Gespräche zwischen den Astronauten von Apollo 16 und 17 und der Bodenstation in Houston. Darin berichten die Mondfahrer – Beweise außerirdischer Präsenz? – von Brücken und Fährten im Mondstaub, Kuppeln und gigantischen Spitztürmen. Und von einem unbekannten Objekt, das sie sichteten – eine fremde Sonde im Mondorbit? Jedenfalls vermutet das der schottische Astronom Duncan Lunan.

Und er hat Grund dazu. In den Jahren 1927, 1928 und 1934 entdeckten verschiedene Radioforscher eine Serie von mysteriösen Radioechos in der Nähe des Mondes. 1935 wurden die Wissenschaftler van der Pol und Stormer von reflektierenden Radiosignalen überrascht, als sie die Ausbreitung von Radiowellen in der Atmosphäre studieren wollten. Berechnungen ergaben, daß die Signale von einem größeren unbekannten Objekt zurückgeworfen wurden in mehr als 800000 Kilometer Entfernung – also das Doppelte der Distanz von der Erde zum Mond.

In den vergangenen elf Jahren konnte die Position des Objekts auf 60 Grad hinter dem Mond begrenzt werden. Es weist so viele Besonderheiten auf, daß es künstlich hergestellt sein muß. Es hält eine präzise Entfernung zum Mond ein und umrundet gewissermaßen in seinem »Schatten« die Erde. Für einen Meteoriten wäre es unmöglich, eine solch gleichbleibende Position einzunehmen. Also Teil eines außerirdischen Netzes von Satelliten, das uns beobachtet?

Doch zurück zu Apollo 17. Erinnern Sie sich noch an den »Unfall« des Mondautos, als Harrison Schmitt und Eugene Cernan das beschädigte Schutzblech flicken mußten? Der Funksprechverkehr – von der Bodenstation zum Teil absichtlich gestört – gibt eine dramatische, geradezu mysteriöse Situation wieder:

1. Astronaut: Seltsam, da ist noch so ein Block – gerade im Norden dieses Überhangs. Es ist eine Pyramide, angeordnet im Kreuz-Querschnitt. Nein, eine Dreieck-Formation im Kreuz-Querschnitt, und es sieht aus, als ob es ganz schön (Funkstörung, Text verstüm-

melt) nicht so dominierend wie bei Shorty.
2. Astronaut: Es blitzt. O.k., laß mich jetzt an die Arbeit hier. Spuren hier ... ich denke, daß ich sie verfolgen kann.
1. Astronaut: He, ich stehe jetzt auf einer Geröllblockspur. Was sagst du jetzt?
2. Astronaut: Ich sage dazu, daß ich herüberkommen werde, um das zu mustern. Stell dir mal vor, wenn du da gestanden hättest, als der Geröllblock vorbeikam. – Ich denke lieber nicht darüber nach ... (später) Was sind das für Dinger, die über uns wegfliegen? Was ist das, Jack? He, hier ist etwas beschädigt worden. Was zersprang hier? Was ist das?
1. Astronaut: Oh, oh – deine Antenne – eine Explosion am Hochantennenteil. Was schlug dort ein?
2. Astronaut: Auf der Landefähre? Etwas durchgebrannt an ...
1. Astronaut: Nein, die eine, die du verteilt hast. Die Rover-Hochantenne.
2. Astronaut: Mein Gott, sie ist zersprungen!
1. Astronaut: Ja, explodiert. Etwas flog über uns, gerade bevor ... es ist noch ...
2. Astronaut: Mein Gott! Ich glaube, wir sind getroffen worden von einem – von einem – schau dir das Zeug an! Es fliegt immer noch über unseren Köpfen. Ich glaube, wir sind die unmittelbaren nächsten Beobachter eines Meteoreinschlags auf dem Mond. Ob das wohl – ob das dasselbe Glas ist, das ich aufgehoben habe?
1. Astronaut: Ich weiß nicht.
Bodenstation: John sagte, es explodierte auch während seiner Mission, Jungs.
1. Astronaut: Ist es etwa das, was du vermutet hast? Ist es etwa das, was du vermutet hast, he? Ich dachte, du wolltest mich verkohlen!
2. Astronaut: Nein, so etwas wie dies habe ich noch nie gesehen.
Soweit die bisher noch nicht bekannte Unterhaltung der Astronauten. Der Flug eines mysteriösen »Etwas« über den Köpfen der Mondfahrer, das fortwährend und für verhältnismäßig lange Zeit explodierte, ist äußerst verblüffend. Es läßt sogar den Schluß zu, daß die Gefahr bestand, zwei Mondfahrer tot auf dem Trabanten zurücklassen zu müssen. Nach wie vor weigert sich die Weltraumbehörde, den Vorfall genau darzulegen. Damals wurde lediglich mitgeteilt, das Schutzblech des Mond-Rovers habe »gekreischt« und sei entweder verloren oder abgeschlagen worden.
Damit bleibt aber den Spekulationen jede Tür offen. Etwa jener britischer und amerikanischer Wissenschaftler, auf dem Mond sei ein außerirdischer Roboter verborgen, der immer dann an die

Oberfläche komme, wenn seine Hersteller Radioverbindung mit ihm wünschten. Oder wenn »Eindringlinge« den Mond betreten, zum Beispiel amerikanische Astronauten. Würde er auf sich aufmerksam machen? Oder sie sogar warnen, wenn sie ihm zu nahe kämen? Mit einer Art Leuchtraketen?

Eine Vision, auf den ersten Blick eher einem Zukunftsroman entnommen als der Wirklichkeit. Doch das kaltblütige Verhalten der Astronauten deutet darauf hin, daß sie nicht unvorbereitet in ihr Abenteuer gingen. Schon Gemini 7 und Gemini 11 sichteten UFOs. Astronaut Lovell erklärte während des zweiten Erdumlaufes am 4. Dezember 1965: »Aus etwa 800 Meter Entfernung konnten wir sehen, wie Schubdüsen etwas Dunstähnliches ausstießen, dann kam etwas wie ein Wasserschlauch heraus, und genau vor uns stoppte es. Es war phantastisch!« Was Lovell damals beobachtete, bestätigen Aldrins Aufnahmen: eine Art Kondensstreifen oder Abgasstrahl.

Gemini 11 wiederum entdeckte am 13. September 1966 ein metallähnliches Objekt, das im reflektierenden Licht der von links aufgehenden orangeroten Sonne glänzte. Es näherte sich der Raumkapsel, zog an ihr vorbei, kreuzte die Flugbahn und verschwand nach unten. Das geschah während der 18. Erdumkreisung über dem Indischen Ozean. Astronaut Gordon schätzte die Entfernung auf 80 Kilometer. Er schilderte das Objekt als eine Art Raumschiff von ovaler Form. Gordon machte zwei Aufnahmen, eine davon wies eine verblüffende Ähnlichkeit mit Aldrins Film auf.

Amerikanische und russische Raumfahrer wurden bis in die jüngste Zeit von UFOs verwirrt und verfolgt. Von den Russen erreichen uns kaum Nachrichten darüber; sie versickern, von der Öffentlichkeit unbemerkt, in geheimen Kanälen. Die amerikanische Raumfahrtbehörde gab immerhin zu, daß auch die Astronauten von Skylab II und III unbekannte Flugobjekte sichteten. So Jack Lousma, Owen Garriot und Alan Bean, die zehn Minuten lang von Skylab II aus ein mysteriöses rotes Objekt beobachteten und fotografierten. Edward Gibson meldete von Skylab III der Bodenstation in Houston, daß dem Raumlabor kleine rote Lichter folgten.

Und hier eine Chronik der übrigen Sichtungen:

20. Februar 1962: John Glenn, Mercury-Pilot, sah drei Objekte, die ihn zuerst verfolgten und dann überholten.

24. Mai 1962: Scott Carpenter (Mercury VII) fotografierte mit seiner Kamera feurige Objekte und meldete, er habe ein gutes Bild einer »Untertasse«.

30. Mai 1962: Joe Walker (X-15-Pilot) fotografierte fünf dis-

kusähnliche Objekte.
17. Juli 1962: Bob White (X-15-Pilot) fotografierte Objekte, die etwa zehn Meter von seiner Maschine entfernt waren.
30. Oktober 1962: Walter Shirra (Mercury VIII) meldete große glühende Massen über dem Indischen Ozean.
8. März 1964: Russische Kosmonauten meldeten unidentifizierte Objekte, als sie mit ihrer Raumkapsel wieder in die Erdatmosphäre eintauchten.
12. Oktober 1964: Russische Kosmonauten meldeten, sie seien von einer Staffel schnell fliegender diskusförmiger Objekte umkreist.
3. Juni 1965: John McDivitt (Gemini IV) berichtete, er habe mehrere fremdartige Objekte fotografiert, darunter ein zylindrisches Objekt mit »Armen« und ein eiförmiges UFO mit einer Art Auspuff.
18. Juli 1966: John Young und Mike Collins (Gemini X) sahen ein großes zylindrisches Objekt, begleitet von zwei kleineren leuchtenden UFOs; Young machte Aufnahmen davon.
11. November 1966: Jim Lowell und Edwin Aldrin sahen vier UFOs, in einer Reihe »aufgeschnürt«. Beide Astronauten erklärten, dies seien keine Sterne.
21. Dezember 1968: Frank Borman und Jim Lowell (Apollo 8) meldeten ein unidentifiziertes Objekt 16 Kilometer über ihnen.
14. November 1969: Pete Conrad, Alan Bean und Dick Gordon (Apollo 12) erklärten, ein UFO habe sie auf dem Rückflug bis etwa 210000 Kilometer vom Mond entfernt begleitet und sei ihnen die ganze Strecke vorausgeeilt.

Gibt es also außerirdische Raumschiffe, gibt es uns in der Intelligenz weit überlegene Wesen, die den Weg zur Erde gefunden haben? Der amerikanische Astronaut L. Gordon Cooper, in einer Mercury-Kapsel am 15. Mai 1963 zweiundzwanzigmal um die Erde unterwegs, gibt auf seine Weise eine Antwort: »Ich denke, daß intelligentes außerirdisches Leben die Erde in den vergangenen Jahren besucht hat. Ich bin davon überzeugt, daß UFOs unter intelligenter Kontrolle unseren Planeten schon seit Tausenden von Jahren besuchen. Menschen haben fliegende Untertassen aus nächster Nähe gesehen, und viele Fälle sind durch Radarbeobachtungen bestätigt worden. Es ist lächerlich zu behaupten, daß alles Hirngespinste sind.«

2. Kapitel

Schon im Altertum gesichtet

Kenneth Arnold, Geschäftsmann aus Idaho, flog mit seinem Privatflugzeug in der Nähe des Mount Rainier im Staate Washington, als er plötzlich neun scheibenförmige Gebilde dahinschießen sah. Das war am 24. Juni 1947. Die Flugschiffe, so Arnold, flogen mit hoher Geschwindigkeit und auf ungewöhnliche Art, »wie eine Untertasse, die man übers Wasser springen läßt«. Der Begriff »Untertasse« war geprägt.

Seitdem hat es in nahezu allen Ländern der Erde eine unzählige Reihe von angeblichen oder tatsächlichen UFO-Sichtungen gegeben, beobachtet unter anderen auch von nahezu 100 Astronomen und rund 200 Flugkapitänen verschiedener Luftverkehrsgesellschaften. Manche geben heute noch Rätsel auf, wie etwa der Fall des amerikanischen Hauptmanns Thomas Mantell, der am 7. Januar 1948 mit einem Düsenjäger in befohlener feindlicher Absicht ein UFO jagte und danach aus unbekannter Ursache abstürzte. Die Trümmer seines Flugzeugs lagen in einem Umkreis von fünf Kilometern verstreut. Die letzten Worte des Piloten, die er in sein Bordmikrophon schrie: »Mein Gott, da sind ja Menschen drin!«

Was Mantell beobachtete, ist seit Jahrtausenden ein Phänomen. Denn schon aus dem Jahre 332 v.Chr., als Alexander der Große die Festung von Tyrus belagerte, wird – wenn man so will – eine sehr frühe Beschreibung von UFOs überliefert. Danach erschienen über dem mazedonischen Lager geheimnisvolle Objekte. »Fliegende Schilde«, fünf an der Zahl, bewegten sich in Dreiecksformation – mit einem sehr großen »Schild« – ein anderes Wort kannte man damals nicht dafür – an der Spitze, die übrigen waren ungefähr um die Hälfte kleiner. Der Chronist erzählt, daß sie langsam über Tyrus kreisten, staunend beobachtet von Tausenden von Kriegern beider Lager. Plötzlich schoß aus dem größten der »Schilde« ein Blitz hervor, der einen Teil der Mauern einstürzen ließ. Weitere Blitze schlugen Breschen in Türme und Mauern und machten den Belagerern den Weg frei in die Stadt. Danach verschwanden die »Schilde« mit unvorstellbarer Geschwindigkeit.

Eine Fundgrube solcher Schilderungen ist Julius Obsequens, der allein 63 himmlische Phänomene beschrieb. So heißt es im Jahre 91 v.Chr. in Kapitel 114: »Bei Spoleti fiel ein goldener Feuerball vom

Himmel auf die Erde und wurde größer. Er schien sich dann wieder vom Boden in östlicher Richtung zu erheben und war groß genug, die Sonne zu verdunkeln.«

Die Plinius-Naturgeschichte verzeichnet 26 unerklärliche Erscheinungen. Im Jahre 85 v.Chr. heißt es in Buch 2, Kapitel 34: »Während Lucius, Valerius und Gaius Marcus Konsuln waren, flog ein brennender Schild, der Funken ausstieß, über den Himmel.«

Es kann hier nicht jede Einzelheit festgehalten werden, die von frühen und auch zum Teil unbekannten Chronisten niedergeschrieben wurde. Aber auch im frühen Mittelalter finden sich Stellen mit Schilderungen über wunderliche Ereignisse.

So scheint es im Jahre 776 dem Geschichtsschreiber, als ob fliegende Schilde die Sachsen führten, während sie die Ritter Karls des Großen in Sigiburg belagerten. 810 berichtet Einhard, der Sekretär und Biograph Karls des Großen, daß dem Kaiser auf dem Weg nach Aachen eine große Kugel begegnete, die blitzschnell vom Himmel herunterkam. Sie flog von Ost nach West und leuchtete so stark, daß das Pferd des Monarchen scheute, er selber stürzte und verletzt wurde.

Das irische Manuskript »Konungs Skiggsa« überliefert aus dem Jahre 950: »Eines Sonntags, als die Einwohner bei der Messe waren, geschah in der kleinen Ortschaft Cloera ein Wunder. Ein großer metallischer Anker, der an einer Kette hing, kam vom Himmel herunter. Einer seiner Arme war mit einem spitzen Schnabel versehen und bohrte sich in den hölzernen Pfosten des Kirchentors. Die Gläubigen liefen sofort heraus und sahen am Himmel am anderen Ende der Kette ein Schiff, das auf einem imaginären Ozean zu schwimmen schien. An Bord dieses Schiffes beugten sich Männer über die Reling und schienen zu beobachten, was im Grund des Wassers vor sich ging. Da sahen die Einwohner von Cloera einen Seemann auf den Schiffsrand steigen und in die Luft springen, die für ihn Wasser sein mußte; rund um den Taucher sah man einen feurigen Strahlenkranz. Der Mann wollte ohne Zweifel den Anker wieder losmachen. Als er am Boden angelangt war, umringten ihn die Gläubigen, um ihn gefangenzunehmen. Aber der Pfarrer verbot, ihn zu berühren, aus Angst vor einem Verbrechen oder einer Freveltat. Der Taucher schien nicht zu bemerken, was um ihn vorging. Er versuchte, den Anker freizubekommen, doch als es ihm nicht gelang, entschwebte er auf sonderbare Weise zu seinem Schiff, und zwar wieder mit den Bewegungen eines Brustschwimmers. Dann kappte die Besatzung die Ankerkette, und das freigekommene Luftschiff segelte davon und entschwand den Blicken.

Aber der Anker blieb jahrhundertelang im Tor stecken und bezeugte das Wunder.«

Im 12. und 13. Jahrhundert häuften sich die Berichte über seltsame Himmelsobjekte derart, daß sowohl der Papst als auch die Fürsten die Verbreitung derartiger Meldungen unter Strafe stellten, um die Bevölkerung nicht in Panik zu versetzen.

1557 wurde Wien von seltsamen leuchtenden Gegenständen überflogen, und im gleichen Jahr erschienen über Polen »grüne Sonnen« und »rote Sonnen«. »Fliegende Drachen« und »glühende Scheiben« brachten ganz Nürnberg aus der Fassung. Über Zürich zogen »drei Sonnen« vorbei, und im Rathaus sind einige Drucke des Kupferstechers Wieck aufbewahrt mit zahlreichen »fliegenden Tellern«, die zwischen 1547 und 1558 gesichtet wurden. Am 7. August 1566 zog über Basel ein Schwarm schwarzer rundlicher Gebilde, die sich mit unglaublicher Geschwindigkeit auf die Sonne zu bewegten.

1697 gar sprach man ohne Zaudern von einer »hell leuchtenden kreisförmigen Maschine mit einer Kugel in der Mitte«, die langsam über Hamburg und andere norddeutsche Städte flog. Im Zeitraum schließlich von 1760 bis 1772 wurden die Erscheinungen immer häufiger und auch in Amerika zum erstenmal dokumentiert. In England, Frankreich und Deutschland beobachteten Hunderte von Menschen den Flug geheimnisvoller »Beliden«, die feurige Streifen am Himmel zogen. Die Liste solcher Phänomene ließe sich fortsetzen bis in unsere Tage. Um alles ist der Schleier der Legende gewebt.

Ihn zu zerteilen, ist man neuerdings mehr denn je bemüht; Russen und Amerikaner bildeten sogar insgeheim eine gemeinsame Forschungsgruppe. Wer sich unbekümmert um staatliche Lenkung der Klärung widmet, sieht sich von der Schulwissenschaft hart attakkiert; Erich von Däniken zum Beispiel, der sich auf die Spuren einer utopischen Vergangenheit wagte und dessen Hypothese sich auf den Besuch außerirdischer Wesen vor Jahrtausenden gründet. Er nimmt an, daß diese Wesen Primaten (menschenartige Herrentiere) bewußt durch Mutation zum Homo sapiens wandelten und seitdem ständig beobachten, wie das Menschengeschlecht sich entwickelt.

In seinem vielumstrittenen Buch »Erinnerungen an die Zukunft« findet sich ziemlich am Anfang eine Stelle, die ungeachtet des Gelehrtenstreites eine erregende, die Phantasie beflügelnde Beweiskraft zu haben scheint. Dort heißt es:

»Zu Beginn des 18. Jahrhunderts fand man im Topkapi-Palast in

Istanbul alte Landkarten, die einem Offizier der türkischen Marine, Admiral Piri Reis, gehört hatten. Vom nämlichen Piri Reis, der seine Karten im Orient entdeckt haben will, stammen auch die beiden in der Berliner Staatsbibliothek aufbewahrten Atlanten, die exakte Wiedergaben des Mittelmeerraumes und des Gebietes am Toten Meer enthalten.

Dieses ganze Kartenpaket wurde dem amerikanischen Kartographen Arlington H. Mallery zur Untersuchung übergeben. Mallery machte die merkwürdige Feststellung, daß zwar alle Angaben vorhanden, nicht aber an der richtigen Stelle eingezeichnet waren. Hilfesuchend wandte er sich an den Kartographen Walters vom Hydrographischen Amt der US-Marine. Mallery und Walters konstruierten ein Lesegitter und übertrugen die alten Karten auf einen modernen Globus. Sie machten eine wirklich sensationelle Entdeckung: Die Karten waren absolut exakt, und zwar nicht nur was Mittelmeerraum und Totes Meer angingen, es waren ebenso die Küsten von Nord- und Südamerika und sogar die Konturen der Antarktis präzise in Piri Reis' Karten vermerkt. Die Karten gaben nicht nur die Umrisse der Kontinente wieder – sie hatten auch die Topographie im Innern dieser Länder! Gebirgsketten, Berggipfel, Inseln, Flüsse und Hochebenen waren haarscharf eingezeichnet.

1957 – im Geophysikalischen Jahr – wurden die Karten dem Jesuitenpater Lineham, der zugleich Direktor der Sternwarte von Weston und verantwortlicher Kartograph der amerikanischen Marine ist, übergeben. Auch Pater Lineham konnte nach genauesten Prüfungen nur bestätigen, daß die Karten von äußerster Genauigkeit sind, selbst in Räumen, die wir heute noch kaum erforscht haben.

Man bedenke, erst 1952 wurden Gebirgsketten in der Antarktis entdeckt, die auf den Reisschen Karten bereits eingezeichnet sind! Die jüngsten Arbeiten von Professor Charles H. Hapgood sowie des Mathematikers Richard W. Strachan vermittelten uns geradezu schockierende Erkenntnisse. Aus Vergleichen mit modernen Satelliten-Aufnahmen unserer Erdkugel ging nämlich hervor, daß es sich beim Ur-Original der Piri-Reis-Karten um Luftaufnahmen aus extremer Höhe gehandelt haben muß! Wie ist dies zu erklären?

... es gibt ein paar Fragen, die schnell zu beantworten sind. Fraglos haben unsere Vorfahren diese Karten nicht gezeichnet. Doch unzweifelhaft ist, daß diese Karten mit modernsten technischen Hilfsmitteln – aus der Luft – hergestellt worden sein müssen.

Wie sollen wir das erklären? Sollen wir uns mit der Legende zufriedengeben, ein Gott habe sie einem Oberpriester geschenkt?

Oder sollen wir sie einfach nicht zur Kenntnis nehmen, das ›Wunder‹ bagatellisieren, weil dies Kartenwerk nicht in unser Vorstellungsbild paßt? Oder sollen wir mutig ins Wespennest stechen und behaupten, diese Kartographie wurde von einem sehr hoch fliegenden Flugzeug oder von einem Raumschiff aus gemacht?«
Soweit Erich von Däniken.
Doch die Karten des türkischen Admirals sind nur ein Mosaiksteinchen in dem Legendengemälde alter Kulturen, das sich rund um den Erdball zieht und von merkwürdigen Dingen berichtet, die so gar nicht in das Konzept schulwissenschaftlicher Theorien über die Entwicklungslinie der Menschheit passen. Das Ereignis der Sintflut und des Turmbaus von Babylon wiederholt sich seltsamerweise in indianischen Geschichten – nicht von Missionaren erst hinzugefügt, sondern von den spanischen Eroberern bereits vorgefunden. Und im Umkreis uralter kolossaler Bauten haben sich Hinweise auf eine götterähnliche Rasse bewahrt, ohne deren hochentwickelte Technologie solche Baukunst gar nicht verwirklicht hätte werden können. Linguisten fanden zudem Spuren einer alten Handelssprache, die vermuten lassen, daß lange vor den Fahrten der Wikinger oder des Columbus uns unbekannte Völker ausgedehnte Reisen unternommen und intensive Kontakte unterhalten haben. Selbst die alten Ägypter oder Sumerer bezogen sich auf frühere und vor allem größere Kulturen, von denen sie ihre Anregungen erhielten.
Was sie zuvor als Narretei abtat, wertet die Wissenschaft nun zögernd um. Etwa angesichts jenes Modells aus der kolumbianischen Goldsammlung, das man bisher für die Nachbildung eines Vogels ansah und von dem der Wissenschaftler Ivan Sanderson nach einer gründlichen Untersuchung nun eher vermutete, es stelle ein mechanisches Objekt dar, wenn nicht gar ein modernes Flugzeug. Einem Piloten, der den »Vogel« nicht kannte und auch von seiner Herkunft nichts wußte, erschien er wie das Modell einer F-102; vor allem die Form der Flügel deutete für ihn auf ein Düsenflugzeug hin. Wörtlich sagte er: »Diese Bauart ist nur für extreme Flughöhen geeignet.« Wie um zu bestätigen, daß es sich hier um keinen Einzelfund oder gar vorsintflutliches Unikum handelte, sind seither in präkolumbianischen Gräbern weitere Exemplare entdeckt worden, manche mit zwei Reihen von Flügeln. Man darf an dieser Stelle ruhig beschämt fragen, welche Funde – weil in ihrem archäologischen Wert nicht erkannt – uns bereits verlorengingen, allein schon durch die Raffgier der spanischen Eroberer, die alles Gold, das ihnen im neuentdeckten Lateinamerika

in die Finger kam, zu Barren einschmolzen.

Auch in Ägypten erkannte man unter den Funden aus uralten Gräbern antike Flugmodelle – allerdings aus Holz und auch jetzt noch voll flugtauglich, wunderbar gleitend wie unsere modernen Modellsegler. Wer weiß, was der nordafrikanische Wüstensand noch an Überraschungen birgt – vielleicht sogar ein Original, das diesen Modellen als Vorbild diente?

Im Hindu-Epos »Mahabharata« und in dem altindischen »Ramayana« finden sich detaillierte Hinweise auf die Konstruktionen von Flugzeugen und Raketen, ferner exakte Beschreibungen der Küsten von Ceylon und Indien, wie sie sich nur aus der Luft erkennen lassen. Woher angeblich primitive Hirten und Bauern solche Kenntnisse oder Phantasie bezogen, ist mit altherkömmlicher Betrachtung nicht zu beantworten.

Das nach wie vor ungewöhnlichste Zeugnis vergangener Kulturen ist die Cheops-Pyramide in Gizeh. Eine von Kopten bewahrte Überlieferung bezeichnet sie als ein Sammelwerk des Wissens aus der Zeit, als die Götter herrschten. So abwegig ist die Annahme nicht, daß Cheops ihr nur den Namen gab, die Pyramide jedoch weit älteren Datums ist. In der Tat brachten Messungen erstaunliche Ergebnisse hervor: Der Umfang der Pyramide entspricht mit 365,24 der Tageszahl eines Jahres, der doppelte Umkreis ergibt den Gegenwert einer Minute eines Grades am Äquator, die Entfernung der Schrägseite von der Basis bis zum Scheitelpunkt entspricht dem Sechshundertstel eines Breitengrades, die mit 10^9 multiplizierte Höhe ergibt die Entfernung zur Sonne, der durch die doppelte Höhe geteilte Umkreis führt zum Wert Pi 3,1416, das mit 10^{15} multiplizierte Gewicht der Pyramide entspricht dem Gewicht der Erde, die Maße des Königsraumes im Innern gleichen den beiden pythagoräischen Grunddreiecken – und das Tausende von Jahren vor Pythagoras. Die Erdachse schließlich verändert sich täglich im Weltraum und erreicht ihre ursprüngliche Stellung erst wieder nach 25 827 Jahren: in den Berechnungen, die man an der Pyramide anstellte, taucht mit 25 826,6 auch diese Zahl auf.

Die Liste solcher prähistorischer Merkwürdigkeiten ließe sich endlos verlängern. Sie enthält sogar Hinweise auf Atombomben, die lange vor uns gezündet worden sein müssen. Dafür zwei Beispiele. Das eine ist im »Mahabharata« zu finden; ein Überlebender aus Hiroshima könnte schaudernd meinen, hier werde der Untergang seiner Stadt geschildert:

»Ein einziges Geschoß, mit aller Kraft des Universums ausgestattet – eine weißglühende Säule von Rauch und Flammen, so hell wie zehntausend Sonnen, erhob sich in all ihrem Glanz. Es war eine unbekannte Waffe, ein eiserner Blitzstrahl, ein riesenhafter Todesbote, der das gesamte Volk der Vrishnis und Andhakas zu Asche verbrannte. Die Leichen waren bis zur Unkenntlichkeit entstellt. Ihre Haare und Nägel fielen aus. Tongeschirr brach ohne ersichtlichen Grund, und die Vögel wurden weiß. Nach wenigen Stunden waren alle Lebensmittel verseucht. Um diesem Feuer zu entkommen, stürzten sich die Soldaten in die Flüsse, um sich und ihre Ausrüstung zu waschen.«

Das zweite Beispiel liefert ein archäologischer Stollen, der 1947 im Irak in die Erde getrieben wurde. Die Schichten, auf die man stieß, reichten weiter als 16000 Jahre zurück. Man fand Spuren der Babylonier, Chaldäer und Sumerer, weiter unten kamen jene der Dorf- und Hirtenkulturen. Aber noch tiefer, am Ende aller Schichten und damit älter als 16000 Jahre, breitete sich ein Boden von geschmolzenem Glas aus. Was er bedeutet, wissen wir erst seit 1945, als in der Wüste von New Mexico die ersten Atomexplosionen ausgelöst wurden. Unter ihren Rauchpilzen verwandelte sich die Erde – in geschmolzenes Glas.

Damit aber sind wir bei Atlantis angelangt, jenem sagenhaften versunkenen Kontinent, nach dessen Spuren die Archäologen schon seit langem suchen und über dessen Bewohner in jüngster Zeit die Version aufgetaucht ist, sie hätten sich und ihr Land durch den Mißbrauch einer Art Kernenergie selbst vernichtet. Mit zunehmender Erforschung des Meeresbodens häufen sich in der Tat die Indizien, daß große Teile im westlichen Atlantik einst über dem Meeresspiegel lagen. Hinweise auf prähistorische Kulturen geben Mauern, Dämme und sogar Straßen, die vor allem im Bereich der Karibischen See und vor den Ostküsten Mittelamerikas auf dem Meeresgrund gesichtet wurden. Auf die erstaunlichsten Funde stieß man bei den Bahamas in der Nähe von Bimini, wo 1968 ein ausgedehntes Netz gepflasterter Straßen und wie von Menschenhand aufgeschichteter Wälle entdeckt wurde; die Steine waren offensichtlich genau angepaßt und besaßen nahezu perfekte Würfelform. Aus der Luft sind die Linien solcher Anlagen genau zu erkennen – wen wundert es also, daß Forschungsflüge seit 1968 rund um die Bahamas, vor Cuba und weiter bis nach Santo Domingo augenscheinlich von Menschenhand geformte Bauten nachgewiesen haben. Manche sahen aus wie Pyramiden oder riesige Kuppelbauten.

Scheint also eine, wenn auch vorerst nur undeutlich erkennbare Linie zwischen Legende und archäologischen Funden zu bestehen, so verlängert sie sich ins Phantastische, wenn man die Bemerkungen eines Mannes hinzunimmt, der zu Lebzeiten in den Vereinigten Staaten als »schlafender Prophet« galt, nachweislich über außergewöhnliche telepathische Kräfte verfügte und Wunderheilungen vollbrachte. Edgar Cayce, der 1945 in Virginia starb, hat sich im Trance-Zustand hundertfach über Atlantis geäußert und 1940 eine merkwürdige Prophezeiung verbreitet: »Poseidia, das im Gebiet von Bimini existierte, wird zu den ersten Teilen von Atlantis gehören, die sich in nicht allzu ferner Zeit – erwartungsgemäß 1968 oder 1969 – wieder heben.« Tatsächlich entdeckten Forscher in diesen Jahren die ersten Bauten unter Wasser. Aber nicht nur das – auch der Meeresboden hob sich dort.

Cayces Bemerkungen – er meinte, in Trance Kontakt mit den früheren Atlantis-Bewohnern zu besitzen – werden durch andere mediale Bekundungen untermauert, ebenso durch okkulte und PSI-Forscher. Sie berichteten nicht nur von Atlantis, sondern auch von Lemuria, einem anderen ehemaligen Kontinent, der im Pazifik versunken sein soll. Atlantis ging nach diesen Schilderungen nicht auf einmal zugrunde, sondern nach und nach in riesigen Zeitabständen. Vor 850 000 Jahren versank die Hauptinsel Ruta, 600 000 Jahre danach die Insel Dayta. Der Rest von Atlantis, die Insel Poseidia, verschwand im Jahr 9664 v.Chr.

Nicht ohne Reiz sind auch jene Daten, die diese Medien über die Reisen der Atlantier in alle Welt verbreiten. Zivilisierte Menschen gibt es danach seit 10,5 Millionen Jahren, 50 700 v.Chr. zogen die Atlantier nach Spanien und Frankreich; die Basken sollen ihre Nachkommen sein. Um 28 000 v.Chr. besiedelten sie Mittelamerika und Nordafrika – eine ähnlich rätselhafte Landkarte wie die des Piri Reis zeigt die Sahara als fruchtbare Landschaft! Die Atlantier – so die Medien – bauten die ersten Pyramiden, kannten Flugzeuge und Elektrizität, beherrschten die Aufhebung der Schwerkraft und betrieben in riesigen Laboratorien das, was wir heute Energieforschung nennen. Und es wird wohl niemand mehr erstaunen, daß in diesen Trance-Berichten auch von Außerirdischen und ihren Raumschiffen die Rede ist.

Um einen Zeugen aufzurufen, der Skeptikern oder gar Spöttern ernsthaft genug erscheinen mag, genügt es, Plato zu zitieren, der sich in seinen Timaios- und Kritias-Dialogen erstaunlich detailliert mit Atlantis beschäftigte und es als das Land des goldenen Zeitalters beschrieb, als wunderbares Reich im Atlantik, das durch heftige Erdbeben und Fluten in einem einzigen Tag und einer Nacht des Regens im Meer versank. Plato gab die Lage von Atlantis für die Zeit

um etwa 10000 v.Chr. vor der Meerenge von Gibraltar an, die damals »Säulen des Herakles« hieß. Er schilderte die Insel größer als Libyen und Asien und als einen Weg zu anderen Inseln, die wiederum zum »gegenüberliegenden Kontinent« führten. Plato muß also von der Existenz dessen gewußt haben, was Columbus erst lange nach ihm entdeckte: Amerika.
Dieser Ausflug in die Vorzeit, in ihre überlieferten Legenden und zu den rätselhaften archäologischen Funden wirft verblüffende Fragen auf, und es ist nahezu selbstverständlich, daß die Versuche mancher Forscher, dies alles zu deuten, zu ebenso verblüffenden Antworten führen. Antworten zudem, die haargenau in die Gegenwart zielen. Zum Beispiel in die Gegenwart des 3.Oktober 1973:
An jenem Tag beobachteten ein Sheriff und vier Parkaufseher über Tupelo im Bundesstaat Mississippi erstaunt ein Flugobjekt – wie eine »Untertasse und von der Größe eines Einfamilienhauses mit sich drehenden roten, grünen und gelben Lichtern«. Etwa zwei Wochen später wäre 80 Kilometer südlich von Cleveland ein Hubschrauber der amerikanischen Armee um ein Haar mit einem kuppelförmigen, zigarrenähnlichen Ding aus Metall zusammengestoßen. Hauptmann Lawrence J. Coyne mußte seinen Helikopter rasch nach unten manövrieren, wurde dann aber auf geheimnisvolle Weise 600 Meter senkrecht zu dem unbekannten Objekt emporgerissen.
Zwei Beispiele von Tausenden. Der Psychologe David R. Saunders von der Universität von Colorado erfaßte mehr als 60000 Einzelberichte in einem Computer. Sein Fazit: Die Mehrzahl dieser Berichte stammt nicht von Spinnern oder UFO-Fanatikern, sondern von Menschen, die sich nie für fliegende Untertassen interessiert hatten – bis sie eine zu Gesicht bekamen. Es sind also Leute von normalem Verstand und gutem Ruf. Ihnen würde man in jeder anderen Sache ohne Umschweife glauben.

3. Kapitel

Zwei Werftarbeiter von UFO-Besatzung entführt

Dieser Vorfall hat sich am 11. Oktober 1973 ereignet. Er ist amtlich festgehalten, Wissenschaftler haben ihn untersucht. An ihm gibt es nichts zu deuteln.

Charles Hickson (45) und Calvin Parker (19), beide Werftarbeiter in Pascagoula im Staate Missouri, gingen an jenem 11. Oktober abends fischen. Sie ließen sich am Pier einer verlassenen Schiffswerft nieder. Gerade als Hickson nach einem neuen Köder langte, schrillte ein fremdartiges Geräusch durch die Luft. »Es klang wie ein schwirrendes Getöse«, berichtete Hickson später.

Die überraschten Männer sahen über sich ein leuchtendes, untertassenförmiges Raumschiff. Es landete dreizehn Meter vom Pier entfernt und schwebte dabei etwa 30 Zentimeter über dem Boden inmitten abgestellter Autos und ausrangierter Geräte. Das UFO hatte etwa 13 Meter im Durchmesser und eine Höhe von 2,6 Meter. Zwei Bordluken befanden sich an einer Seite, Fugen und Nieten waren nicht zu sehen.

Die Arbeiter starrten sprachlos zu dem UFO; ihre Herzen schlugen angstvoll, als drei wunderliche Wesen herauskamen. »Sie kamen in einer gleitenden Bewegung zu uns«, sagte Hickson, »sie kamen direkt aus dem Schiff heraus, obwohl ich keine offene Tür sah. Als sie an uns herankamen, war ich so erschrocken, daß ich die Wirklichkeit nicht fassen konnte.«

Es war ein bizarres Trio. Sie trugen keine Kleidung, und ihre »blaßgraue Haut« (ein plastikartiger Körperschutz?) hing um sie herum in runzligen Falten herab. »Ihr Farbton reichte von blaßfleischfarben bis zu einem hellen Grau«, sagte Hickson. »Sie waren etwa 1,50 Meter groß. Ihre Füße waren sehr ungewöhnlich, denn sie waren elefantenfußartig rundlich. Es war auffallend, daß nichts da war, was wie Augen ausgesehen hätte. Sie hatten einen schmalen Schlitz, wo die Augen hätten sein müssen. Ich konnte nicht sehen, ob sie eine Pupille hatten. Auch hatten sie einen Vorsprung wie eine Nase. Darunter war eine Öffnung, aber es sah nicht aus wie ein Mund. Es war nur ein Schlitz, aber keine Lippen, wie wir sie kennen. Sie hatten keine Finger, sondern zwei klauenartige Scheren!«

Die Wesen – Hicksons Wiedergabe erinnert in ihrer exakten Beschreibung an bereits 1952 beobachtete außerirdische Roboter –

waren über den Männern, bevor diese sich aus ihrem tranceartigen Zustand lösen und flüchten konnten. Parker wurde ohnmächtig, als ihn die Roboter anfaßten, Hickson stand die etwa 40 Minuten währende Nervenprobe bei Bewußtsein durch.
»Zwei Wesen ergriffen mich bei den Armen, ich schien auf einmal gewichtslos zu sein«, erzählte Hickson. »Sie schafften mich zum Schiff. Zurückschauend glaube ich, daß da irgendeine Art von Kraft gewesen sein muß, angewandt, um uns unbeweglich zu halten, bis sie uns ergriffen.« Er gab zu, »wirklich und vollkommen zu Tode erschrocken« gewesen zu sein.
Im Innern des Schiffes wurden beide Männer getrennt. Hickson stellte fest, daß sein Körper gelähmt war und er nur seine Augen bewegen konnte. Er wurde mitten in der Luft in eine ruhende Lage gebracht. Die Untersuchung an ihm – eine medizinische, wie vermutet wird – fand in einem Raum statt von ungefähr drei Meter im Quadrat, mit gräulichen Wänden und ohne Fugen oder Instrumente. »Da war plötzlich ein großer optischer Apparat, der aus der Wand herauskam. Er schwebte mitten in der Luft. Ich konnte keinerlei Befestigung oder Kabel an dem Ding erkennen. Es sah aus wie ein großes Auge – etwa in dem Format eines Basketballes.«
Hickson berichtet, daß keinerlei Schmerz mit der Untersuchung verbunden war. »Das Instrument schwebte rückwärts und vorwärts in die Nähe meines Körpers. Ich schien wirklich in der Luft zu schweben. Zwei der Wesen wendeten mich rundherum in verschiedene Lagen, und das Auge fuhr fort, meinen Körper forschend anzusehen.«
Dann wurde Hickson auf einen Winkel von etwa 45 Grad ausgerichtet, während er noch mitten in der Luft schwebte ohne irgendwie sichtbare Stütze. Seine Füße waren gegen den Fußboden gerichtet, berührten ihn aber nicht. Das »Auge« setzte die Überprüfung des Körpers fort.
Während einer gewissen Zeit wurde Hickson in dem Raum allein gelassen, die Wesen verschwanden. »Ich konnte noch keinen Teil meines Körpers bewegen, es war, als ob ich lahmgelegt sei. Abgesehen von meiner Furcht fühlte ich keinerlei Pein während dieser ganzen Nervenprobe. Ich glaube nicht, daß diese Wesen irgendwelche Absichten hatten, uns Schaden zuzufügen. Wir wurden während der ganzen Zeit gütlich behandelt.«
Die Wesen kamen in den Raum zurück, nahmen Hickson auf, brachten ihn aus dem Schiff und an seinen ursprünglichen Platz am Pier zurück. »Die Wesen gingen zum Schiff zurück, nicht richtig gehend, sondern gewissermaßen zu ihm hin gleitend oder schwe-

bend. Eine wunderliche Sache war, daß ihre Beine zusammenblieben, sie bewegten ihre Beine nicht, wie wir es beim Laufen tun.«
Parker wurde ebenfalls zurückgebracht. Dann bestiegen die Wesen das Schiff, das mit einem lauten, schwirrenden Getöse in den Nachthimmel schoß. »Es dauerte nicht länger als eine halbe Sekunde, daß es aus der Sicht verschwand«, sagte Hickson.
Als die beiden Männer sich wieder gefaßt hatten, beratschlagten sie, was zu tun sei, ob sie den Vorfall etwa den Behörden melden sollten. Hickson zu Parker: »Da ist keiner, der uns glauben wird, wir könnten ebensogut schweigen.«
Doch dann kamen sie überein, zu irgend jemand über ihr groteskes Erlebnis zu sprechen. Sie gingen zuerst zur örtlichen Zeitung, doch waren die Journalisten bereits nach Hause gegangen. Dann riefen sie Sheriff Fred Diamond an. Es meldete sich dessen Stellvertreter Hauptmann Glenn Ryder.
»Ich dachte zuerst, sie wollten mich zum Narren halten«, gestand Hauptmann Ryder. »Ich glaubte ihnen nicht. Aber da war etwas in Parkers Stimme, das mich bewog, sie zu bitten, zur Dienststelle zu kommen. Parker schien verängstigt und konnte kaum sprechen.«
Sheriff Diamond: »Sobald sie zur Tür herein waren, baten sie um einen Test mit dem Lügendetektor. Parker war fast zu Tode erschrocken, sein Zustand war nahe einem Schock.«
Diamond und Ryder hörten Hickson und Parker in jener Nacht mehrere Stunden lang zu. »Wir lauschten, was sie zu sagen hatten. Wir befragten sie getrennt, dann taten wir sie in einen Raum mit einem verborgenen Tonbandgerät«, sagte der Sheriff. »Wir überwachten ihr Gespräch, und ihre Geschichte, ob gemeinsam oder einzeln berichtet, war immer dieselbe. Für sie war ihr Erlebnis real.«
Und Ryder: »Als wir sie in den Raum taten, wußten sie nichts vom dem Tonbandgerät. Nachdem ich die Tonbänder abgehört hatte, glaubte ich ihnen. Wenn sie gelogen haben, dann sollten sie nach Hollywood, denn dann wären sie die größten Schauspieler, denen ich je begegnet bin.«
Auf Tonband, als sie in dem Raum allein gelassen worden waren, rief Hickson aus: »Mein Gott! In meinem ganzen Leben habe ich niemals so etwas gesehen wie das! Ich bin ein Wrack! Ich mußte hier abladen!« Später stöhnte er: »Warum mußte das uns passieren? Warum? Ich habe den Krieg mitgemacht ... niemals in meinem ganzen Leben war ich derart in Schrecken versetzt!«
Parker geriet zweimal während der Befragung in jener Nacht in einen Schockzustand. Mehrmals fiel er auf seine Knie und begann zu beten. Auf dem Tonband war zu hören: »Gott! Hilf mir! Bitte laß

mich nicht sterben! Beschütze mich! Ich will nichts sagen.«
In jener Nacht beobachtete übrigens Larry Booth, Einwohner von Pascagoula und ehemaliger Luftwaffenpilot, ebenfalls das UFO. Es flitzte in östlicher Richtung quer über den Himmel und hatte aufblitzende Lichter.
Hickson gab später in einem Interview seine Gedanken über die Wesen preis: »Ich habe etwas mehr über sie nachgedacht, und ich glaube, sie waren eher Roboter. Sie handelten, als ob sie eine bestimmte Sache zu erledigen hätten. Sie versuchten zu keinem Zeitpunkt, sich mit uns zu verständigen. Einmal hörte ich, wie einer von ihnen ein summendes Geräusch machte. Er kann mit etwas in einem anderen Teil des Schiffes in Kontakt gewesen sein oder mit etwas irgendwo anders.«
Der 45jährige Werftarbeiter – »Warum das einem Bauernsohn, wie ich es bin!?« – glaubt, daß in Zukunft weitere Entführungen vorkommen werden. »Ich glaube, daß diese Wesen fortfahren werden, die Erde zu überprüfen. Was wir erlebt haben, war nicht das letzte davon. Ich habe immer gesagt, daß irgendwo da draußen doch Leben sein muß. Jetzt bin ich davon überzeugt. Ich sehe ein, daß unser aller Leben niemals das gleiche sein wird, aber ich fühle, daß wir den Menschen schuldig sind, ihnen mitzuteilen, was wir erlebten.«
Calvin Parker fügte hinzu: »Ich möchte den Leuten ausdrücklich sagen: Bitte schießt nicht auf diese Objekte. Sie haben nichts Böses im Sinn. Ich glaube, wenn sie wiederkämen, könnte ich ihnen entgegentreten und würde versuchen, mich mit ihnen zu verständigen.« Hickson ergänzte: »Ich bin sicher, daß sie fortgeschrittener sind als wir. Ich weiß jetzt, daß sie nicht beabsichtigten, uns körperlichen Schaden zuzufügen, aber ich fürchtete, daß sie uns mitnehmen würden. Ich möchte jedoch ausdrücklich sagen, daß diese Leute uns nicht übel wollen.«
Am Tag nach ihrer Entführung gingen Hickson und Parker zu Kesslers Luftwaffenbasis, um sich untersuchen zu lassen. Der Arzt Oberst Robert E. Smith: »Sie waren hier, um eine mögliche Strahlenverseuchung nachzuprüfen. Die Tests waren negativ. Auch wir sind überzeugt, daß sie nicht gelogen haben.«
Sheriff Diamond hoffte auf Hilfe von der Luftwaffe, um dem Durcheinander begegnen zu können, das die Bevölkerung ergriff, als der Fall bekannt wurde. 2000 Journalisten fragten an, Anwohner entlang der Golfküste hatten UFOs gesehen, doch die Luftwaffe beschied: »Die Air-Force will nur dann den Fall untersuchen, wenn eine direkte Bedrohung unserer nationalen Sicherheit vorgekom-

men ist. Das scheint nicht zu sein.«

So die offizielle Antwort aus dem Pentagon, das damit auf seiner Linie der Geheimhaltung, wenn nicht gar Verschleierung blieb. Als der Sheriff nicht lockerließ, bequemte man sich über Informationsoffizier Hauptmann Dennis Parker zu der lächerlichen, absurden Erklärung, das Erlebnis der Werftarbeiter könnte als Reflexion des Planeten Venus erklärt werden oder als ein Flugzeug, das vom Kurs abgekommen sei.

Da die offiziellen Stellen diesem Fall bewußt den Rücken kehrten, begaben sich zwei Wissenschaftler nach Pascagoula: Dr. James Harder, Professor für Ingenieurwesen an der Universität Kalifornien, und Professor Dr. Allen Hynek, Professor für Astronomie an der Northwestern University. Hickson und Parker wurden in Hypnose versetzt, mußten während mehrerer Stunden ihre Erlebnisse immer und immer wiederholen.

Dr. Harder danach: »Das tatsächliche Entsetzen beider Männer unter Hypnose veranlaßt mich, ihre Geschichte zu glauben. Ihr Erlebnis war real. Es gibt keine vernünftigen Bedenken, daß dieses Fahrzeug aus dem Weltraum kam. Es war definitiv außerirdisch.«

Und Dr. Hynek: »Einer der dramatischsten Fälle von den 800 bisher bekannten Kontakterlebnissen, der jemals aufgezeichnet wurde. Hickson und Parker sind nicht geistesgestört, sie sind keine Verrückten.« Und er rügte die amerikanische Regierung: »Eine Panik kann entstehen, wenn Menschen, die UFOs sehen, niemand finden können, der sich ihre Berichte anhört.«

4. Kapitel

785 Kilometer entfernt wieder erwacht

Sosehr die beiden amerikanischen Werftarbeiter Charles Hickson und Calvin Parker auch über ihre Begegnung mit außerirdischen Robotern in Schrecken gerieten, sie durften sich dennoch glücklich schätzen, daß »ihr« UFO sie wieder an jener Stelle auslud, an der sie an Bord geholt worden waren. Der argentinische Kellner Carlos Alberto Diaz (28) aus Ingeniero White bei Bahia Blanca hingegen fand sich nach seiner Entführung 785 Kilometer weit von seinem Heimatort wieder.

Diaz kehrte am 5. Januar 1975 in der Frühe von der Arbeit in einem Restaurant zurück. Der Bus setzte ihn um 3.30 Uhr in der Nähe seiner Wohnung ab, in der Tasche hatte Diaz die noch druckfrische Morgenzeitung »La Nueva Provincia«. Die Nacht war stockdunkel.

Als Diaz auf sein Haus zulief, blendete ihn plötzlich ein greller Lichtstrahl. Er glaubte zuerst an einen Blitz, erkannte jedoch dann einen »gebrochenen« Strahl. Diaz wollte auf sein Haus zurennen, war aber wie gelähmt und vermochte keinen Fuß vor den anderen zu setzen.

Seiner fünf Sinne aber blieb er mächtig, und so vernahm er ein starkes Rauschen, ähnlich dem Wind. Ohne sich wehren zu können, wurde er von dem rauschenden »Strahl« emporgezogen. In drei Meter Höhe begann er, während er immer weiter nach oben »gesogen« wurde, das Bewußtsein zu verlieren.

Als er wieder erwachte, befand er sich in einer »vollkommen glatten und glänzenden« Kugel. Er hockte in der Nähe von drei Zentimeter großen Löchern, durch die frische Luft einströmte. Dies hielt ihn bei Bewußtsein; so bald Diaz sich von diesen Luftlöchern entfernte, schwanden ihm die Sinne.

Unvermittelt erschienen sanft gleitend roboterartige Wesen – mit moosgrünen Köpfen und Gesichtern, aber ohne Augen, Nase, Mund und Ohren. Sie waren etwa 1,80 Meter groß, auffallend schlank und mit einem cremefarbenen weichen Gummi bedeckt. Ihre Arme endeten in Stümpfen, in denen sich Sauglöcher befanden.

Die Roboter legten ihre »Arme« auf die lange Haarmähne des Kellners und fingen an, ihm Strähnen »auszureißen«: die Sauglöcher zogen die Haare, ohne daß Diaz einen Schmerz empfand, mit

ihren Wurzeln aus. Der von Entsetzen geschüttelte Mann wehrte sich unaufhörlich, aber die Roboter, die sich sehr schwerfällig bewegten, ließen sich dennoch nicht abhalten von ihrem Tun. Sie rissen ihm auch Haare von Brust und Thorax aus.
Diaz ermüdete in seinem verzweifelten Kampf und verlor erneut das Bewußtsein. Als er wieder erwachte, fand er sich im Gras liegend. Seine Uhr war um 3.50 Uhr stehen geblieben, jetzt schien bereits die Sonne. Den Ort kannte er nicht, an dem er sich befand, doch glaubte er, in der Nähe einer Autobahn zu sein. Neben ihm lagen seine Tragetasche mit der Arbeitskleidung sowie die Zeitung, die er sich in Ingeniero White gekauft hatte. Brechreiz und Übelkeit befielen ihn, sie hielten den ganzen Tag an.
Plötzlich hielt in seiner Nähe ein Auto. Ein Mann stieg aus, der Diaz überfahren und verletzt wähnte. Als er jedoch die Geschichte des Kellners hörte und die kahlen Stellen auf dessen Kopf sah, fuhr er ihn in ein nahe gelegenes Krankenhaus: in Buenos Aires, 785 Kilometer von Ingeniero White entfernt; die Zeitung, die Diaz bei sich trug, gibt es in der argentinischen Hauptstadt nicht zu kaufen.
Es war 8.30 Uhr, als Diaz in das Krankenhaus eingeliefert wurde – fast fünf Stunden nach seiner Entführung. 46 Ärzte untersuchten ihn vier Tage lang. Die Polizei nahm ein Protokoll auf. Das Fazit: Diaz war weder physisch noch psychisch krank, an seinem rätselvollen Erlebnis war also nicht zu zweifeln.

Der offenkundige Auftrag dieser Wesen, die Erde zu erforschen, hat in vielen Fällen auch zu Tierraub geführt. Zwei merkwürdige, einander gleichende Erlebnisse hatte der südafrikanische Pilot Anton Fitzgerald. Sie ereigneten sich jeweils im Juni – das erste Mal im südafrikanischen Natal, das zweite Mal ein Jahr später im nordamerikanischen Texas.
Fitzgerald befand sich auf einer Farm in Natal und ging mit deren Leiter Jack Marias auf das Haus zu. Plötzlich vermeinte er, eine große Blase voller irisierend schillernder Sumpfgase von etwa 30 Meter Durchmesser zu sehen. Eigenartig nur, daß die Schafherde, ohne sich gegenüberzustehen, in zwei Drittelkreisen sich dieser Blase zugeordnet hatte – wie von einem Magneten angezogen. Die beiden Männer gingen auf das rosa glühende Ding zu, als es sich plötzlich lautlos und senkrecht in den Himmel erhob. Jack Marias rief: »Nun sieh dir bloß die Schafe an!« Es war unglaublich: Die Tiere schienen auf Zehenspitzen zu stehen mit hoch erhobenen Köpfen, als würden sie nach oben gezogen. Marias und Fitzgerald fühlten sich plötzlich wie schwerelos.

Allmählich nahmen die Schafe wieder ihre normale Stellung ein, nachdem das Objekt außer Sicht war. Nur eines der älteren Tiere fehlte – es wurde nie mehr gesehen.

Als Fitzgerald zu seinem Flugzeug ging und startete, überlegte er noch, wie die Maschine wohl über dem Platz mit der Schwerelosigkeit reagieren würde. Jack erzählte später, daß er noch nie so blitzschnell eine Maschine in den Wolken habe verschwinden sehen. Fitzgerald wiederum beobachtete seine Instrumente und entdeckte, daß der Zeiger, der die Steiggeschwindigkeit markiert, sich am äußersten Ende der Skala befand. Der Pilot selber fühlte sich viel leichter als sonst, erst in 3000 Meter Höhe wurde allmählich wieder alles normal.

Ein Jahr später befand sich Fitzgerald in Texas, um ein neues Flugzeug auszuprobieren. Während des Fluges kreuzte unvermittelt ein diskusförmiges Flugobjekt seine Route und verschwand dann in den Wolken. Als er auf diese Stelle zuflog, stellte sich erneut Schwerelosigkeit ein; das Flugzeug begann für Sekunden rasend zu steigen. Nach der Landung rief im Flughafen ein Farmer an, der meldete, bei ihm sei ein seltsames Objekt gelandet. Fitzgerald, der sofort mit einem Bekannten zu der Farm flog, ahnte, was geschehen sein mußte. Und richtig: auch dort das seltsame Verhalten der Tiere, auch dort fehlte danach ein Stück der Herde – ein weißer Stier.

Sowohl in Natal als auch in Texas versetzten die Vorfälle die Menschen in äußerstes Erstaunen. Mit zwei Ausnahmen: Ein alter Zulu und ein alter Indianer verwiesen – Tausende von Kilometern voneinander getrennt – mit fast denselben Worten auf Legenden ihrer Völker, deren Wahrheit sich nun bestätigt habe – nämlich, daß »die rote Sonne, wenn sie senkrecht von der Erde aufsteigt, ein Stück Vieh mitnimmt«.

Nicht gerade selten sind jene Fälle, in denen Autofahrer UFOs begegnen, fast ausnahmslos in einsamen Gegenden. Aus Lateinamerika, das ohnehin ein bevorzugtes Ziel unbekannter fliegender Objekte zu sein scheint, gelangt eine Fülle solcher Nachrichten. Aber auch Europäer wissen von seltsamen Erlebnissen zu berichten, wie etwa der 36 Jahre alte norwegische Autoverkäufer Askjell Bottolfsen, der am 12. Januar 1974 um 16.35 Uhr sich von Breivikeidett am Ullsfjord nach Tromsö auf den Weg machte. Er lenkte an diesem Tag einen Vorführwagen und war – wegen des Fahrverbots angesichts der Ölkrise – im Besitz einer Sondergenehmigung.

Es war dunkel. Bottolfsen wähnte sich allein auf der Straße, als plötzlich über den Baumspitzen ein intensives Licht erschien. Bottolfsen fuhr gerade in einer Kurve und dachte noch an einen Bus oder Lastwagen, der entgegenkam, obwohl ihm das Licht dafür zu grell erschien. Als er die Kurve durchfahren hatte, sah er sich einem Lichtermeer gegenüber. Gleichzeitig erkannte er das Objekt, das mit unheimlicher Geschwindigkeit auf ihn zuraste: oval in der Form einer platten Ellipse, an den Außenkanten rot glühend. Es nahm die ganze Straße ein.

Bottolfsen glaubte sein Ende nahe, er war überzeugt, das Objekt werde sein Auto zermalmen. Automatisch bremste er und schloß die Augen. Im gleichen Augenblick verspürte er eine eigenartige Wärme und hörte ein eintöniges Surren. Er war wie gelähmt. Als er die Augen wieder öffnete, stand sein Wagen quer zur Straße. Alles war wieder dunkel. Der Motor lief nicht, obwohl der Zündschlüssel nach wie vor in Fahrtstellung steckte. Die Scheinwerfer brannten nicht, obwohl sie nach wie vor eingeschaltet waren. Der Strom war wie weggezaubert. Der Mann saß in einem »toten« Auto. Dann lief es ihm kalt über den Rücken: Seitlich von ihm stieg ein dunkelrotes Objekt auf – der gleiche »Apparat«, der ihn beinahe in eine andere Welt versetzt hätte.

Bottolfsen verriegelte rasch die Autotüren von innen und prüfte seinen Sicherheitsgurt. Wenn »sie« ihn aus dem Wagen holen wollten, dann sollten »sie« es jedenfalls nicht einfach haben. Dann blickte er hoch: Das mußte eine »fliegende Untertasse« sein! Sie hatte gestoppt und stand etwa 20 Meter über den Baumwipfeln, schief wie ein seitlich angehobener Suppenteller. Man hörte kein Geräusch.

Etwa vier Minuten beobachtete der Autoverkäufer, wie gelähmt in seinem Fahrzeug sitzend, das ihm unheimliche Raumschiff. Dann verschwand es genauso schnell, wie es aufgetaucht war. Mit einer phantastischen Geschwindigkeit raste es davon, seine Farbe dabei von rot auf weiß wechselnd. Im Nu war es nur noch ein kleiner Punkt am Himmel und dann nicht mehr zu sehen.

Bottolfsen versuchte zu starten. Auf einmal war alles wieder normal: die Instrumententafel leuchtete auf, der Motor lief, die Scheinwerfer brannten. Im Radio wurde die Zeit durchgegeben. Es war 17.00 Uhr, aber die Uhr im Auto – zuvor richtig gestellt – zeigte 16.55 Uhr an.

Als er an diesem Abend in Tromsö ankam, entsetzte sich seine Frau: »Du siehst ja aus, als ob du verrückt geworden wärst!« Ihm blieb für sie keine andere Erklärung als das Außergewöhnliche, das ihm passiert war.

Am Rätsel der »fliegenden Untertassen« war Bottolfsen schon seit langem interessiert. Seit jenem 12. Januar 1974 aber ist er von ihrer Existenz überzeugt. »Es kann keine Rede sein von einem Naturphänomen. Es muß ein Raumschiff von einem anderen Planeten gewesen sein, von einer anderen, höher entwickelten Zivilisation«, behauptet er jetzt.
Zudem hatte er fast zwei Jahre zuvor, am 5. Juni 1972, um Mitternacht ähnliches beobachtet, zusammen mit sechs weiteren Personen. Damals entdeckten sie am Ullsfjord ein riesiges tellerförmiges Objekt von etwa 500 bis 1000 Meter Durchmesser, offenbar ein sogenanntes Mutterschiff, das den häufiger gesichteten kleineren »Scheiben« als Basis dient. Es stand etwa vier Minuten still in der Luft und war mit bloßem Auge gut zu erkennen. Dann stieg es auf und verschwand in den Wolken.
Auch zu diesem Erlebnis betont Askjell Bottolfsen: »Das war keine Einbildung. Sieben Personen können sich nicht irren.«

»Zwei fliegen an beiden Seiten nur Zentimeter von den Flügelspitzen entfernt. Eins operiert über meiner Kabine, taucht plötzlich weg und versetzt mir von unten einen leichten Stoß. Ich beginne, ohne daß ich die Maschine bediene, an Höhe gewinnen. Ich fliege in fünf Kilometer Höhe und habe mein Flugzeug nicht mehr unter Kontrolle. Ich überquere den Ajusco-Berg. Ich halte Nordkurs und kann die Richtung nicht ändern. Ich glaube, daß die Objekte meine Maschine kontrollieren. Meine Geschwindigkeit beträgt 192 km/h. Zwei der Objekte setzen sich mit Kurs auf den Popocatepetl ab.«
Der 25jährige Carlos Antonio de los Santos Montiel, Pilot einer Piper PA 24 und auf dem Flug von Zihuantenejo nach Mexico City, sprach diese Worte über Bordfunk. Sie wurden am 3. Mai 1975 um 13.34 Uhr vom Kontrollturm des Benito Juarez International Airport in Mexico City empfangen und auf Magnetband aufgezeichnet. Carlos Antonio war von Panik ergriffen und ersuchte um Hilfe. Er konnte seine Maschine nicht mehr steuern und auch das Fahrgestell nicht mehr ausfahren. Der Flughafen von Mexico City rief darauf den Notstand aus.
Der Pilot flog bei strahlend blauem Himmel. Über dem Tequesquitengo-See 80 Kilometer südlich von Mexico City bemerkte er plötzlich, daß seine Piper in unbekannter Weise zu vibrieren begann. »Ich suchte sofort nach Funktionsstörungen. Plötzlich sah ich aus dem Fenster und erkannte – wie aus dem Nichts erscheinend – einen grauen Diskus. Sekunden später erschienen zwei weitere. Sie sahen aus wie fliegende Scheiben, ihr Durchmesser lag zwischen

drei und fünf Meter, ihre Höhe etwa eineinhalb Meter. Im Zentrum hatten sie eine Erhöhung mit einem kleinen Fenster und darüber so etwas wie eine Antenne. Sie flogen völlig geräuschlos und hielten meine Geschwindigkeit.«

Carlos weiter: »Sie verhielten sich wie eine Eskorte. Das dritte Objekt, das direkt auf meine Kabine zuhielt und von dem ich glaubte, es würde in die Windschutzscheibe hineinrasen, tauchte kurz vor der Kollision plötzlich nach unten weg und versetzte meiner Maschine einen leichten Schlag. Einige Male fühlte ich, wie das Flugzeug zu ihnen hingezogen wurde. Dann gewann ich an Höhe, ohne die Bedienungshebel zu berühren. Es war, als würde ich von einer magnetischen Kraft angehoben.«

Über dem Ajusco-Berg verschwanden die drei Objekte. Danach funktionierten die Instrumente wieder, nur das Fahrgestell ließ sich nicht ausfahren. Der Benito Juarez Airport stellte darauf den normalen Flugbetrieb ein und gab Carlos über Funk Anweisungen, während die Piper über dem Flugplatz kreiste. Dem Piloten gelang es schließlich, das Fahrgestell von Hand auszufahren und zu landen. Carlos machte einen schwer erschütterten Eindruck, behielt aber soweit die Ruhe, daß er den Luftfahrtbeamten den Vorfall bis in alle Einzelheiten schildern konnte. Das Flugzeug wurde beschlagnahmt, um genau untersucht zu werden.

Carlos fand sich zwei Tage später im Hauptquartier des Amtes für zivile Luftfahrt ein. Man befragte ihn eingehend, wiederholte die Punkte mehrfach und erfuhr dennoch immer nur die gleiche Story. Die Nachrichtenmedien bemächtigten sich ihrer, die Neuigkeit verbreitete sich wie ein Lauffeuer. Der sowjetische Kosmonaut Sarifanov, der gerade in Mexico City weilte, bemerkte spöttisch: »Ich glaube, wenn der Pilot irgendein UFO gesehen hat, so kam dies wahrscheinlich durch eine Flasche Tequila-Schnaps.« Dr. Gonzales, Chef der medizinischen Luftfahrt-Behörde, meinte, Carlos litte unter Hypoxie, die durch Sauerstoffmangel in den Lungen hervorgerufen wird. Der Pilot wurde darauf eingehend untersucht, aber das Ergebnis war, daß er körperlich und geistig vorzüglich reagierte. Die Skeptiker wurden zudem mit Tatsachen konfrontiert, die sich nicht leugnen ließen. Im unteren Rumpf der Piper fand sich eine Einbeulung, für die es keine Erklärung gab – außer jener Version, die der Pilot über Funk gemeldet hatte. Am 19. Mai schließlich bezeugten Julio Interian und Emilio Estanol, zwei Fluglotsen des Benito Juarez Airport, daß erstens sich zu jener Zeit kein anderes Flugzeug im Luftraum befunden habe und zweitens sie auf den Monitoren ein unidentifiziertes Objekt gesehen hätten, das längsseits der Piper flog. Interian: »Über dem Ajusco-Berg bemerkte ich ein anderes Echo, das sich schneller vom Flugzeug wegbewegte. Es hatte eine Geschwindigkeit von 900 km/h und wendete in einem Radius von drei oder vier Meilen. Für ein Flugzeug wäre dies bei einer Geschwindigkeit von 900 km/h unmöglich, die Fliehkräfte würden es zerreißen.«

Der Spötter Sarifanov hätte sich nur in seiner eigenen Heimat umzusehen brauchen, um dem Erlebnis des mexikanischen Piloten mit etwas mehr Nachdenklichkeit zu begegnen. Fünf Jahre zuvor, im Februar 1970, fing Kasi-Ku von der japanischen Ham-Radio-Empfangsstation auf den Kanälen, die der Militärluftfahrt vorbehalten sind, die Stimme eines sowjetischen Piloten auf: »Habe Sichtkontakt mit fliegender Scheibe. Es handelt sich um ein großes, rundes Fahrzeug mit länglichen Luken. Es glüht bläulich und nähert sich.« Dann: »Raketen befehlsgemäß abgefeuert. Nichts. Raketen explodieren 600 Meter vom Objekt entfernt. Es hat im rechten Winkel gewendet. Auf Kollisionskurs. Keine Zeit zu ...« Das waren die letzten Worte des MIG-Piloten nördlich von Wladiwostok.
Bereits 1964 sahen Passagiere einer Linienmaschine von Leningrad nach Moskau, wie eine große, helle, metallisch aussehende Scheibe unter ihr Flugzeug glitt. An Bord der Linienmaschine war Dr. Zaitsew, der sich schon längere Zeit mit UFO-Berichten beschäftigte. Er erklärte, daß die Scheibe seitlich unter dem Flugzeug blieb und in der Mitte eine bauchig gewölbte Kabine besaß.
Am 24. April 1970 verschwand ein sowjetischer Überschallbomber, der sich auf dem Flug von Moskau nach Wladiwostok befand, spurlos über Sibirien. Der Pilot hatte noch mit der Bodenstation gesprochen, als der Funkverkehr unvermittelt abbrach. 200 Flugzeuge stiegen auf, um die vermißte Maschine zu suchen. Vergeblich, aber die Suchmannschaften meldeten: »Wir sind hier oben nicht allein. Über uns befinden sich Luftschiffe. Sie sind groß, die größten Dinger, die wir je gesehen haben. Aber sie sind zu hoch. Wir können nicht nahe genug herankommen.« In Krasnojarsk wurden am gleichen Tag Streitkräfte alarmiert, als eine Flotte dieser »Luftschiffe« lautlos über der Stadt dahinzog. Flugabwehrgeschütze wurden angeblich entlang der mongolischen Grenze abgefeuert, als Hunderte von leuchtenden Scheiben auftauchten. Interessant, daß sich in jenen Tagen Chinesen und Russen gegenseitig beschuldigten, »Geheimwaffen« zu entsenden. Angeblich haben sowjetische Geheimdienstoffiziere die Fluglinien der unbekannten Objekte auf

Karten eingezeichnet und dabei festgestellt, daß alle Linien auf einen Punkt 1600 Kilometer nordöstlich von Ulan Bator zusammenliefen. Es gab auch Berichte über »Grenzzwischenfälle« und Luftangriffe mit Hunderten von chinesischen und mongolischen Toten. Eine Gruppe höherer Schüler aus der DDR befand sich zu jener Zeit auf einer Reise durch die Mongolei. Ihr Sprecher Manfred Goel berichtete, daß die Sowjetunion »eine geheime Basis fliegender Untertassen vernichtet habe. Sie bestand aus kilometerlangen unterirdischen Tunneln und Dutzenden von pyramidenähnlichen Bauten im Norden der Mongolei.«

Ein britischer Korrespondent sichtete eines der riesigen »Luftschiffe« vor Moskau. Sein detaillierter Artikel, den er seiner Zeitung übermitteln wollte, wurde von der sowjetischen Zensur gestrichen. Über frühere Sichtungen in der Sowjetunion hat jedoch der Moskauer Professor Zigel mehrere Berichte geschrieben. Danach wurden allein 1967 in Südrußland 200 Meldungen verzeichnet. Außergewöhnlich zahlreich seien die Objekte außerdem in der asiatischen Sowjetunion aufgetreten.

Erhält man aus kommunistisch regierten Ländern aus naheliegenden Gründen kaum verläßliche Unterlagen, so überstürzen sich im Gegensatz dazu die Meldungen aus lateinamerikanischen Ländern. Manche Forscher vermuten UFO-Basen in den Anden und vor der Küste Perus. Aber auch aus Argentinien liegen Presseberichte vor, in denen Erscheinungen gemeldet werden, die über das menschliche Verständnis hinausgehen.

Einen Außerirdischen und zwei roboterähnliche Wesen beobachteten drei Männer in der Renault-Automobilfabrik Santa Isabel bei Cordoba. Der Wächter Teodoro Merlo begab sich am 21. September 1972 um 5.40 Uhr morgens in die Umkleideräume des Werks; die Lichter schaltete er zuvor ein. Als er die Räume betrat, stellte er fest, daß eine der Lampen nicht brannte, zugleich entdeckte er, daß auf einem der Waschbecken eine Person saß. Dies beunruhigte ihn, da er die Räume vier Stunden zuvor abgeschlossen hatte. Als er vorsichtig weiterging, verlöschte ein zweites Licht mit leichtem Knacks, gleichzeitig flammte jedoch das erste Licht wieder auf. Die Person war verschwunden. Merlo rannte zu den Waschbecken, fand aber nichts vor, dann zu den Türen und Fenstern, die jedoch alle verschlossen waren. Andere Ausgänge gab es nicht. Merlo schätzte die Person, die er aus etwa drei Meter Entfernung gesehen hatte, auf eine Größe von 2,40 Meter. Der Körper war kräftig, die Haut weiß wie Gips. Die dunkelblaue Kleidung schien aus einem Stück zu

bestehen. Der große Schädel trug keine Haare. Merlo stellte fest, daß die Temperatur an der Stelle, wo er die Person entdeckt hatte, wesentlich höher war als in der Umgebung. Die Augen des Wächters tränten und blieben drei Tage entzündet, auf seinem Nasenrükken erschien ein schmerzender rötlicher Fleck. Noch eine Woche klagte er über Kopfweh und häufige Lendenschmerzen.
Nur sechs Tage danach, am 27. September, war der 19 Jahre alte Enrique Moreno in der Fernschreibabteilung bis 23.30 Uhr beschäftigt. Um 22.30 Uhr brachte er Unterlagen ins Ingenieurbüro und legte sie dort auf den Tisch, ohne das Licht einzuschalten. Unvermittelt flammten jedoch die Neonlampen auf und verlöschten wieder ohne das geringste Flackern. Das ereignete sich dreimal, danach hörte Moreno ein Summen wie von einer Turbine, obwohl es in diesem Raum überhaupt keine Maschinen gab. Dem jungen Mann wurde unheimlich, er stieg auf sein Motorrad und fuhr zum Lager, das etwa 200 Meter entfernt lag. Von dort dann wieder auf dem Rückweg, erblickte er plötzlich eine Art Regenbogen. Als er weiterfuhr, erkannte er eine grünlich-blaue Figur, die sich schwerfällig bewegte. Moreno dachte an einen Arbeiter, obgleich ihm die ungewöhnlich große Figur auffiel. Als er noch 30 Meter entfernt war, wendete die Erscheinung den Rumpf nach ihm; Kopf und Arme drehten sich mit, als wären sie aus einem Stück. Im gleichen Augenblick knallte der Auspuff des Motorrades, das Fahrzeug begann zu schlenkern, der Motor verminderte seinen Lauf. Vor Fahrgestellen, hinter denen die Gestalt stand, blieb das Motorrad stehen »wie festgenagelt«, obgleich der Motor weiterlief. Moreno meinte, nicht länger als 30 Sekunden dem Wesen gegenübergestanden zu haben, dessen Größe er mit mehr als zwei Meter angab. Es machte mit seinem eckigen Gesicht, seinen wie zwei Glühbirnen glänzenden Augen – ohne Lider, Wimpern und Brauen –, der einer perfekten Pyramide gleichenden Nase und dem schnurgeraden dünnen Mund eher den Eindruck eines Roboters. Auch Moreno verspürte lästige Nachwirkungen: unerträgliches Ohrensausen beim Näherkommen, Kribbeln am ganzen Körper, krampfartige Lähmung der Arme, erhitzte Zone rund um die Erscheinung, Geruch nach verbranntem Öl, 24 Stunden lang Übelkeit und Trockenheit im Mund, Genickschmerzen und tränende Augen.
Nur einen Tag später widerfuhr einem Mann namens Rodriguez ein ähnlicher Vorfall, ebenfalls wieder in den Renault-Werken. Diesmal hatte der »Roboter« eine Kugel in der Hand, seine Füße besaßen rechteckige Form.
Schon ein Jahr zuvor hatte sich in einer Bar von Tres Arroyos,

zwischen Mar del Plata und Bahia Blanca gelegen, eine merkwürdige Szene abgespielt. Am 12. November 1971 um 16.30 Uhr befanden sich in der Bar an der Ecke Alsina und Pringles eine Angestellte und mehrere ihrer Bekannten. Die Angestellte: »Plötzlich erschien ein Mann, ohne daß ich ihn eintreten sah. Einige Sekunden vorher war ich noch vor die Tür gegangen, hatte aber weit und breit niemand gesehen. Als ich zurückging, war er plötzlich da: ein Mann von hoher Gestalt, mit Schlitzaugen und braungebranntem Gesicht und langem Haar. Er trug ein glänzendes Hemd mit Schnurverschluß und helle Hosen. Besonders fiel jedoch an ihm sein Blick auf; auf mich hatte er eine starke, nahezu lähmende Wirkung. Der Fremde grüßte und fragte nach dem Bad. Während ich ihn hinführte, folgte er mir, stets diesen eigenartigen Blick auf mich gerichtet. Er schloß hinter sich die Tür, und meine Freunde und ich warteten gespannt auf seine Wiederkehr. Doch vergingen zwei Stunden, und als wir danach die Tür zum Bad öffneten, um nachzusehen, ob ihm etwas zugestoßen sei, war er verschwunden, als habe er sich in nichts aufgelöst.« Als die Polizei sie vernahm, fügte die Angestellte hinzu: »Erst acht Stunden nach dem Vorfall konnte ich meinem eigenen Willen entsprechend mich wieder bewegen. Zuvor war ich immer noch unter dem Einfluß des Blickes dieses Fremden gewesen.«

Vierzehn Tage später berichtete der Rentner Vicente Rey, ebenfalls aus Tres Arroyos, daß in seinem Wohnzimmer der Fernsehapparat auszusetzen begann. »Ich stand auf, um den Fehler zu beheben, hatte jedoch keinen Erfolg. Als ich mich wieder setzen wollte, stellte ich überrascht fest, daß mir im anderen Sessel plötzlich jemand gegenübersaß. Meine Verblüffung erkennend, stand er auf und reichte mir freundlich seine Hand, ohne jedoch etwas zu sagen. Der eigenartige Fremde hatte einen blaugrünen Taucheranzug an, ein Helm bedeckte seinen Kopf. Er hatte Schlitzaugen, und an seinem Gürtel hing ein kleiner Apparat. Der Fremde drückte schließlich auf mehrere Knöpfe dieses Geräts, und in diesem Augenblick hatte ich nur den einen Gedanken, die Tür aufzustoßen und meine Nachbarn zu holen. Als ich mich dabei noch einmal umsah, war von dem Besucher nichts mehr zu sehen, er schien wie vom Erdboden verschluckt zu sein.«

Drei Außerirdischen begegnete am 29. Oktober 1973 der 43 Jahre alte landwirtschaftliche Aufseher Carlos Argue Balvidares aus General Pinto, einer ländlichen Ortschaft in der Provinz Buenos Aires. Balvidares arbeitete auf dem Außenposten einer Estanzia und hatte seinen zwölfjährigen Sohn Manuel dabei. Der Außenposten lag in einer tristen Landschaft, nur vom Schienenstrang der Eisenbahn und einer Lagune unterbrochen. Als der Mann Feuer entzündete, um seinen Mate-Tee zu trinken, zeigte sein Sohn auf drei Gestalten, die sich etwa 100 Meter von ihnen entfernt am Rand der Lagune befanden. Balvidares hatte sofort den Eindruck, es müsse sich um fremde Wesen handeln. »Das ist keine gute Sache«, sagte er zu seinem Jungen, der verschreckt war und zu den drei Gestalten nicht hinzusehen wagte. Der Mann beobachtete, wie die Wesen anschließend dicht über dem Wasser schwebten, ohne es zu berühren oder zu bewegen. Da ihm die Fremden den Rücken zukehrten, näherte sich Balvidares ihnen und glaubte danach, zwei Männer und eine Frau unterscheiden zu können. Mit dem Mate in der Hand rief er die drei an und lud sie zum Trinken ein. Die Wesen drehten sich um, verschwanden im selben Augenblick und tauchten 300 Meter entfernt auf der anderen Seite der Lagune wieder auf. Balvidares war von dem plötzlichen »Platzwechsel« verblüfft; er sah auf seine Uhr, es war 17.20 Uhr. Die Frau war etwa 1,60 Meter groß und mit einem schwarzen, eng anliegenden Overall bekleidet. An den Füßen trug sie weiße Stiefel, die sich am Rand nach den Seiten wie Fächer öffneten. Die Männer waren etwas kleiner, es schien, als seien sie ohne Bekleidung und »wie mit Gummi überzogen, der aussah wie unsere Haut nach einem Sonnenbrand. Ihr Haar war blond und fest anliegend.« Bei allen drei Wesen fiel Balvidares die weiße Gesichtsfarbe auf, die breite Stirn und die kleine Nase. Sie bewegten sich mit eng anliegenden Beinen und Armen fort, obwohl sie ihre Gliedmaßen sonst normal bewegen konnten. Hinter den Gestalten erkannte Balvidares einen rechteckigen »Apparat« von sechs Meter Länge und knapp drei Meter Höhe. Aus dem Zentrum des »Apparats« schoß plötzlich ein Lichtstrahl, der den Mann blendete und ihn »erwärmte«. Weiter geschah jedoch nichts. Balvidares schwang sich nun auf sein Pferd und ritt quer durch die Lagune auf die Fremden zu. Sofort eilten die Wesen zu ihrem »Apparat«. Als der Mann die Hälfte der Strecke zurückgelegt hatte, weigerte sich sein Pferd, weiter zu traben. Der Mann kehrte schließlich zu seinem Sohn zurück und setzte von dort aus die Beobachtung der Fremden fort. Dabei fiel ihm auf, daß die Frau offenbar die Männer kommandierte. Sie ging immer voran, und sobald sie ihren Arm ein wenig vom Körper abhob, hielt einer der Männer zu ihr eine Distanz von etwa 30 Meter. Danach hielten sie an und verständigten sich durch ein »Gekreisch«, das an ein ungenau eingestelltes Radio erinnerte. Anschließend bückten sich alle drei, als wollten sie den Boden markieren. Sie nahmen auch noch andere Haltungen ein, die

sich Balvidares jedoch nicht erklären konnte. So hockten sie sich zum Beispiel hinter einen Wassertank aus Zement. Während sie auf dem Wasser glitten, bewegten sie sich auf festem Boden mit kleinen Sprüngen fort.
Um 18.30 Uhr versuchte Balvidares, sich den Fremden ein zweites Mal zu nähern. Er wollte um die Lagune herumreiten, aber im gleichen Augenblick, als er auf sein Pferd stieg, gingen die drei zu ihrem »Apparat«. Als sie ihn erreichten, wechselten die Männer ihre Farbe in grün und orangerot; nur die Bekleidung der Frau blieb weiter schwarz. Danach konnte Balvidares nichts mehr erkennen, denn der »Apparat« begann blendend zu leuchten. Ein Schwein, das in der Nähe des Mannes eingepfercht war, übersprang auf unnatürlich anmutende Weise die Umzäunung und rannte wie verrückt davon. Balvidares bemerkte gleichzeitig starken Schwefelgestank und verlor danach das Bewußtsein. Als er um 18.55 Uhr wieder zu sich kam, war von den Wesen und ihrem »Apparat« nichts mehr zu sehen.
Balvidares schwieg über sein Erlebnis, aber der Sohn konnte es nicht für sich behalten. Zwei Lehrer und ein pensionierter Bankbeamter machten sich am nächsten Tag zur Lagune auf und entdeckten in einem Umkreis von 20 Metern deutliche Fußspuren, die weder von Tieren noch von Menschen stammen konnten. Sie waren spitzwinklig, und statt der Zehen war der Abdruck einer Art Klauen zu beobachten, die mit scharfen Krallen versehen sein mußten. An der Stelle, wo Balvidares den »Apparat« gesichtet hatte, fand man vier dreieckige Druckstellen, in einem Viereck verteilt und in einem Abstand von vier Metern zueinander.
Ein mysteriöses Ereignis also, für das es aus »normaler« Sicht keine Erklärung gibt, das aber geradezu dramatische Akzente erhält durch das Erlebnis des Dionisio Llanca. Diesem Mann, einem Lastwagenfahrer, waren nur einen Tag vorher bei Bahia Blanca ebenfalls Fremde begegnet – zwei Männer und eine Frau. Nur sah Llanca eine blonde Frau; das weibliche Wesen, das Balvidares beobachtete, trug schwarze Haare. Als Balvidares die Zeichnungen sah, die nach den Aussagen des Lastwagenfahrers angefertigt worden waren, bestätigte er die große Ähnlichkeit dieser Fremden mit jenen, die an der Lagune aufgetaucht waren. Von Dionisio Llanca wird in einem späteren Kapitel noch die Rede sein.

5. Kapitel

Polizeifoto von einem Ufonauten

Joffrey Greenhaw, Polizist in Falkville (Alabama), erhielt am 17. Oktober 1973 gegen 22.15 Uhr den Anruf einer Frau, die aufgeregt ins Telefon schrie, westlich der Stadt sei auf einer Weide ein Raumschiff gelandet. Greenhaw hatte schon viele Berichte über UFOs vernommen, aber bisher nur immer darüber gelacht.
Dennoch – er griff sich eine Polaroid-Kamera, setzte sich in seinen Streifenwagen und fuhr zu der angeblichen Landestelle. Nichts. Greenhaw kurvte von einem Feldweg zum anderen und wollte schon wieder umkehren, als die Scheinwerfer seines Autos eine metallisch blinkende Gestalt in der Mitte des Weges erfaßten. Sie bewegte sich auf den Wagen zu.
Der Polizist stieg aus und wollte das Wesen – wie er es nannte – begrüßen, doch es lief einfach weiter auf das Auto zu.
Greenhaw riß seine Kamera hervor und machte zwei Fotos. Drei Meter vor dem Wagen blieb die Gestalt stehen. Der Polizist später: »In diesem Augenblick hatte ich das Gefühl, nichts wie weg! Doch ich war wie gelähmt und hatte Angst, mich zu bewegen. Ich wollte meine Waffe ziehen, doch ich fürchtete mich vor dem, was dann passieren könnte. Schließlich fing ich mich wieder und machte zwei weitere Aufnahmen.«
Danach legte der Polizist seine Kamera in den Wagen zurück und schaltete das Blaulicht ein. Als er sich wieder aufrichtete, sah er das Wesen in Richtung Süden davonlaufen – mit steif nach unten gestreckten Armen und abwechselnden Vorwärtsbewegungen der linken und rechten Körperseite. Greenhaw: »Ich dachte, es hat Federn unter den Füßen, denn mit jedem Schritt legte es drei Meter zurück.«
Der Polizist sprang in seinen Wagen, um die Gestalt zu verfolgen. Beim Anfahren muß er wohl zuviel Gas gegeben haben, denn das Auto stellte sich quer. Greenhaw setzte zurück, schaltete und fuhr erneut los. Aber nun war das Wesen wie vom Erdboden verschluckt. Auch im Licht des Suchscheinwerfers erkannte der Polizist außer Bäumen und Feldern nichts mehr. »Das machte mich wieder ziemlich nervös und ängstlich.«
Schließlich kehrte er ins Polizeirevier zurück. Dort zeigte er seine Bilder den Kollegen, dann seinem Bruder und schließlich einem

Reporter. Überall die gleiche Reaktion: Skepsis und Gespött. Das seltsame Erlebnis wirkte sich wie ein Fluch auf sein persönliches Schicksal aus. In den nächsten Wochen fuhr er sein Auto zu Schrott, brannte sein Haus nieder, verließ ihn seine Frau, mußte er schließlich seinen Polizeidienst quittieren. Heute arbeitet er als Tischler.
Dabei hätte Greenhaw von niemand Geringerem als der amerikanischen Regierung rehabilitiert werden können. Doch seit nun mehr als 27 Jahren wird der Beweis für die Existenz außerirdischer Raumfahrer zurückgehalten. Verborgen in einer Leichenkühltruhe des Stützpunktes Wright-Patterson in Dayton (Ohio).
Im Juni 1948 stürzte in der Mojave-Wüste (Kalifornien) ein UFO ab. Die amerikanische Luftwaffe sperrte das Gebiet sofort ab, beschlagnahmte die Filme von Augenzeugen und leugnete den Vorfall. Universitätsprofessor Robert Carr, dessen Ranch sich in der Nähe der Absturzstelle befand, sprach jedoch mit Zeugen – auch mit einem General, der an den Rettungsarbeiten beteiligt war. Seine Schilderung:
Sechzehn Wesen wurden an Bord des UFOs gefunden. Sie waren 90 bis 120 Zentimeter groß und offenbar durch den Druckabfall gestorben, der nach dem Bruch eines Bullauges auftrat. Blut und Chromosomen dieser Wesen waren menschlich. Während der Autopsie entdeckten die Ärzte, daß die Gehirne der Ufonauten etwa 400 bis 500 Jahre alt waren, und nahmen an, daß sie in Körper verpflanzt wurden, die kaum 30 Jahre zählten. Neuere Erkenntnisse deuten hingegen darauf hin, daß die außerirdischen Wesen ein Alter erreichen, das mit irdischen Maßstäben nicht zu vergleichen ist.
Die Leichen wurden nach Dayton überführt und seitdem eingefroren aufbewahrt, das beschädigte UFO in einer unterirdischen Kammer des amerikanischen Verteidigungsnetzes verborgen.
Die verwirrende Vielfalt der Berichte über Begegnungen mit Ufonauten hat den Brasilianer Jader U. Pereira aus Porto Alegre bewogen, die verschiedenen Erscheinungsformen oder Rassen zu ordnen. Arbeitsgrundlage waren für ihn 25 Bücher, 88 Protokolle und Erlebnisberichte sowie 92 sogenannte Kontaktberichte. Pereira unterschied vier – wie er es nennt – Typen, unterteilt wiederum in mehrere Variationen.
Dem Typ 1 ordnet er alle Ufonauten zu, die im großen und ganzen den Menschen ähneln und deren Größe manchmal ein wenig übertreffen. In üblicher Kleidung sind sie von irdischen Bewohnern nicht zu unterscheiden.
Die Variation 1 wird in 18 Berichten erwähnt. Diese Wesen erweck-

ten den Eindruck, als wüßten sie über die irdischen Verhältnisse genau Bescheid. Ihre Größe bewegte sich zwischen 1,60 und 1,70 Meter. Das Haar war blond, bei den Männern kurz, bei den Frauen schulterlang. Ihre Hautfarbe entsprach jener der Europäer, war in einigen Fällen aber auch dunkelbraun. Diese Wesen erwiesen sich als nicht feindlich gesinnt, sie gebrauchten auch keinerlei Waffen, und nur in einem Fall wird erwähnt, von einem Rohr sei ein Lichtstrahl ausgesandt worden, der eine lähmende Wirkung hatte. Angesprochen wurden die irdischen Beobachter in zehn Fällen, davon dreimal in deren Muttersprache, und einmal ist von einer telepathischen Verständigung die Rede. Die Beobachtungen stammen aus den USA, Frankreich, Neuseeland, Brasilien und Argentinien.

Die Variation 2 maß 1,70 bis zwei Meter. Der Kopf war kahl (oder von der Kleidung bedeckt) und von weißer oder gelber Hautfarbe. Der Körperbau unterschied sich kaum von dem unsrigen, auch wenn er eher schmächtig und dürr erschien. Sowohl als »feindlich« wie auch als freundlich wird ihr Verhalten geschildert, wobei eine röhrenförmige Waffe flammenähnliche Strahlen aussandte, die als »auf der Haut brennend« empfunden wurden. Nur in einem Fall wird ein Gespräch registriert, und zwar in der Muttersprache der irdischen Zeugen. Beobachtet wurden diese Wesen in Brasilien und Argentinien.

Die Variation 3 schließlich erreichte zwei Meter oder etwas darüber, ihre Hautfarbe war weiß (in einem Fall mit grünlichem Schimmer). Ihre Haltung dem Menschen gegenüber galt als freundlich, nur zur Verteidigung scheint eine in ihren Händen beobachtete leuchtende Kugel benutzt zu werden. Solche Wesen traten nur in Argentinien auf; in einem Fall wird berichtet, daß dem irdischen Beobachter die Kräfte schwanden, als das Wesen wie beschwörend seine (leeren) Hände hob.

Die Type 2 trat ebenfalls in drei Variationen in Erscheinung. Die Variation 1 maß 1,00 bis 1,20 Meter. Die Hautfarbe war weiß, die Augen standen leicht schräg. Diese Wesen wurden als etwas »furchtsam« und nervös geschildert, doch ist auch ausgesprochen freundliches Verhalten bekannt geworden. Auch sie trugen offenbar ein »Lichtrohr« bei sich, das in einem Fall einen Druck in Brusthöhe verursachte. Von 52 Begegnungen in Kanada, den USA, Brasilien, Frankreich, England, Italien und Dänemark wird nur in einem Fall erwähnt, daß der menschliche Zeuge in seiner Muttersprache angeredet wurde.

Die Variation 2 unterschied sich nicht in der Größe, wohl aber durch

die sehr dunkle Hautfarbe. Ihr Verhalten wird als freundlich empfunden, Zwiegespräche sind allerdings nicht registriert. Gesehen wurden elf Ufonauten in Brasilien, Italien und Frankreich.
Die Variation 3 besaß eine grüne Hautfarbe. Die Gestalten waren ebenfalls klein, der Kopf wird als lang mit hoher Stirn und schwarzen Haaren geschildert. Offenbar wird ihr Verhalten als feindlich verstanden; sie sollen versucht haben, Menschen zu entführen. Über Gespräche mit ihnen ist nichts bekannt. 30 dieser Wesen wurden in Kanada, USA und Argentinien beobachtet.
Nun zur Type 3. Pereira teilt ihr männliche Wesen mit schulterlangem Haar zu. Die Variation 1, hauptsächlich in Brasilien aufgetreten, war zwischen 1,65 und 1,72 Meter groß und besaß blondes Haar. Die Wesen sahen jung aus, ihre Hautfarbe war hell, der Körperbau kräftig. In allen Fällen sollen sie sich freundlich verhalten haben, Waffen wurden nicht beobachtet. Einmal wurde ein Mensch in seiner Muttersprache angeredet.
Die Variation 2 war kleiner, zwischen 1,25 und 1,50 Meter. Die Haare waren blond oder braun, die Haut weiß. Das Verhalten dieser Wesen wird als ausgesprochen gleichgültig dem Menschen gegenüber geschildert, in einem Fall soll eine lähmende Waffe angewandt worden sein. Offenbar verfügten sie über außerordentliche telepathische Kräfte. Jedenfalls verspürten menschliche Gesprächspartner einen starken mentalen Druck. 18 Wesen dieser Variante wurden in Chile, Brasilien, Mexiko und England angetroffen.
Mindestens zwei Meter maß die Variation 3 – mit blondem Haar und von kräftigem Körperbau. Beobachter in Brasilien und Argentinien glaubten, daß auch hier eine Gleichgültigkeit gegenüber Menschen vorherrschte. Gespräche sind offenbar nicht geführt worden.
Die vierte und letzte Type wies als hervorstechendes Merkmal eine runzlige Haut auf. Die erste Variation hatte normale Körpergröße, also zwischen 1,50 und 1,70 Meter. Die Haare waren kurz und blond. Die Gesichter erschienen ausdruckslos, mit Schlitzen anstelle von Augen. Die Nasen werden als klein und spitz geschildert, selbst der Mund ähnelte mehr einem Spalt. Die Haut war stark faltig. Diese Wesen, sie wurden nur in den USA beobachtet, machten keine Versuche, mit Menschen zu sprechen.
Ebenfalls nur in den USA wurde die Variation 2 gesehen. Die Größe schwankte zwischen 90 und 120 Zentimeter. Die Köpfe waren kahl, die Augen rund, der Mund nur ein schmaler Spalt, die Ohren groß, die Haut runzlig bis rauh und von weißer bis gelblicher Färbung. In zwei Fällen wird ihre Haltung als freundlich, in einem anderen Fall

als feindlich angegeben, da sie versucht haben sollen, Menschen zu entführen. Waffen wurden jedoch nicht beobachtet. Einmal fand auch ein Gespräch in englischer Sprache statt.
Aus Kanada, Frankreich und Brasilien stammen die Berichte über die Variation 3, die einen auffallend großen Kopf besaß bei einer Körpergröße von 90 bis 120 Zentimeter. Die Köpfe waren völlig haarlos, die Augen groß und rund, der Mund nur ein schmaler Spalt. Die runzlige Haut wies eine sehr dunkle bis schwarze Färbung auf, in einem Fall mit einem rötlichen Schimmer. Die Arme erschienen lang im Verhältnis zu den kurzen Beinen. Das Verhalten dieser Wesen war vorsichtig bis furchtsam; sie versuchten nicht, mit Menschen in Kontakt zu kommen.
Soweit die Statistik des Senhor Pereira.

6. Kapitel

Zerfetzte Hemden und tiefe Kratzwunden

Was die Statistik des Brasilianers Pereira über das Verhalten vor allem der kleinen Außerirdischen eher zurückhaltend mit »feindlich« umschreibt, verspürten im Jahre 1954 Menschen in Venezuela am eigenen Leibe – mit all jenem Schrecken, der aus der Begegnung mit Unerwartetem erwächst. Dabei scheint das angeborene Mißtrauen zwischen Großen und Kleinen eine entscheidende Rolle zu spielen; ein Mißtrauen, das auch kleinwüchsigen Menschen die Kontakte erschwert.

Am Abend des 16. Dezember fuhr Jesus Paz in San Carlos mit zwei Freunden nach Hause. An einem Park hielt er an, um auszutreten. Doch kaum war er etwas mehr als ein Dutzend Schritte gegangen, als er laut um Hilfe rief. Seine Freunde fanden ihn betäubt und blutend am Boden. Gleichzeitig sahen sie ein kleines, haariges menschenähnliches Wesen auf einen scheibenförmigen Flugkörper zulaufen, der im Gras aufgesetzt hatte. Einer der Freunde griff einen Stein und warf ihn nach der Scheibe, die mit einem gewaltigen Summen aufstieg. Paz wurde in ein Krankenhaus gebracht, wo die Ärzte einen Schock feststellten und tiefe Kratzwunden an der rechten Seite und am Rücken »wie von Krallen«. Paz berichtete später, er sei über das kleine Geschöpf gestolpert, als es die Blumen in einem Beet untersuchte. Zuerst versuchte er zu flüchten, aber als er sich wieder umwandte, griff ihn das Wesen an, zerriß sein Hemd und betäubte ihn schließlich mit einem Nackenschlag.

Bereits zehn Tage zuvor ereignete sich ein ähnlicher Zwischenfall. Jesus Gomez und Lorenzo Flores hatten an der Straße zwischen Chico und Cerro des las Tre Torres mit einem alten Gewehr Kaninchen gejagt und dabei ihre gesamte Munition verschossen. Als sie nach Hause gingen, bemerkten sie im Buschwerk am Straßenrand ein glänzendes Objekt, das sie zuerst für ein parkendes Auto hielten. Es entpuppte sich jedoch als ein Flugkörper, der zwei zusammengesetzten Waschschüsseln ähnelte, drei Meter im Durchmesser aufwies und aus dessen einen Meter über dem Boden schwebender Unterseite ein Feuerstrahl hervorkam. Gomez und Flores sahen vier etwa 1,20 Meter große Männer, die Jesus Gomez griffen und versuchten, ihn »nach dem Ding« zu ziehen. Flores schlug eines der Wesen mit dem Gewehr, aber es schien, als habe er

auf Stein getroffen, denn die Waffe zerbrach in zwei Teile. »Es war zu dunkel«, berichtete Flores später, »um Gesichtszüge zu erkennen, aber mir fiel die starke Körperbehaarung auf und die große Kraft, über die die Geschöpfe verfügten.« Er zog seinen Freund, der betäubt schien, zur Straße zurück. Dann liefen beide zur nächsten Polizeistation, ihre Kleidung war zerrissen, und sie hatten tiefe Kratzwunden. Als die Polizisten am nächsten Morgen den Schauplatz aufsuchten, fanden sie das zerbrochene Gewehr. Von den Wesen und ihrem Raumschiff zeugten ein paar versengte Büsche.
Wiederum zwei Wochen zuvor, am 28. November um zwei Uhr, fuhren Gustavo Gonzales und José Ponce mit ihrem Lastwagen durch die Außenbezirke von Caracas, um Lebensmittel auf dem Markt der venezolanischen Hauptstadt abzuliefern. Plötzlich sahen die Männer die Straße durch ein glühendes scheibenförmiges Objekt blockiert, das drei Meter im Durchmesser hatte und zwei Meter über dem Erdboden schwebte. Gonzales stoppte, und verblüfft stiegen beide aus, um das merkwürdige Ding zu betrachten. Als sie sich auf acht Meter genähert hatten, erkannten sie ein Wesen, das aussah wie ein behaarter Zwerg. Gonzales griff nach ihm und – es wog etwa 35 Pfund – hob es hoch. Aber der kleine Kerl gab Gonzales einen Stoß, der ihn zu Boden warf. Ponce lief weg zur nur wenige Häuserblocks entfernten Polizeistation. Bevor Gonzales wieder auf die Füße kam, sprang sein kleiner Gegner fast meterhoch in die Luft auf den Mann zu.
Gonzales berichtete, daß die Augen des Zwerges im Scheinwerferlicht des Lastwagens wie gelbe Katzenaugen glühten. An den Händen entdeckte er eine Art Schwimmhäute und drei Zentimeter lange Krallen. Gonzales griff nach seinem Messer und versuchte, es dem Kleinen in den Rücken zu stoßen, aber es glitt ab wie auf Stahl. Dann sprang ein weiterer Zwerg aus dem Flugobjekt und schoß aus einer glänzenden Röhre einen Lichtstrahl auf Gonzales ab. Der Lastwagenfahrer war für Augenblicke geblendet; als er wieder sehen konnte, stieg das Raumschiff hoch und verschwand in der Nacht. Gonzales rannte ebenfalls zur Polizei, wo man weder ihm noch Ponce trotz der Kratzwunden glauben wollte. Doch hatten beide einen außergewöhnlichen Zeugen: einen bekannten Arzt aus Caracas, der von einem Nachtbesuch nach Hause fuhr und den ganzen Vorfall beobachtet hatte.
Bis ins Detail stimmen diese Berichte mit anderen überein, die aus dem Jahr 1951 von australischen Eingeborenen überliefert sind, 1955 von der Farmerfamilie Sutton aus Kelly in Kentucky oder 1954 von einem jungen Bergmann aus dem französischen Quarouble.

Sogar aus Deutschland stammen zwei Augenzeugen.
Oskar Linke, damals noch Bürgermeister einer kleinen grenznahen Stadt in der DDR, erkundete im Sommer 1952 den besten Weg für eine Flucht in die Bundesrepublik. Mit seiner elfjährigen Tochter durchstreifte er auf seinem Motorrad die Wälder, als ihn das Mädchen plötzlich auf etwas Weißes aufmerksam machte, das durch die Bäume schimmerte. Linke stellte sein Motorrad ab und lief mit seiner Tochter auf das Objekt zu. Aus 30 Meter Entfernung entdeckte er eine Scheibe von acht Meter Durchmesser, die in einer Lichtung auf dem Boden stand. Dann sahen sie zwei kleine Wesen von 1,20 Meter Größe, die glasähnliche Helme trugen und silberglänzende, einteilige Anzüge. Als sie nur noch vier Meter entfernt waren, berührte der hintere seinen Vordermann an dessen Helm. Beide hielten an, einer dreht sich Linke und seiner Tochter zu. In diesem Augenblick seufzte das Mädchen, worauf die Wesen eilig ihr Fahrzeug bestiegen. Dann stieg das Objekt auf und jagte davon.
Der britische Pfarrer William Booth Gill, mehrere Lehrer und eine Gruppe Studenten erblickten am 26. Juni 1957 abends auf Neuguinea ein scheibenförmiges Raumschiff, das rasch auf sie zukam und schließlich in 100 Meter Höhe über ihnen schwebte. Oben auf dem Objekt war ein Kuppel mit einer Art Reling, an der vier kleine Wesen lehnten. Gill winkte grüßend mit einer Hand, eines der Wesen winkte zurück. Ein Lehrer hob darauf beide Arme über seinen Kopf, und zwei Wesen auf dem Fahrzeug taten das gleiche. Dann winkten der Pfarrer und der Lehrer mit beiden Armen, und alle vier Wesen antworteten auf die gleiche Weise. Gill: »Wir waren begeistert, die Studenten jubelten. Einer holte eine Taschenlampe und leuchtete zu dem Objekt hinauf. Es schwebte tiefer und kam ganz nahe an den Erdboden heran. Zuerst dachten wir, es würde landen, aber das tat es nicht. Wir waren deshalb sehr enttäuscht.«
Weniger enttäuscht, wenn auch über alle Maßen verblüfft muß der Brasilianer Onil Patero gewesen sein, der im Mai 1973 in seinem Wagen unterwegs einen jungen Mann mitnahm. Er war groß, blond, von athletischer Figur und hatte eine sympathische Stimme. Er stellte während der Fahrt viele Fragen über Onil Pateros Leben und nach dem Grad seiner Bildung. Keinen Augenblick ließ er dabei einen Gegenstand aus den Händen, der aussah wie ein Zigarettenhalter. Patero setzte den jungen Mann in Itajobi ab und fuhr dann weiter. Sieben Kilometer von Catanduva entfernt wurde zuerst sein Autoradio gestört, dann fing der Motor an zu stottern. Danach erkannte er einen bläulichen Lichtstrahl, der erst das Schaltbrett,

dann die Sitze beleuchtete. Plötzlich waren Schaltbrett und untere Verkleidung wie durchsichtig, Patero konnte seinen Motor wie mit Röntgenstrahlen erkennen. Auf der Straße kam gleichzeitig ein Schein entgegen, der ihn völlig blendete. Onil Patero bedeckte seine Augen mit den Armen und blieb so ein paar Minuten sitzen, dann hob er den Kopf. Das Licht war verschwunden, dafür aber nun die Umgebung taghell erleuchtet. »Mir wurde sehr heiß, ich bekam fast keine Luft mehr«, erzählte Patero später. Er öffnete die Tür des Wagens und erblickte einen Flugkörper von sechs Meter Höhe und zehn Meter Durchmesser. Aus dem unteren Teil kam eine Art Rohr heraus, bedeckt mit einem halbdurchsichtigen Vorhang. Als Patero wieder freier atmen konnte, lief er weg. Nach 30 Metern sah er sich um und entdeckte verblüfft, daß sein Auto völlig durchsichtig geworden war. Danach wurde er ohnmächtig. Am nächsten Morgen entdeckten ihn zwei junge Leute auf der Straße liegend. Sein Körper wies Flecken auf, das vorher braune Haar war nun schwarz. Das war im Mai 1973. Am 26. April 1974 fuhr Patero mit seinem Volkswagen auf einer Straße. Daneben führte eine Hochspannungsleitung, in deren Drähten Patero einen Kurzschluß bemerkte. Zur gleichen Zeit setzte der Motor des Wagens aus. Wieder erkannte Patero ein bläuliches Licht, sofort wollte er fliehen. Doch bevor er den Fuß auf die Erde setzen konnte, sog ihn etwas Unbekanntes empor. Er fand sich in einem ovalen, hell erleuchteten Raum wieder und wurde von jenem jungen Mann begrüßt, den er ein Jahr zuvor in seinem Auto mitgenommen hatte. »Lächelnd stellte er sich hinter mich und sagte: ›Sie werden sehen, daß Ihnen nichts Böses geschieht.‹ Ich verfiel bald darauf in eine Art Halbschlaf«, berichtete Patero. Er erinnerte sich jedoch, daß der junge Mann einen großen Fernsehschirm einschaltete. Patero sah eine Stadt in einem großen Tal; sie sah aus wie eine europäische Stadt mit vielen Kirchtürmen und Dächern. Dann erkannte er zu seinem Schrecken einen zweiten Onil Patero, der die gleichen Kleider trug wie bei dem Zwischenfall vor einem Jahr. Patero verharrte in seinem lethargischen Zustand bis zum 2. Mai, danach versetzte man ihn in Hypnose, doch er blieb bei seinen früheren Aussagen.

Ähnlich erging es dem 25jährigen Argentinier Dionisio Llanca, der am 28. Oktober 1973 kurz nach Mitternacht in der Nähe von Bahia Blanca mit seinem Lastwagen eine Reifenpanne hatte. Als er das Rad wechseln wollte, bemerkte er hinter sich ein gelbes Licht, das unvermittelt an Stärke zunahm und die ganze Umgebung erleuchtete. Llanca versuchte aufzustehen, aber er hatte keine Kraft mehr. Kniend wendete er sich um und erblickte sieben Meter über dem

Boden ein schwebendes Objekt und drei Personen, die ihren Blick fest auf ihn gerichtet hatten. Es waren zwei Männer und eine Frau, alle blond und etwa 1,75 Meter groß. Einer der beiden Männer hob Llanca vom Boden auf, der andere setzte an seinen Zeigefinger einen Apparat, der wie ein elektrischer Rasierer aussah. Llanca entdeckte danach an seinem Finger zwei kleine Blutstropfen, dann verlor er das Bewußtsein. Als er wieder zu sich kam, lag er 9,6 Kilometer entfernt von der Stelle, an der er seine Panne hatte, neben Eisenbahnwagen der Landwirtschaftsgesellschaft von Bahia Blanca. Aber er erinnerte sich an nichts mehr und lief ziellos umher. Erst zwei Tage später, als er im Krankenhaus erwachte, fiel ihm sein Erlebnis wieder ein.

Auch ihn setzten die Ärzte unter Hypnose. Als Llanca in das Hospital eingeliefert worden war, wußte er nichts mehr: weder seinen Namen noch seinen Geburtstag, weder kannte er seine Eltern noch seinen Wohnort. Er weinte ständig und fragte immer wieder, wo er sich befinde.

Unter Hypnose berichtete Llanca von einem Lichtstrahl, auf dem er mit den beiden Raumfahrern in das UFO hinaufstieg. Innen befanden sich viele Apparate, darunter zwei Fernseher und ein Radio. Das Radio habe mit ihm auf Spanisch gesprochen: »Daß ich keine Angst haben soll, daß sie Freunde sind, daß sie schon seit 1950 kommen. Sie wollen wissen, ob wir auf ihrem Planeten leben können.« Das Raumschiff stamme von einem anderen Planeten aus einer anderen Galaxie. Dorthin wolle man gute Menschen bringen, da auf der Erde schlimme Ereignisse bevorstünden. Lügen? In Hypnose – zudem nach einer Penthotal-Spritze – lügen Menschen nicht.

7. Kapitel

Raumschiffe versetzen Tiere in panische Angst

Während des Zweiten Weltkrieges in einem italienischen Ort stationiert, schlenderte an einem Sommerabend ein deutscher Soldat mit seinem ihm treu ergebenen Schäferhund durch die Felder. Als sie sich einer Baumgruppe näherten, blieb der Hund plötzlich stehen und bellte einen der Bäume mit einem jaulenden Ton an, den man sonst an dem Tier nicht kannte. Kein Zureden half, auch keine Gewalt – der Hund lief keinen Schritt weiter. Als der Soldat später im Dorf sein seltsames Erlebnis berichtete, erfuhr er, daß sich an diesem Baum Jahre zuvor ein Mann erhängt hatte. Mehr als zwei Jahrzehnte später löste der Freiburger Parapsychologe Professor Bender dem einstigen Soldaten das Rätsel: Die »kosmische Spur«, die der Selbstmörder unauslöschlich hinterlassen hatte, war von den feinnervigen Sinnen des Hundes entdeckt worden.
Da die Sinnesorgane der Tiere zum Teil erheblich weiterentwickelt sind als beim Menschen, eignen sie sich vorzüglich, näher an das Geheimnis der unbekannten Flugobjekte heranzuführen. Es gibt unzählige Berichte über geradezu panische Reaktionen von Haustieren auf UFOs. Und immer gerieten sie in Aufregung, bevor die Menschen in ihrer Umgebung die Raumschiffe oder gar deren Piloten entdeckt hatten.
So widerfuhr es Madame Lucette Leboeuf-Salin, die am 28. September 1954 in der Umgebung von Chabeuil im französischen Departement Drôme spazierenging. Plötzlich stimmte ihre schwarze Hündin Dolly ein Todesgeheul an, das sofort von den Kettenhunden der umliegenden Gehöfte übernommen wurde. Die Frau blickte sich überrascht um und entdeckte am Rand einer Maispflanzung eine Art Vogelscheuche. Sie beruhigte ihren Hund und ging dann näher, bis sie auf einmal erkannte, daß sie vor einem nur 1,10 Meter großen Wesen stand, das sie unverwandt anstarrte. Es trug einen durchsichtigen »Taucheranzug«. Frau Leboeuf konnte keine Ohren entdecken, doch war das Gesicht »fast menschlich«, besonders die intelligenten und ausdrucksvollen Augen. »Ich erschrak«, erzählte die Frau später, »und stand wie versteinert. Da begann das Wesen, ohne sich um den bellenden Hund zu kümmern, auf mich zuzuspringen. Ich flüchtete in blinder Furcht, schrie laut und versuchte, mich in einer Hecke zu verstecken. Bald

danach stieg über dem Maisfeld, nur wenige Meter von mir entfernt, eine ›Untertasse‹ empor. Erst langsam und horizontal, dann kippte sie plötzlich in die Senkrechte und raste davon mit einem seltsamen Pfeifen.« Von der Straße her beobachteten zwei junge Burschen ebenfalls das Objekt; durch das Geheul des Hundes herbeigelockt, fanden zwei Landjäger und mehrere Besucher des nahe gelegenen Friedhofs die Frau – wie gelähmt und zuerst unfähig zu sprechen.
In ihrer Küche stand Missis James A. Clevenger aus Milton (Indiana) am 22. Februar 1962, um ihr Geschirr zu spülen, als sie ihren Collie von draußen gegen das Küchenfenster springen sah. Danach rannte er im Garten umher – ständig kläffend und in die Höhe springend. Unvermittelt erblickte Missis Clevenger ein ovales Flugobjekt am Himmel. Sofort ließ sie den Hund ins Haus, der völlig verstört ins Wohnzimmer rannte und sich dort versteckte. Dann rief sie ihre Nachbarin an, die ebenfalls das UFO entdeckt hatte und außerdem berichtete, auch ihr Foxterrier sei mit vollen Sätzen ins Haus gerannt und habe sich unter einem Stuhl verkrochen.
Angus Brooks ging am 26. Oktober 1967 mit seinem Schäferhund spazieren und legte sich um 11.25 Uhr in der Mulde eines Hügels bei Moigne Downs in England nieder, um vor dem Wind Schutz zu suchen. Am Himmel entdeckte er im gleichen Augenblick eine merkwürdige Spur, die bald darauf verschwand. An ihrer Stelle tauchte pfeilschnell ein unbekanntes Flugobjekt auf. 22 Minuten verharrte die seltsame Maschine in 80 Meter Höhe, und während dieser Zeit stand der Schäferhund ganz verstört neben seinem Herrn, die Ohren steil aufgerichtet, als höre er beunruhigende Laute. Bei weiteren Besuchen dieses Gebietes, so erzählte Brooks später, reagierte der Hund jedesmal nervös. Schließlich starb das Tier sechs Wochen später an akuter Blasenentzündung.
Pferde brachen aus, Katzen sprangen fauchend an Wänden hoch, Hunde heulten jämmerlich – die Berichte darüber häuften sich mit der Zeit. Tierärzte vermuteten, daß die Tiere durch einen hochfrequenten Ton erschreckt wurden, den das menschliche Ohr nicht mehr wahrnimmt. Andere Forscher meinen, daß die UFOs Ultraschall oder elektromagnetische Wellen ausstoßen, die bei entsprechender Intensität sogar zum Tode führen. Ein Beispiel dafür ist ein kleiner Pekinese, der am 21. Oktober 1954 in Pozzuli bei Neapel in der Nähe von Fabrikarbeitern stand, die einen metallischen Diskus beobachteten, der unbeweglich am Himmel stand. Dann stieg der Flugkörper senkrecht empor – mit einem lauten Pfeifton, der sich

ständig erhöhte und schließlich von den Menschen nicht mehr wahrgenommen wurde. In diesem Augenblick stieß der Pekinese ein lautes Geheul aus und fiel danach tot zu Boden.
Ähnlich erging es dem Hund der Familie Folsom aus Durango (Colorado). Heiligabend 1960 sahen die rund 20 Bewohner der Wade-Folsom-Ranch um Mitternacht auf einer Hügelkette ein hell leuchtendes Objekt, das von einem riesigen »Plastikdom« gekrönt war. Zuerst weiß, dann grün strahlend, entfernte sich das geheimnisvolle Objekt nach einer Viertelstunde. Der Hund der Familie, den man lange Zeit nicht gesehen hatte, kehrte am nächsten Tag zur Mittagszeit zurück. Er rannte auf das Haus zu und warf sich gegen die Tür. Als man ihn hereinließ, schoß er stark verängstigt in ein Zimmer und fiel nach einigen Minuten tot hin. Der Hund des Nachbarn war ebenfalls tagelang vermißt worden, auch ihn sah man schließlich von jenem Hügel herabkommen, über dem das seltsame Objekt geschwebt hatte.
Einen Hinweis auf die Todesursache gibt ebenso das Schicksal eines amerikanischen Radartechnikers, der in den fünfziger Jahren Mikrowellen ausgesetzt war und starb. Versuche mit Affen unternahm zudem der Neurologe Dr. Pearce Bauley. Er bestrahlte bestimmte Gehirnteile und Abschnitte des Rückenmarks mit elektromagnetischen Wellen. Mindestens zehn der Tiere wurden auf diese Weise getötet.
Nicht mit dem Tode, wohl aber mit Beschwerden, die oft erst nach Tagen abklangen, bezahlten viele Menschen ihre unfreiwillige Begegnung mit unbekannten Flugobjekten. Kopfschmerzen, Übelkeit und ein Kribbeln auf der Haut wie nach einem starken Sonnenbrand beobachteten jene an sich, die in das elektromagnetische Kraftfeld der UFOs geraten waren.
Piloten der amerikanischen Luftwaffe, denen befohlen worden war, UFOs zu verfolgen, erhielten sogenannte Lichtlektionen, die sie blendeten, und wurden in ihren Kanzeln von nahezu unerträglichen Hitzewellen heimgesucht. Auch in der Sowjetunion gibt es solche Beispiele. Der russische Düsenpilot Arkadij Apraksin zum Beispiel flog am 16. Juni 1948 in der Nähe des Kaspischen Meeres, als er ein gurkenförmiges Objekt erblickte, das Lichtstrahlen aussandte. Der Pilot meldete seine Beobachtung dem Luftstützpunkt und erhielt von dort nicht nur die Bestätigung, daß Radar das Objekt erfaßt habe, sondern auch den Befehl, das Objekt zum Landen zu zwingen – oder darauf zu schießen. Als sich Apraksin dem UFO auf fast zehn Kilometer genähert hatte, öffneten sich die Lichtstrahlen zu einem Fächer, so daß er nichts mehr sehen konnte. Das gesamte

elektrische Kontrollsystem und der Motor fielen aus, doch gelang Apraksin eine Notlandung. Fast ein Jahr später widerfuhr ihm am 6. Mai 1949 die gleiche Begegnung – mit den gleichen Folgen.
Eine Amateurastronomin aus der Nähe von Hagen beobachtete am 30. Juli 1974 acht gelbrote Lichtpunkte am Horizont. Sie empfand den Anblick als »furchterregend«. Denn mit dem Fernglas beobachtete sie das nächste der Objekte und erhielt ebenfalls plötzlich eine Lichtlektion, die sie bewußtlos werden ließ. Erst eine halbe Stunde später erwachte sie wieder – liegend auf der Türschwelle zum Garten und so ordentlich, als habe sie jemand hingelegt. Das Fernglas lag fünf Meter von ihr entfernt. Die Nachwirkungen, die mehrere Tage anhielten: Übelkeit, 39 Grad Fieber, Konzentrationsmangel, erhöhter Blutdruck, Durchfall, dauernder Druck im Kopf, Muskelverkrampfung, geschwollene Augen und rot punktierte Lider. Bemerkenswerter waren fast noch die psychischen Auswirkungen: Unbeherrschtheit, Streitsucht, Depressionen, ein Selbstmordversuch und Nacht für Nacht Träume von der UFO-Sichtung. Vor diesem Ereignis hatte die junge Frau nicht an UFOs geglaubt, jetzt hatte sich ihre Ansicht gewandelt. Wenn es nicht zu hoch gegriffen und zu vermessen im Vergleich wäre: die Parallele zum Erlebnis des Saulus vor Damaskus drängte sich sonst auf.
Negative Erfahrungen mit UFOs hatten aber auch jene Menschen, die nicht nur skeptisch bis ablehnend waren, sondern sich sogar aggressiv verhielten. Farmer Smit zum Beispiel hatte ein UFO, das am 16. Juni 1972 auf seinem Acker in Südafrika gelandet war, kurzerhand beschossen. Wenige Tage nach diesem Zwischenfall explodierten seine zwei riesigen Wassertanks, die Tausende Kubikmeter Wasser faßten: ein riesiger Verlust für den Farmer. Weshalb Tanks, die nur Wasser enthalten, plötzlich in die Luft fliegen, vermag mit irdischen Maßstäben niemand zu erklären.
Der Fall erinnert an andere. Etwa an jene jungen Männer, die ebenfalls in Südafrika mutwillig UFO-Piloten angegriffen hatten, als diese ihr Raumschiff gerade verlassen wollten. Die jungen Männer wurden durch Lichtstrahlen zeitweilig bewegungsunfähig gemacht, bis die Piloten ihre Raumschiffe wieder bestiegen hatten. Einer der Angreifer wurde vorübergehend geblendet, dem anderen, der nach einem der Piloten schlug, blieb sein Arm für Stunden gelähmt.
Doch noch einmal zurück zu jenem phantastischen Erlebnis des Dionisio Llanca von Bahia Blanca in Argentinien. Ihm waren, wie erinnerlich, drei Außerirdische begegnet, zwei Männer und eine Frau. Sie nahmen ihn mit auf einem Lichtstrahl in ihr Raumschiff.

Als man ihn später fand, verstört umherirrend und nicht mehr seines Gedächtnisses mächtig, brachte man ihn in ein Krankenhaus und versetzte ihn in Hypnose. Auf diese Weise holte man ihn wieder in die Wirklichkeit zurück, gab man ihm die Fähigkeit, sich der Ereignisse wieder zu erinnern. Aber nur zum Teil. Nur bis zu jener Stelle, als die Frage des Hypnotiseurs lautete: »Was siehst du dir gerade an?«

Die Antwort: »Mein Feuerzeug. Es liegt auf dem Tisch zusammen mit meiner Uhr und mit meinem Päckchen Zigaretten ... Die Frau zieht sich einen schwarzen Handschuh an, mit Zwecken im Handinnern, sie kommt auf mich zu, sie berührt mich ... «

In diesem Augenblick – also noch in Hypnose – deckte Dionisio Llanca seine Stirn mit der Hand ab, vor allem das linke Augenlid. Er krümmte sich zurück wie einer, der an dieser Stelle gestochen wird, und fiel in tiefen Schlaf.

Erst danach erinnerte er sich wieder: »Ich falle langsam auf eine Weide. Sie haben mir gesagt, daß sie sich wieder mit mir in Verbindung setzen werden – mir ist kalt ... Ich gehe zur Landstraße und fange an zu laufen ... wer bin ich?«

Diese vom Schlaf verdeckte Lücke in seinem Gedächtnis, durch keine Hypnose mehr zu schließen, ist entscheidend. Sie deutet auf Fähigkeiten der Außerirdischen hin, die irdische Grenzen weit übersteigen. Daß die Planetarier existieren, steht außer Zweifel. Wenn Tiere durch panisches Verhalten die Nähe der Raumschiffe anzeigen, kann von Halluzinationen oder einem Irrglauben keine Rede mehr sein.

Nicht minder seltsam erging es Robin und Jane, die im Winter 1975 (nein: im südafrikanischen Sommer!) von Salisbury nach Durban mit ihrem Peugeot 404 unterwegs waren. Robin ist Verkaufsleiter einer Durbaner Firma, Jane in der Finanzabteilung einer der größten südafrikanischen Gesellschaften tätig. Ihre wahren Namen verschwiegen sie; von seiner Umwelt mitleidig belächelt zu werden, ist nicht jedermanns Sache. Dennoch vertrauten sie sich einem Zeitungsreporter an und ließen sich von einem Arzt in Hypnose befragen. Ihr Fall wurde im Mai 1975 von einer südafrikanischen Zeitung publiziert.

Robin und Jane fuhren von Salisbury nach Durban. Nach zwei Stunden hatten sie das kleine Dorf Uvumba erreicht. Es war 2.15 Uhr in der Frühe, als sie unweit des Dorfes am Straßenrand eine Gestalt entdeckten, die ein tragbares Funkgerät zu bedienen schien. Robin vermutete eine Radarfalle und verringerte seine Geschwin-

digkeit. Weder ihm noch Jane erschien es im ersten Augenblick seltsam, in solcher Gegend und zu solch ungewohnter Stunde auf der abgelegenen Straße einer Polizeikontrolle zu begegnen. Jedoch entging beiden nicht, daß die Gestalt von einem merkwürdigen metallischen Glanz umgeben war. Fünfzehn Minuten später entdeckte Jane ein sich drehendes Licht, das näher kam und dann mit dem Auto Schritt hielt. »Es war, als ob wir unter einer riesigen Neonlampe führen«, erzählte Robin, »meine Scheinwerfer verblaßten. Plötzlich merkte ich, daß ich die Herrschaft über den Wagen total verloren hatte. Wir nahmen rasant an Geschwindigkeit zu. Ich ließ das Gaspedal los. Nichts geschah! Ich trat vorsichtig auf die Bremse – ebenfalls nichts! Das Lenkrad drehte sich normal, nur das Auto blieb unverändert in seiner Fahrtrichtung. Ich war wie versteinert. Wir sausten einfach über die Straße und fuhren auch tadellos durch die Kurven – nur ich war es nicht, der den Wagen steuerte!«
Im Innern des Autos sank die Temperatur rapide, Robin und Jane zogen Wollpullover an. »Dann sahen wir neben der Straße vor einem Handelsladen einen afrikanischen Bus stehen. Meist sind diese Busse mit Fahrgästen überfüllt und ihre Dächer vollgepackt mit Koffern, Kisten und Fahrrädern. Doch dieser Bus war hell erleuchtet, leer und mit offenstehenden Türen. Weder Menschen noch Gepäck waren zu sehen. Damit nicht genug: Weiter vorn entdeckten wir weitere Busse – und alle in der gleichen Situation.« Zehn Kilometer vor Fort Victoria, nach etwa 100 Kilometer Fahrt, verschwand das Objekt über den Horizont wie eine Sternschnuppe. Robin konnte das Auto wieder lenken, aber noch immer brannten die Scheinwerfer schwach. In der Stadt hielten sie bei einer Nachtdienststation an, um den Wagen überprüfen zu lassen, doch nichts war zu entdecken, alles funktionierte tadellos. Robin und Jane machten sich gegen 5.30 Uhr wieder auf den Weg, ihr nächstes Ziel war der 300 Kilometer entfernte Zollposten in Beit Bridge.
Doch nach wenigen Kilometern waren diesmal zwei Objekte über ihnen. Wieder begann es sehr kalt zu werden, wieder verlor Robin jede Kontrolle über das Auto, und in rasendem Tempo schossen sie dahin. Zudem schien die Straße schnurgerade und durch Sümpfe mit hohen Gräsern zu führen, obwohl jedermann weiß, daß diese Gegend in Rhodesien tote Wüste ist und die Straße sich in vielen Kurven windet. Es war seltsam still im Wagen, »unheimlich – wie in einem lautlosen Traum«. Allmählich hellte sich der Himmel auf, aber Robin und Jane entdeckten keine Anzeichen für den Sonnenaufgang. Ein merkwürdiges Licht umgab sie, dann fiel Jane in

Schlaf. Robin dachte: »Was haben sie mit uns nur gemacht!«, aber er war unfähig zu reagieren. Plötzlich sah er den Limpopo-Fluß, die Grenze zu Südafrika. Plötzlich war auch die Sonne da, und Robin konnte den Wagen wieder lenken. Es war erst 7.30 Uhr – nur zwei Stunden hatten sie für die 300 Kilometer gebraucht, und das auf einer Straße, die nur wesentlich geringere Geschwindigkeiten erlaubt als jene 150 km/h, die sie gefahren sein mußten. Die Zollbeamten wunderten sich über die beiden in ihren Wollpullovern, obwohl der Morgen schon zum Ersticken heiß war, und fragten im Scherz, ob sie wohl vom Südpol kämen. Robin und Jane schwiegen und fuhren zum Tanken. Aber obwohl sie 300 Kilometer zurückgelegt hatten, floß das Benzin sofort aus dem Tank auf die Straße; nicht einmal zwei Liter hatten sie verbraucht. Robin hatte in Fort Victoria den Tageskilometerzähler auf Null gestellt, jetzt zeigte er nur 16 Kilometer an – exakt jene Strecke, die der Wagen aus eigener Kraft gefahren war.

Die Frage, was während der Zeit geschehen war, als Jane schlief und Robin wie in Trance hinter dem Lenkrad saß, löste ein Arzt, dem sich beide anvertrauten. Er versetzte Robin in Hypnose. Dabei kam folgendes heraus:

Robin: »Die beiden Objekte sendeten Lichtstrahlen zu uns ... oder eine Art, nicht genau zu beschreiben ... sie steuerten auf diese Weise das Auto. Mir sagte eine Stimme sogar, was ich tun sollte, wie ›Rauche eine Zigarette ... nimm das Feuerzeug ... wechsle die Radiostation‹ ... es kamen direkte Signale vom Raumschiff zu uns ins Auto über das Radio. Sie lenkten den Wagen, und wir wurden programmiert. Jane schlief ein, und dann wurde eine Gestalt direkt in den Rücksitz hinuntergestrahlt. Sie saß dort während der ganzen Reise. Sie sagte mir, daß ich sehen würde, was ich zu sehen wünschte. Wenn ich wollte, daß die Gestalt aussehen sollte wie eine Ente, dann würde sie wie eine Ente aussehen. Wollte ich ein Ungeheuer sehen, dann wurde sie auch zu dem. Was sie getan haben, weiß ich nicht, ich muß versuchen, mich zu erinnern. Ich muß! Sie brauchten sieben Sekunden, um herauszufinden, daß ich mir selber posthypnotische Anregungen zu geben vermochte. Sie versuchten offenbar, dies auszulöschen, damit ich nicht mehr in Hypnose erzählen könnte, was im Auto geschah. Ich kam nicht hoch in das Raumschiff, aber ich konnte durch die Strahlen hindurch in sein Inneres sehen. Es bestand aus drei Etagen. Die erste enthielt die Kraftanlage. In der zweiten waren ein Maschinenraum, ein Ruhezentrum und Wohnräume. In der obersten Etage befand sich das Kontrollzentrum. Das Raumschiff war etwa 25 bis 27 Meter breit

und rund 18 Meter hoch.«
Arzt: »Haben sie eine wirkliche Gestalt, sind es körperliche Wesen?«
Robin: »Ja, es sind physische Wesen.«
Arzt: »Wie sahen sie aus?«
Robin: »Die gleiche Grundform wie die Menschen – großer Rumpf, schlanke Hälse, zwei Arme, zwei Beine, aber keine Haare und keine Zehen.«
Arzt: »Haben sie dieselben Fortpflanzungsorgane, wie wir sie haben?«
Robin: »Überhaupt keine Fortpflanzungsorgane.«
Arzt: »Wie vermehren sie sich?«
Robin: »Das weiß ich nicht.«
Arzt: »Woher kamen sie?«
Robin: »Von anderen Galaxien.«
Arzt: »Sind sie uns freundlich gegenüber?«
Robin: »Ja.«
Arzt: »Warum nehmen sie dann nicht direkten Kontakt mit uns auf?«
Robin: »Weil sie von den meisten Menschen nicht verstanden werden, die nicht wissen, wie sie sich ihnen nähern, sie anschauen und mit ihnen sprechen sollen.«
Arzt: »Können sie uns nicht dazu bringen, sie zu verstehen?«
Robin: »Nein, denn das würde die Welt verändern, und das wollen sie nicht.«
Arzt: »Wie lange leben sie?«
Robin: »Das weiß ich nicht.«
Arzt: »Wie schnell können sie reisen? Schneller als das Licht?«
Robin: »Sie reisen mit der Zeit, nicht mit dem Licht. Die Lichtgeschwindigkeit ist zu langsam, um Milliarden von Kilometern in Sekunden zurückzulegen. Wenn sie von Punkt A zu Punkt B reisen, müssen sie in Zeit reisen und zurückkehren. Sie sind Zeitreisende, nicht Weltraumreisende.«
Arzt: »Von welcher Welt kommen sie?«
Robin: »Von einer Welt, die Sauerstoff hat. Sie kommen von zwölf Planeten. Sie kämpfen nicht, es gibt auch keine Kriege. Sie sind uns 2000 Erdenjahre voraus.«
Arzt: »Leben von ihnen welche unbemerkt unter uns?«
Robin: »Tausende. Sie sind Büroangestellte, Stenotypisten, Geschäftsleute, Universitätsstudenten, Dozenten und Mülltonnenreiniger.«
Arzt: »Wenn wir mit ihnen Kontakt aufnehmen und von ihnen

lernen möchten, werden sie uns dann Wissen vermitteln?«
Robin: »Sie nehmen Kontakt nur auf, wenn sie wollen und indem sie auf andere einwirken. Sie tun niemals etwas, wodurch die Kontaktperson zum Mittelpunkt irdischer Neugier werden könnte.«
Arzt: »Warum wurden Sie mitgenommen?«
Robin: »Sie wollten mit mir Kontakt aufnehmen. Sie hofften, daß die Menschen, die meinen Bericht hörten, es glauben würden. Sie sollten ihn nicht hinnehmen wie eine gewöhnliche UFO-Story, sondern ihn analysieren und herausfinden, warum die Wesen wollen, daß wir sie schätzen.«
Arzt: »Wurde Ihr physischer Körper in das Raumschiff gebracht?«
Robin: »Nein, mein Astralkörper, mein physischer Körper blieb im Auto.«
Arzt: »Wieso erinnern Sie sich erst hinterher, was geschehen war? Sollten Sie die Sache etwa vergessen?«
Robin: »Ja. Sie wollten vermeiden, daß ich vielleicht mit einem Pressebericht ein Vermögen mache. Aber sie sagten, daß andere Leute dahinterkommen sollten.«
Arzt: »Sie wollten, daß Sie eine Kontaktperson würden?«
Robin: »Das taten sie, aber es mußte eine Person sein, die sich noch nicht damit befaßt hatte. Ich habe die Zeitung nicht telefonisch informiert, das tat Jane.«
Arzt: »Warum?«
Robin: »Sie wollten keine Person aus mir machen, die im Mittelpunkt der Öffentlichkeit steht. Die Kontaktperson soll nicht als Held glorifiziert werden. Es hätten sechs oder neun Monate oder zehn Jahre sein können, bis mein Erlebnis bekannt würde.«
Damit endete die hypnotische Sitzung. Weitere Fragen beantwortete Robin negativ.
Merkwürdig. Seltsam aber auch, daß die sonderbaren Ereignisse immer noch auf das Auto einwirken. Es verbraucht kein Öl mehr, die Reifen verschleißen sich nicht. Und das ein Jahr nach dem Erlebnis und obwohl ein Reifenhändler vor Antritt der Reise nach Rhodesien erklärt hatte, die Reifen würden höchstens noch 1600 Kilometer aushalten.

8. Kapitel

George Adamski

Der bekannteste und zugleich umstrittenste »Kontaktler« mit Planetariern war George Adamski, der am Mount Palomar in Kalifornien wohnte und von den Zynikern abschätzig »Würstchenverkäufer« genannt wurde. Nun besaß er zwar ein Restaurant, sagte aber von sich selber, er sei Philosoph, Studierender, Lehrer und Untertassenforscher. Er hatte sein Heim in Palomar Gardens am Südhang des Mount Palomar in Kalifornien, fünfzehn Kilometer entfernt vom Hale-Observatorium. Zwei Teleskope waren in seinem Besitz, von denen das kleinere im Freien montiert und mit einer Kamera versehen war. Einer seiner Freunde hatte ihm dieses Fernrohr zwanzig Jahre zuvor geschenkt. Seitdem wurde für Adamski die Beobachtung des Firmaments zum Steckenpferd. Im Jahre 1950, am 29. Mai und am 6. Juni, gelangen ihm vor dem Hintergrund der Mondoberfläche zwei sensationelle Aufnahmen: zuerst eine Formation von sechs großen und einem kleineren UFO, die als leuchtende Scheiben über den Kratern des Mondes schwebten und im übrigen eine verblüffende Ähnlichkeit mit jenen Objekten aufwiesen, die Edwin Aldrin neunzehn Jahre später unmittelbar vor der ersten Mondlandung auf seinen Film bannte. Dann ein einzelnes Raumschiff, dessen kuppelförmige Ausbuchtung in der Mitte deutlich zu erkennen war. Vier Jahre zuvor, am 9. Oktober 1946, hatte er zum erstenmal ein gewaltiges Raumfahrzeug südlich des Mount Palomar beobachtet; zur gleichen Zeit meldete die Rundfunkstation von San Diego über der Stadt ein zigarrenförmiges Objekt.
Fast alle seine Aufnahmen schickte Adamski der Luftwaffe, allein für die Jahre 1951 und 1952 gibt er sie mit mehr als 500 an. Kaum mehr als ein Dutzend – so der von den UFOs faszinierte Amateurastronom – reichten bereits aus, um die Objekte als außerirdisch zu identifizieren. Adamski betrachtete sich in dieser Zeit »wie viele andere im Land« als Mitarbeiter der Luftwaffe; eine Antwort erhielt er von den Militärs jedoch nie. Was mit seinen Aufnahmen geschah, wußte er nicht.
Der denkwürdigste Tag in seinem Leben war der 20. November 1952. Zur Mittagsstunde um 12.30 Uhr machte er zum ersten Male die Bekanntschaft eines Mannes aus einer anderen Welt. Die Begegnung war in der kalifornischen Wüste, 16 Kilometer von

Desert Center in Richtung Parker (Arizona) entfernt. Zeugen waren die Ehepaare A.C. Bailey aus Winslow (Arizona) und Dr. George H. Williamson aus Prescott (Arizona), ferner Mrs. Alice K. Wells, die Eigentümerin von Palomar Gardens, und Mrs. Lucy Mc. Ginnis, Adamskis Sekretärin. Eidesstattlich und notariell beglaubigt versicherten sie die Wahrheit von Adamskis Angaben.
Für diesen Tag hatte sich George Adamski mit den beiden Ehepaaren und den zwei Frauen verabredet – in der festen und auch seinen Begleitern gegenüber bekundeten Absicht, eine Verbindung mit den seltsamen Objekten aufzunehmen. Man traf sich in Blythe, in dessen Nähe sich ein ehemaliges militärisches Übungsgelände und ein Flughafen befanden, fuhr dann weiter nach Desert Center und schlug schließlich die Richtung nach Parker ein. In der Wüste, die an dieser Stelle mit Steingeröll übersät war, parkten die »Ausflügler in eine andere Welt« ihre Wagen und beobachteten den wunderschön klaren Himmel »in der Hoffnung, daß sich vielleicht doch ein Blitz zeigen würde, der ein Raumfahrzeug ankündigen mochte«. Als sie kurz nach 12 Uhr ihre Fotoapparate hervorholten, hörten sie Motorengeräusch und beobachteten eine zweimotorige Maschine, die über dem Berggipfel auftauchte, über sie hinwegzog und in der Ferne verschwand. Als sie nur noch »wie eine winzige Fliege aussah«, wandten sich alle »mit einem Ruck im selben Augenblick um. Wir blickten nach dem Berggipfel ... geräuschlos – in großer Höhe, zigarrenförmig – ein riesiges silbernes Schiff ohne Flügel oder sonstige Ausladungen. Es trieb in langsamem Anflug auf uns zu. Es schien, als ob es halten wollte – dann schwebte es in unbeweglicher Stellung.«
Erregung ergriff die sechs Menschen, doch Adamski hatte »das sichere Gefühl, daß dies nicht der richtige Ort für eine Fühlungnahme sei«. An diesem offenen Wüstenplatz waren sie der Neugierde vorüberfahrender Autoinsassen ausgesetzt. Adamski bat deshalb, ihn mit dem Wagen an eine andere Stelle zu fahren. Über einen Kilometer beobachteten sie, wie ihnen das seltsame Schiff folgte. Adamski ließ sich bis 60 Meter vor eine Anhöhe fahren; als der Wagen hielt, stoppte auch das unbekannte Objekt. Adamski stieg aus, aber nun war wieder Motorengeräusch hörbar; zwei Flugzeuge versuchten, das Raumschiff zu umkreisen. Doch das Schiff schoß steil in die Höhe und verschwand blitzschnell.
Adamski wartete weiter, allerdings waren seine Hoffnungen stark gesunken. Doch kaum fünf Minuten später tauchte ein »wunderschönes kleines Fahrzeug« auf, schwebte über einem Sattel zwischen Berggipfeln und tauchte dann in eine der Einbuchtungen, die

rund 700 Meter von Adamski entfernt lagen. Adamski verknipste die sieben gebrauchsfertigen Filme, entnahm dann jede der Kassetten mit dem belichteten Negativ der alten Hagee-Dresden-Grafles-Kamera und verstaute sie in seiner rechten Rocktasche. Dann schraubte er die Kamera vom Fernrohr ab und machte die erste Aufnahme mit einer Brownie. Im gleichen Augenblick flog die »Untertasse« ab, erneut donnerten zwei Flugzeuge heran. Adamski stand unschlüssig herum, fotografierte dann das Terrain und sah plötzlich einen Mann, der 400 Meter entfernt am Eingang einer Schlucht stand. Der Mann winkte, Adamski soll näher kommen. Adamski hatte ihn vorher nicht beobachtet und fragte sich, woher er wohl gekommen sei. Er ging ihm entgegen, nicht ohne ein »seltsames Gefühl«; der Mann sah aus wie jeder andere, nur war er kleiner und wesentlich jünger. Zwei Dinge fielen auf: Der Mann trug eine Art Skihosen, und Adamski wunderte sich, weshalb er so etwas für die Wüste angezogen hatte; das Haar war lang und hing bis auf die Schultern.

Der Mann kam Adamski vier Schritte entgegen, bis nur noch eine Armlänge Abstand zwischen ihnen war, und mit einem Mal war Adamskis Vorsicht verflogen: Ihm wurde voll bewußt, daß er einem Wesen von einem anderen Stern gegenüberstand. Die Schönheit seiner Gestalt, die Liebenswürdigkeit seines Ausdrucks übertraf alles, was George Adamski bisher begegnet war. Er schien verzaubert, »ich wurde innerlich ganz bescheiden, denn von diesem Wesen strahlte unendlich viel Wohlwollen und Freundlichkeit aus, gepaart mit einem hohen Maß an Demut«.

Der Fremde streckte seine Hand zum Gruß aus, und Adamski wollte diese Geste in der üblichen Weise beantworten. Aber sein Gegenüber legte seine Hand so, daß sich beider innere Flächen flüchtig berührten. Die Hand fühlte sich »zart, aber fest und warm an«. Der Mann war 1,65 Meter groß und etwa 28 Jahre alt, sein rundliches Gesicht krönte eine ungewöhnlich hohe Stirn. Die grüngrauen großen Augen waren an den äußeren Enden leicht schräg, die Nase fein geschnitten und der Mund mit »normalen« Konturen versehen. Die Haut besaß mittlere Sonnenbräune, das sandfarbene Haar einen Glanz »schöner, als ich ihn jemals bei einer gepflegten Frau gesehen habe«. Die Kleidung bestand aus einem Stück und war schokoladenbraun, um die Taille trug der Mann einen zwanzig Zentimeter breiten Gürtel. Keine Knöpfe oder Reißverschlüsse, keine Taschen oder Nähte – »mir ist rätselhaft, wie dieses Kleidungsstück verarbeitet war«.

Adamski fragte ihn schließlich, woher er komme. Aber der Fremde

verstand ihn nicht. So zeigte Adamski schließlich auf die Sonne, schlug um sie mit dem Finger eine erste Planetenbahn für den Merkur, eine zweite für die Venus, eine dritte endlich für die Erde und zeigte gleichzeitig auf den Ort, an dem sie standen. Der Fremde lächelte und benutzte die gleiche Methode. Bei der zweiten Planetenbahn zeigte er zugleich auf sich. Adamski fragte: »Sie meinen, daß Sie von der Venus kommen?« Der Mann nickte und sprach: »Venus.« Seine Stimme war höher als die eines erwachsenen Mannes.
Die Unterhaltung, mit Worten und Gebärden verdeutlicht, machte nun Fortschritte. Adamski fragte und bemühte sich gleichzeitig, seine Fragen mit gedanklichen Bildern zu unterstützen, da er intuitiv annahm, Telepathie sei Außerirdischen nicht fremd. Auf diese Weise glaubte er zu erfahren, daß die Planetarier den Menschen freundschaftlich begegneten, zugleich aber auch von den Erdausstrahlungen beunruhigt seien, die seit der Zunahme der Atombombenversuche die Harmonie des Alls störten. (In seinem Buch wies Adamski zum besseren Verständnis für den Leser darauf hin, irdische Wissenschaftler hätten seit langem erkannt, daß kosmische Strahlen im Weltraum viel wirkungsvoller seien als in der Atmosphäre unseres Planeten; logisch daher, wenn die radioaktiven Kräfte unserer Experimente sich im Raum wesentlich kräftiger auswirkten.)
Adamski fragte schließlich, ob der Fremde mit der »Untertasse« direkt von der Venus gekommen sei. Zur Antwort drehte sich der Mann um und wies auf die nahe gelegenen Hügel. Dort schwebte knapp über der Erde das kleine Raumschiff, das Adamski verschwunden wähnte. Zugleich gab der Fremde zu verstehen, daß sein Raumfahrzeug mit Hilfe eines größeren Schiffes zur Erde gebracht worden sei und daß beim Antrieb das Gesetz der Anziehung und Abstoßung herrsche.
Die Verständigung war zeitraubend; Adamski besaß nicht immer die notwendige gedankliche Konzentration, auch waren seine Bewegungen und Gesten wohl nicht auf den ersten Blick verständlich. Aber das Bild, das er sich danach von den Absichten der Außerirdischen machte, deckt sich mit den Erlebnissen, die anderen nach ihm widerfuhren, oder mit jenen Mitteilungen, die auf medialem Weg übermittelt wurden. Der Fremde schien ihm zu bestätigen, daß Besucher auch aus anderen Sonnensystemen kommen, daß auf öffentliche Landungen wegen der Ängste einer unaufgeklärten Menschheit vorerst verzichtet werde, daß die Menschengestalt durchaus universal sei, daß Planetarier unerkannt unter uns lebten.

Interessant in diesem Zusammenhang, daß der Venusier es Adamski nicht gestattete, ihn zu fotografieren; Adamski vermutete, daß einige Merkmale im Gesicht, die normalerweise niemand beachten würde, auf Fotografien deutlich hervorträten und zur Identifizierung Außerirdischer beitrügen. Zum Schluß der einstündigen Begegnung redete der Fremde in einer unverständlichen Sprache, Adamski schien sie an Chinesisch zu erinnern und in ihrem Tonfall an längst versunkene Sprachen der Erde. Dann zeigte der Mann auf die Abdrücke seiner Schuhe im Boden, sah Adamski durchdringend an, als wollte er ihn auffordern, etwas Bestimmtes zu tun. Adamski kehrte mit seinen Begleitern später an die Stelle zurück, nahm Gipsabdrücke und fotografierte die Spuren, die seltsame Zeichen aufwiesen, als wollten sie eine bestimmte Botschaft verkünden.

Der Venusier forderte Adamski auf, ihm zu folgen. Beide gingen auf das wartende Raumschiff zu. Es ähnelte einer Glasglocke und war lichtdurchlässig; Adamski glaubte einmal, dahinter eine schattenhafte Gestalt zu erkennen, für einen kurzen Augenblick sah er ein sehr schönes Gesicht auftauchen. Ein aus drei Kugeln bestehendes Fahrgestell war halbwegs herausgelassen, doch schwebte das Schiff über dem Boden. Auf dem oberen Teil erkannte Adamski eine Kugel, die wie eine schwere Linse aussah und glühte, und er spekulierte, ob dies wohl das Ende eines magnetischen Pols sei, der während der Fahrt Energien aus dem Raum bezöge. Sein Gefährte warnte ihn, dem Schiff zu nahe zu kommen, und hielt sich selber einen Meter entfernt. Adamski muß jedoch näher als ratsam herangetreten sein; denn als er sich seinem Begleiter zuwandte, streifte er mit der rechten Schulter das Fahrzeug. Sein Arm schnellte jäh empor und wurde sofort wieder gegen den Körper zurückgeworfen. Der Venusier versuchte noch, ihn vor der Berührung mit dem Schiff zu bewahren, und verletzte sich dabei selber die Hand; aus der kleinen Wunde quoll rotes Blut. Adamskis Arm blieb danach etwa drei Monate gefühllos.

Der Arm machte ihm jedoch weniger Sorgen als die Filmkassetten, die er ausgerechnet in der rechten Rocktasche trug, mit der er das Schiff gestreift hatte. Er nahm sie heraus, um sie in die andere Seitentasche zu stecken. Der Venusier gab zu verstehen, daß er gern eine der Kassetten mitnehmen würde. Adamski bot ihm alle an, doch der Fremde nahm nur die oberste und steckte sie vorn in seinen Anzug. Zugleich gab er zu erkennen, daß er ihm die Kassette wiedergeben werde. Die Frage Adamskis, ob er das Raumschiff betreten oder gar mitfliegen dürfe, verneinte er freundlich, aber

bestimmt. Dann bestieg er das Raumschiff. Von innen glaubte Adamski zwei Stimmen zu hören. Als sich das Gefährt erhob, bemerkte Adamski drei Ringe. Der innere und der äußere drehten sich im Uhrzeigersinn, der mittlere jedoch in der Gegenrichtung.
»Als ich in dieser Bergschlucht stand – ein einsamer Mann, der dem schönen Fahrzeug nachsah, wie es über die Gipfel dahinglitt und in die Weite des Raums verschwand – hatte ich das Gefühl, es sei ein Teil meiner selbst davongeflogen. So eigenartig das auch klingen mag: die Gegenwart dieses seltsamen Bewohners der Venus war wie eine warmherzige und liebevolle Umarmung gewesen, voll verstehender Güte. Das empfand ich wehmütig, nachdem er fortgeflogen war. In mir war eine Leere wie nach dem Abschied von einem geliebten Menschen; man sehnt sich nach seiner baldigen Rückkehr.« Adamskis Worte, schlicht und von unverkennbarer innerer Bewegung gekennzeichnet, sind ein Indiz für die Wahrheit seiner Behauptung. Schriftstellerisch war er nicht überdurchschnittlich begabt, wer sich zudem mit naturwissenschaftlichen Dingen befaßt, erlaubt seiner Phantasie keine allzu illusionären Sprünge. Scharlatane hätten aus solch einer Szene ein Geschäft gemacht, Adamski hingegen überließ seine sensationellen Filme unentwikkelt einer Zeitung in Arizona zur Verwertung.
Die »Phoenix Gazette« veröffentlichte am 24. November den Bericht, die Zeichnungen von den Fußspuren und eine Aufnahme von dem Raumschiff. Die Auflage ging reißend weg. Adamski aber war in ständiger Bereitschaft, mit dem Venusier, der ihm die Kassette zurückgeben wollte, noch einmal zusammenzutreffen. Am 13. Dezember 1952 war es dann tatsächlich soweit: Adamski wurde am Morgen durch Düsenflugzeuge aufgeschreckt, gleichzeitig sah er weit draußen am Himmel einen Strahl, der dann aber wieder verschwand. Um 9 Uhr erschien der Strahl von neuem, und Adamski erkannte durch sein Fernrohr, das auf seinem Grundstück an den Hängen des Mount Palomar aufgebaut war, ein irisierendes, glasähnliches Objekt. Das Fahrzeug kam näher und genau auf jene Stelle zu, an der Adamski wartete. Etwa 600 Meter von ihm hielt es an, wie um dem Mann auf der Erde erneut Gelegenheit zu geben, seine Kamera zu zücken. Adamski machte vier Aufnahmen, dann setzte sich das Raumschiff wieder in Bewegung. Als es noch 30 Meter entfernt war, sah Adamski, wie sich an der Seite eine Luke öffnete und eine Hand hervorkam. Die Kassette, die der Planetarier am 20. November mitgenommen hatte, fiel herunter und schlug auf einen Felsen auf. Von dem Aufprall wurde sie an einer Ecke leicht verbeult. Adamski schien, als winke ihm die Hand noch leicht zu,

dann stob das Fahrzeug hinweg und verschwand im Morgendunst. Der Abflug wurde auch von anderen Leuten beobachtet, die Adamski rasch alarmiert hatte.
Diesmal überließ Adamski den Film nicht einer Zeitung, sondern brachte ihn nach einem Tag des Nachdenkens seinem Leibfotografen Detwiler, der zuvor auch die anderen Aufnahmen, die Adamski vom Anflug des UFOs gemacht hatte, entwickelte. Alle Bilder waren diesmal ausgezeichnet gelungen und von einer Schärfe, wie man sie bisher von UFO-Fotos nicht kannte. Die Kassette aber barg eine Überraschung: Jene Aufnahme, die Adamski geknipst hatte, bevor er dem fremden Besucher die Kassette übergab, war »abgewischt« worden. Man hatte sie durch ein anderes seltsames Bild ersetzt, das nichts anderes sein konnte als eine Botschaft, geäußert durch rätselvolle, symbolhafte Zeichen. Einige von ihnen glichen jenen Figuren, die von den Schuhen des Venusiers im Erdenstaub zurückgelassen wurden.
Auf seine Bitte schickten zwei Amtsstellen der Regierung ihre Vertreter zu Adamski. Sie hörten sich seinen Bericht aufmerksam an, äußerten keine Zweifel an der Wahrheit seiner Behauptung, stellten auch keine Fragen. Adamski schildert sie als äußerst intelligente Männer von absoluter Seriosität. Er hatte zudem das sichere Gefühl, solche Berichte seien ihnen nichts Ungewohntes mehr.
Über Adamski wird indessen bis heute gelacht und gespottet. Ein Besucher von einem Planeten, der von einer dichten Wolkenhülle umgeben ist und an dessen Oberfläche eine Hitze von nahezu 500 Grad Celsius herrscht – wie soll dort Leben nach irdischem Maßstab gedeihen! In den USA entwickelte T. Galen Hieronymus, ein Gerätebauingenieur, eine Apparatur, die eine bisher unbekannte Energie umwandelte. Mit elektromagnetischer Kraft hatte sie sehr wenig zu tun, sie folgte in einigen Punkten den Gesetzen der Elektrizitätslehre, in anderen wieder jenen der Optik. Hieronymus nannte sie daher eloptische Energie und vermutete, es könne sich um eine Art Feinstoff handeln, vielleicht um das, was man früher Äther nannte. 1949 erhielt Hieronymus für seinen Detektor ein Patent, Ende der sechziger Jahre richtetet er sein Gerät, das er mit einem Teleskop verband, auf die Venus. Er empfing Signale, die erkennen ließen, daß auf der Venus den irdischen Pflanzen ähnelnde Strukturen vorhanden sein müssen. Doch war die Vitalität dieser Pflanzen-Strukturen doppelt so stark wie jene der irdischen Pflanzen. Hieronymus wußte darauf keine Antwort, aber es stellte sich ihm die Frage, ob die Venus-Pflanzen vielleicht nur einen Astralleib besitzen.

Aus dieser Sicht münzt sich Adamskis phantastisches Erlebnis in die These um, ein Astralbewohner der Venus habe die Erde besucht, sich dort materialisiert und sei dann Adamski begegnet. Unmöglich? Die indischen Yogis zum Beispiel sind da ganz anderer Ansicht.

9. *Kapitel*

Reisen in die Zeit

Auch wenn es bisher weithin unbeachtet blieb: Leben im Universum ist keine Ausnahme, sondern eine Regel. Vier australische Wissenschaftler entdeckten 1972 mit einem Radioteleskop in der Nähe des Zentrums der Milchstraße, 30000 Lichtjahre von uns entfernt, in einer Gaswolke das chemische Formaldimin, das auf der Erde zur Entwicklung pflanzlichen und tierischen Lebens beitrug. Schon vorher fand man heraus, daß von den fast 100 Milliarden Sternen unserer Milchstraße viele von Planeten umkreist werden, die Ökosphäre besitzen – also eine das Leben fördernde Temperaturzone. Die Radioastronomen sind am weitesten in den Kosmos vorgedrungen – sie spürten nicht nur Planeten auf, sondern auch die Bausteine des Lebens: Kohlenwasserstoffe, Ammoniak, Aminosäuren, Formaldehyd, Zyano-Azethylen. Die Zeiten, da wir uns selbstvermessen als den Mittelpunkt der Schöpfung sahen, sind längst vergangen.

Eine geradezu sensationelle Entdeckung gelang L. George Lawrence, dem Direktor des Ecola-Instituts von Kalifornien. Am 29. Oktober 1971 untersuchte er in der Wüste von Mojave das Pflanzenleben mit Spezialgeräten, die fähig sind, Wellen außerhalb des elektromagnetischen Spektrums aufzunehmen. Durch Zufall richtete er die Instrumente gegen den Himmel, und vom Sternbild des Großen Bären nahmen sie ähnliche Zeichen auf, wie sie von den Pflanzen ausgingen. Sie waren auch noch vorhanden, als Lawrence die Instrumente durch einen Faradayschen Käfig abschirmte, den elektromagnetische Felder nicht durchdringen können. Die biologischen Signale – umgewandelt durch die hochempfindlichen Geräte in hörbaren Schall – kamen gleichmäßig mit dumpfem Klang.

Die Folgerungen, die Lawrence zog, waren geradezu verblüffend. Er fragte nämlich, ob sich nicht auf diesem universalen, alles durchdringenden L-Feld (L=Leben), das wesentlich schneller ist als das Licht und unbeeinflußt von Zeit und Raum, außerirdische Wesen seit langem verständigen. Ob sie damit ein »interstellares Telephonnetz« besitzen, das unseren Nachrichtenaustausch auf elektromagnetischen Wellen als längst veraltet erscheinen läßt. Ob also die Grenze, die uns die Lichtgeschwindigkeit setzt, von anderen längst überschritten wurde.

Fünf Jahre zuvor hatte einer der führenden Lügendetektorexperten Amerikas – ebenfalls durch Zufall – die ersten Signale von Pflanzen aufgezeichnet. Eigentlich wollte Cleve Backster nur feststellen, wie lange es dauert, bis die Feuchtigkeit während des Wässerns zu den Blättern aufgestiegen ist, als er die Pflanzen an einen Polygraphen anschloß. Zu seiner grenzenlosen Überraschung zeichnete der Lügendetektor Kurven auf, die starken menschlichen Gemütsbewegungen glichen. Spontan wollte Backster darauf ein Blatt verbrennen, um die Reaktion der Pflanzen festzustellen, doch bereits während er den Gedanken faßte, schlug die Nadel des Polygraphen wie wild aus. Noch erstaunlicher allerdings war die Tatsache, daß die Pflanzen nur reagierten, wenn für sie eine akute Bedrohung bestand, nicht aber, wenn Backster nur vortäuschte, ihnen etwas zuleide zu tun. Mit anderen Worten: Die Pflanzen vermochten genau zu unterscheiden, ob die Gedanken des Menschen sie nur bluffen wollten oder nicht.

Die weiteren Versuche stießen im wahrsten Sinne des Wortes ein wissenschaftliches »Erkenntnisdenkmal« vom Sockel. Pflanzen fielen »in Ohnmacht«, wenn sich ihnen ein Mensch näherte, dessen Arbeit bedingte, daß pflanzliches Leben vernichtet wurde, und sie erholten sich von ihrem Schock erst, nachdem dieser Mensch wieder gegangen war. Sie gerieten in Erregung, wenn in einem benachbarten Raum Krabben in kochendem Wasser getötet wurden, und stumpften in diesen Gemütsbewegungen ab, wiederholte man den Vorgang so regelmäßig, daß er sozusagen zum Alltag gehörte. Pflanzen fühlten sich den Menschen, die sie betreuten, so verbunden, daß sie auf deren Ängste und Freuden genau reagierten – und waren sie auch Tausende von Kilometern von ihren »Menschenfreunden« getrennt. Geradezu phantastisch das Ergebnis eines Experiments, das der Erfinder Paul Sauvin unternahm. Mit Hilfe eines eigens dafür konstruierten Spezialgeräts übermittelte er einen geistigen Befehl an eine Philodendronpflanze, die einige Kilometer von seiner Wohnung entfernt auf der Fensterbank seines Laboratoriums stand. Als die Pflanze den Befehl empfing, sandte sie ein Signal aus, das den Zündschlüssel eines Autos auf dem Parkplatz des Laboratoriums bewegte und den Motor startete. Sauvins Befehl und der Empfang durch die Pflanze wurden von der 3200 Kilometer entfernten Kurzwellen-Radio-Station Boulder in Colorado gleichzeitig gemessen.

Die Detektoren, mit denen bislang unbekannte Energien registriert wurden, haben ihren Ursprung bei Dr. Albert Abrams aus San Franzisko, der Ende des vorigen Jahrhunderts in Heidelberg seine medizinische Ausbildung vollendete. Er konstruierte in den USA ein Gerät, das zwischen allen möglichen Wellenlängen von erkrankten Geweben unterschied. Sein »Reflexophon« arbeitete wie ein variabler elektrischer Widerstand, sandte einen in der Klangfarbe wechselnden Ton aus, der das Abklopfgeräusch ersetzte, und war mit einer Meßskala versehen. Mit Hilfe dieses Geräts konnte Abrams einem einzigen Tropfen Blut entnehmen, woran der Patient litt, denn jede Zahl auf der Skala entsprach einer bestimmten Krankheit. Zusammen mit dem Radio-Forschungsingenieur Samuel O. Hoffmann baute Abrams danach seinen »Oszilloklasten«, scherzhaft auch »Abrams Box« genannt, der wie ein Radiosender entsprechende Wellenlängen ausstrahlte. Mit ihm konnte er tatsächlich Krankheiten heilen; der Apparat sandte offenbar Wellen aus, die jene der kranken Moleküle veränderten oder löschten. 1919 begann Abrams damit, Ärzte im Gebrauch des Gerätes zu unterweisen, aber seine Erfolge gingen über den Verstand der meisten seiner Kollegen hinaus. Abrams starb 1924, verlacht und erbittert bekämpft.

Unter den wenigen, die an seine Arbeit anzuknüpfen wagten, waren der Ingenieur Curtis P. Upton und der Elektronik-Fachmann William J. Knuth. Sie unternahmen 1951 mit der »Abrams Box« einen eigenartigen Versuch. Sie setzten den Apparat zur Schädlingsbekämpfung ein – aber nicht direkt, sondern mit Hilfe von Fotografien. Eine Luftaufnahme des Feldes wurde auf eine »Kollektorplatte« an der Unterseite des Gerätes gelegt, ebenso ein Mittel, das Baumwollschädlinge vernichtet. Die Theorie der beiden Wissenschaftler: Die molekularen und atomaren Bestandteile der Fotografie schwingen mit den gleichen Frequenzen wie die Objekte, die sie im Bild darstellen. Womit kaum jemand gerechnet hatte: Die Schädlinge nahmen drastisch ab, die Baumwollernte erhöhte sich um 25 Prozent, die »behandelte« Baumwolle wies 20 Prozent mehr Samen auf. Der Chemiker Howard Armstrong, ein Studienkollege von Upton, erprobte darauf diese Methode an einem Maisfeld. Nur schnitt er diesmal eine Ecke der Luftaufnahme ab und legte den Rest auf die Kollektorplatte des Radionikgerätes. Nach mehreren fünf- bis zehnminütigen Behandlungen ergab sich, daß 80 bis 90 Prozent der schädlichen Käfer aus den Maispflanzen des behandelten Fototeils entweder tot oder verschwunden waren. Die unbehandelten Pflanzen der abgeschnittenen Fotoecke zeigten jedoch weiter einen vollständigen Befall. Und das alles aus einer Entfernung von 48 Kilometern!

Upton, Knuth und Armstrong gründeten darauf eine Gesellschaft und erfüllten Aufträge einer ganzen Reihe von Farmern zu deren vollen Zufriedenheit. Ein Patent wurde den drei Wissenschaftlern jedoch verweigert, ihre Gesellschaft mußten sie wieder auflösen. Warum? Der Grund ist ebenso einleuchtend wie zynisch: Die Hersteller von Schädlingsbekämpfungsmitteln hatten erfolgreich protestiert.

T. Galen Hieronymus, schon erwähnt am Ende des vorigen Kapitels, kam mit Upton, Knuth und Armstrong zusammen und hatte in ihrer Gegenwart ein Erlebnis, das ihn bestürzte. Er packte drei Maiskolben, an denen je ein Maiswurm nagte, so ein, daß die Würmer nicht mehr entfliehen konnten, und behandelte die dann mit seinem Radionik-Sender. Nach drei Tagen, an denen er die Kolben jeweils zehn Minuten pro Stunde »behandelte«, waren zwei der Würmer nur noch Brei. Weitere 24 Stunden später starb auch der dritte Wurm, von den beiden anderen blieben nur noch zwei feuchte Flecken auf den Maiskolben übrig. Hieronymus erschrak so über die tödlichen Kräfte seines Gerätes, daß er beschloß, keine Angaben über Bau und Funktion preiszugeben, es sei denn, es fanden sich ernsthafte Forscher, die ihm bei der Lösung seiner Arbeiten helfen konnten.

Ein weiteres verblüffendes Experiment unternahm Hieronymus 1968. Er untersuchte anhand von Fotografien die Körperfunktionen der Apollo-Astronauten während ihres Flugs. Der Detektor tastete die Fotografien ab, und Hieronymus erhielt, je nach Einstellung des Gerätes, die genauen Daten von Herz, Lunge, Drüsen und anderen Organen der Astronauten.

Mit radionischer Energie befaßte sich auch der britische Ingenieur George De La Warr. Ohne von seinen amerikanischen Kollegen etwas zu wissen, bestätigten seine Versuche deren Ergebnisse – vor allem die Erkenntnis von Hieronymus, daß sich diese Energie optisch brechen ließ. Aber er drang noch weiter in das Problem ein und war nach einer großangelegten Versuchsreihe davon überzeugt, daß der Glaube daran, die einen Pflanzen müßten schneller wachsen als die anderen, offenbar Wunder bewirkte. Die Gedanken eines Menschen, so die These, können also die Zellenbildung beeinflussen, und das ganze Geheimnis, Pflanzen zum Gedeihen zu bringen, bestand darin, sie einfach darum zu bitten. De La Warr gelangte damit an einen Punkt, den schon lange vor ihm der berühmte amerikanische »Zauberer des Gartenbaus« Luther Burbank erreicht hatte. Burbank zog bei all seinen Versuchen die Pflanzen ins Vertrauen, bat sie im ihre Hilfe und versicherte sie seiner Zuneigung.

Von einem englischen Physiker, dem De La Warr seine Forschungen berichtete, erhielt er zur Antwort: »Ich glaube Ihnen nicht. Wenn Sie wirklich die Anzahl der Atome in einer wachsenden Pflanze durch Ihre Denkprozesse beeinflussen könnten, müßten wir unsere Vorstellungen vom Aufbau der Materie völlig revidieren.« De La Warr erwiderte: »Ja, genau das müssen wir, auch wenn dabei eine Menge ›gesichertes‹ Wissen neu überdacht werden muß.«

Daß im Menschen beträchtliche Energiepotentiale schlummern, die sich in herkömmliche physikalische Schemata nicht einordnen lassen, »beweisen« zahlreiche medial veranlagte Personen. Die Physik steht offenbar vor ihrer größten Umwälzung, nämlich der Anerkennung der paranormalen Kräfte des Geistes. Schon der amerikanische Erfinder Nikola Tesla stellte fest: »An dem Tag, an dem die Wissenschaft beginnen wird, nicht-physikalische Erscheinungen zu untersuchen, wird sie in einem Jahrzehnt größere Fortschritte machen als in all den vorhergehenden Jahrhunderten ihres Bestehens.«

Wir sehen, die Wissenschaft ist Geheimnissen auf der Spur, die unser Weltbild ebenso revolutionieren werden, wie es 1905 der berühmte und 1921 mit dem Nobelpreis ausgezeichnete Albert Einstein tat, als er seine Relativitätstheorie entwickelte. In ihr legte er dar, daß Zeit und Raum, ebenso wie Masse und Energie, immer nur in enger Verbindung miteinander gültig sind. Keine einzelne Dimension ist also absolut, sondern immer nur das Ganze.

Und von daher kommen wir zu den erstaunlichsten Ergebnissen. Einstein folgerte, daß alle Bewegung relativ ist. Das bedeutet, daß wir ohne ein stationäres Bezugssystem nie erfahren werden, ob wir uns fortbewegen oder nicht. Jeder kennt die Situation auf einem Bahnhof. Zwei Züge stehen nebeneinander, in dem einen sitzen wir. Fährt der andere an, so sind wir im ersten Augenblick versucht anzunehmen, wir führen und der andere Zug bliebe stehen. Erst wenn der letzte Wagen an uns vorbei ist und wir den stationären Bezugspunkt des Bahnhofes wieder erkennen, wissen wir genau, daß der andere Zug sich bewegt hat und nicht wir.

Noch verwirrender wirkt ein anderer Vergleich: Eine Rakete wird im All von einer anderen überholt. Von der einen aus ist nur zu erkennen, daß die andere Rakete schneller ist. Aber bewegen sich nun beide vorwärts oder nur die eine und steht die andere still? Oder bewegt sich gar die angeblich überholte nach rückwärts und zieht dabei an einer stillstehenden Rakete vorbei? Jede der beiden Raketen hat als stationären Bezugspunkt nur die andere, aber was in

Wirklichkeit nun absolut geschieht, vermag niemand zu sagen.
Auch Zeit und Raum werden durch Bewegung beeinflußt. Bei halber Lichtgeschwindigkeit ist ein Kilometer kürzer als ein stationärer, um dann bei voller Lichtgeschwindigkeit unendlich kurz zu sein. Und für ein sich schnell fortbewegendes Objekt vergeht die Zeit langsamer: bei 99 Prozent der Lichtgeschwindigkeit wandelt sich eine irdische Stunde zu sechs Minuten. In einem Raumschiff, das zu einem anderen Sonnensystem unterwegs wäre, würde die Zeit also wesentlich langsamer vergehen als auf der Erde; kehrten die Astronauten dann wieder auf ihren Heimatplaneten zurück, so würden sie in der Zukunft landen.
Professor Wheeler von der Princeton-Universität, einer der wenigen echten Kenner der Relativitätstheorie und Miterfinder der Wasserstoffbombe, verglich das Universum mit einem Kranz, auf dessen Oberfläche alle Himmelskörper verteilt sind, während im Kranzloch sich ein anderes Universum befindet – eine Art Superraum. Damit fand er eine aufsehenerregende Theorie, die riesigen Entfernungen im Universum zu überbrücken. Denn: Zeit und Geschwindigkeit haben laut Wheeler in diesem Superraum ihre Bedeutung verloren, die Raumschiffe würden ganz einfach in ihn eintauchen und im Bruchteil eines Augenblicks, also viel schneller als das Licht, von einem Teil des Universums zum anderen gelangen. Das notwendige Gedankenglied zwischen Einstein und Wheeler lieferte bereits 1908 der Mathematiker Hermann Minkowski (1864–1909), der die Raumdimension mit der Zeitdimension zu einer vierdimensionalen Raum-Zeit-Geometrie vereinte und damit das Raum-Zeit-Kontinuum schuf. Auch es kann man als eine Art Superraum betrachten, in dem die Geschehnisse bereits existieren und wir ihnen nur begegnen.
Doch während die Lichtgeschwindigkeit bisher für die Physik als eine Grenze galt, die nicht zu überschreiten war, sehen die Wissenschaftler jetzt ihr Weltbild in Gefahr: durch die überlichtschnellen Tachyonen. Sie sind – wie Wheelers Superraum – zwar bisher nur in der Theorie vorhanden, aber immerhin steht schon fest, daß sie der Relativitätstheorie nicht widersprechen würden, falls ihre Existenz nachzuweisen wäre. Und ihre Wirkung?
Wird die Lichtgeschwindigkeit überschritten, so läuft die Zeit sozusagen rückwärts. Eine Botschaft, auf einem Tachyonenstrahl ausgesandt, käme also bereits an, bevor sie abgesandt würde. Übermittelte man eine solche Nachricht an sich selber, so wüßte man schon vorher genau, was man später täte. Zeitreisen wären möglich. Und H. G. Wells' »Zeitmaschine« keine Utopie mehr.

Allerdings gäbe es auch dann noch Wirkungen, die uns paradox erscheinen müssen. Reiste jemand zurück in die Jahrtausendwende und heftete sich im Auftrag Herodes' an die Fersen Marias und Josephs, um deren Kind dann umzubringen, wäre Jesus dennoch gekreuzigt worden? Aber sicher, denn sobald der Zeitreisende in seine eigene Zeit zurückkehrt, hätte der Kindesmord sich nie ereignet und wäre Jesus am Leben geblieben. Dies erscheint auch aus einem anderen Blickwinkel heraus als logisch: Nur der Zeitreisende kehrte ja zurück in die Vergangenheit, nicht aber die gesamte Menschheit, die von dem nachträglichen Kindesmord also auch nichts wissen könnte und deren Geschichtsbewußtsein nach wie vor so geprägt bliebe, als sei das Jesuskind nicht umgebracht worden. Zeitreisen vermitteln demnach zwar ein Bild des Vergangenen und Künftigen, aber sie sind nur eine Projektion der Ereignisse, in die Eingriffe ohne Wirkung bleiben.

Das Maß des Phantastischen wäre nun gar voll, wollten wir spekulieren, die UFOs seien nichts anderes als die Raumschiffe unserer noch nicht geborenen Nachfahren, die mit Tachyonen-Antrieben aus einer fernen Zukunft in unsere Gegenwart gereist kämen. Beweisbar ist das nicht, aber was ist schon beweisbar? Wenn ich jemandem erzähle, ich habe einen Ball, so ist für ihn der Beweis erst erbracht, wenn ich ihm den Ball zeige und von ihm berühren lasse. Für einen dritten müßte der Vorgang wiederholt werden, er könnte ja sonst behaupten, zwei Menschen seien einer Halluzination erlegen. Und so weiter, bis schließlich die ganze Menschheit den Ball gesehen und berührt hätte. Aber auch dann bliebe noch die Frage, ob der Ball absolut existiert oder nur relativ und ob das Ganze nicht die Projektion eines einzigen Hirns ist. Beweisbar? Nichts ist beweisbar.

So denn zum Abschluß noch eine weitere Spekulation, die auf den wissenschaftlichen Erkenntnissen fußt und die einen durchaus realen Hintergrund hat – den der »Schwarzen Löcher«. Im März 1971 ortete eine Raumsonde eine bis dahin völlig unbekannte Quelle von Röntgenstrahlung im Sternbild des Schwans, die den Namen Cygnus X-1 erhielt. Merkwürdig daran war nur, daß es für diese Strahlenquelle keinen optischen Sender gab. Es war ein »Schwarzes Loch«, ein neues Phänomen, von dem manche behaupten, daß es das absolut Unbegreifliche sei.

Um es dennoch zu begreifen, muß man sich vor Augen halten, daß ein Stern aus einer Gaswolke kondensiert. Sein Kern erhitzt sich, die durch die Kondensation entstehenden Gravitationskräfte lassen ihn zusammenschrumpfen. Der Stern erstrahlt, sobald der kritische

Hitzegrad die Wasserstoff-Fusion bewirkt. Ist diese nukleare Antriebskraft aufgebraucht, so schrumpft der Stern weiter zu einem »Weißen Zwerg« – ein Schicksal, das unsere Sonne in etwa sechs Milliarden Jahren erleiden soll.
Ist die Sonnenmasse jedoch über 1,2 ihres Volumens expandiert, so entsteht kein »Weißer Zwerg«, sondern eine Supernova-Explosion. Bezogen auf unsere Sonne würde dies bedeuten, daß sie sich bis über die Erdbahn hinaus ausgedehnt und unseren Heimatplaneten mit ihrer Glutmasse verschlungen hätte. Die Materie stürzt danach auf wenige Kilometer Durchmesser zusammen – ein Pulsar oder Neutronenstern bleibt übrig. Ein Kubikzentimeter seiner Masse hätte auf der Erde ein Gewicht von einigen Millionen Tonnen. Vermutlich sind die Pulsare von riesigen rotierenden dipolaren Magnetfeldern umgeben.
Besitzt der überdichte Kern eines großen Sterns aber die doppelte Masse seines ursprünglichen Volumens oder noch darüber, so kann er weder als »Weißer Zwerg« noch als Pulsar überleben. Er schrumpft weiter, bis sich die Materie total verdichtet und ein solch starkes Gravitationsfeld gebildet hat, daß alles, was in seinen Bann gerät, nie wieder entweichen kann. Um eine solche Dichte und Anziehungskraft zu erreichen, daß selbst Licht- und Radiowellen in ihrem Bann bleiben, müßte die Erde auf zwei Zentimeter Durchmesser schrumpfen.
Die ungeheure Gravitation eines solchen »Schwarzen Loches« krümmt den Raum, der es umgibt, derart, daß jeder Körper unweigerlich zum Ausgangspunkt zurückkehren muß, also zum »Schwarzen Loch«. Die Grenze, von der an es keine Rückkehr mehr gibt, nennt man den Ereignishorizont. Daran knüpfen sich nun einige kühne Hypothesen: Innerhalb dieses Ereignishorizonts, der die »Schwarze Sonne« von der Umwelt völlig abschließt – und zwar so, daß sie eigentlich schon nicht mehr in das Universum gehört –, werden die für dieses Universum gültigen physikalischen Gesetze sozusagen auf den Kopf gestellt. Fiele ein Raumfahrer etwa in solch ein »Schwarzes Loch«, so käme ihm dieser Sturz zwar lang, aber doch endlich vor. Irgendwann würde er dann den Ereignishorizont erreichen und somit aus dieser Welt verschwinden. Anders jedoch für einen Beobachter von außerhalb: Er würde den Astronauten immer langsamer »fallen« sehen, je näher er dieser Grenze käme, und sein Leben würde nicht ausreichen, um mitzuerleben, wie der Raumfahrer den Ereignishorizont erreicht.
Weiter: In unserem Universum ist es möglich, sich beliebig im Raum zu bewegen, nicht aber in der Zeit. Innerhalb des Ereignisho-

rizonts wäre es genau umgekehrt. Dort läge die Richtung auf die »Schwarze Sonne« genau und unwiderruflich fest, jedoch innerhalb der Zeit könnte sich der Raumfahrer nun beliebig vor oder zurück bewegen. Nur in sein Universum käme er nie mehr wieder. Schließlich: Würde das »Schwarze Loch« rotieren und besäße es die Größe einer Galaxie, so würde ein Astronaut, der den Bereich der Raum-Zeit-Verkehrung verlassen hat, darauf wieder in eine normale Zone überwechseln und könnte sogar den Ereignishorizont verlassen. Nur befände er sich dann nicht mehr in seinem Universum, sondern in einer Parallelwelt, die mit dem Universum die »Schwarze Sonne« gemeinsam hätte.

Diese schwindelerregenden Gedankenflüge besitzen tödlichen Ernst, seit man im Mittelpunkt unserer Galaxie einen solchen »Mörderstern« entdeckt zu haben glaubt, der täglich zwei Sonnen »frißt«. Da jedes »Schwarze Loch« durch seine Gravitation bestrebt ist, immer neue Materie in sich hineinzuziehen, mit jeder gewonnenen Materie aber auch seine Gravitation verstärkt, liegt die Gefahr auf der Hand: Irgendwann wird dieses Sternenungeheuer auch unser Planetensystem verschlungen haben. Der Tod unserer Galaxie scheint somit unwiderruflich festzustehen.

So unvermutet vollends im Utopischen gelandet, stellt sich dem nach Überleben trachtenden menschlichen Geist die Frage, wie er diesem Verhängnis entfliehen kann. Ob es nicht etwa gelänge, durch rotierende »Kannibalen des Alls« hindurch sich in ein neues Universum schleudern zu lassen. Doch wenn auch in diesem »Schwarze Löcher« existieren, dauert die Flucht dann ewig in immer neue Universen ohne Ende?

Von solchen Spekulationen zu jener, ob auch die Ufonauten etwa Flüchtlinge aus sterbenden Welten seien und nun einen Platz suchten zum Verweilen für eine »Atempause«, ist es nur ein kurzer Schritt. Zum Gesamtverständnis allerdings wäre dieser Schritt wirklich zu kurz. Das All läßt sich nicht in Details begreifen, sondern nur in seiner Einheit.

10. Kapitel

Der ›kosmische Knopf‹ der Außerirdischen

Albert Einstein hatte erkannt, daß Elektrizität, Schwerkraft und Magnetismus nur verschiedene Formen einer Energie sind. Er setzte mit dieser seiner Einheitsfeldtheorie einen Fuß über jene Schwelle, die uns vom Geheimnis des Kosmos trennt. Wir brauchen seinen Gedanken nur logisch fortzusetzen, um zu ahnen, zu erkennen, ja sogar zu wissen, daß es nur eine Universalenergie gibt, die in verschiedenen Formen – genauer gesagt: Schwingungen – auftritt. Auch die Zeit und das Licht gehören dazu. Es gibt keine Zeit, es gibt kein Licht – wir empfinden sie nur, weil ihre Energiewellen sich auf unserer Bewußtseins- oder Schwingungsebene als Licht und Zeit darstellen.

Auch wenn es die Kraft unserer Phantasie übersteigt, auch wenn es unserer vom Materiellen bestimmten Gedankenwelt einen tödlichen Stoß versetzt: Eigentlich leben wir in einer dunklen, kalten, toten Welt. Natürlich ist sie so hell, warm und lebendig vorhanden, wie wir sie sehen und fühlen. Aber die Existenz all dessen ist nur relativ. Wären nämlich unsere Sinnesorgane nicht fähig, bestimmte Wellen über unsere »Sensoren« in Sichtbares, Fühlbares, Hörbares umzusetzen, sie wären für uns nicht da, lösten bei uns keine Reaktion aus. Wie etwa jene Hochfrequenztöne, die wir nicht mehr hören, wohl aber die Tiere. Ergo gibt es diese Töne, auch wenn sie unserem Gehör verschlossen bleiben.

Die Beispiele dafür, wie relativ in Wirklichkeit unsere Welt ist, lassen sich beliebig fortsetzen. Gäbe es Lebewesen auf einem anderen Stern, der so weit von seinem Zentralgestirn (also »seiner« Sonne) entfernt läge, daß dessen Wärme und Lichtfülle ihn nicht mehr oder nur noch in Bruchteilen erreichte, so hätten sich diese Wesen dennoch ihren Umweltbedingungen angepaßt. Sie empfänden die für uns grimmige Kälte als angenehm, ihre riesigen Augen ließen die ewige Nacht zum Tag werden. Daß es tatsächlich so ist, beweisen uns die Nachttiere auf der Erde, die fähig sind, die Dunkelheit als die ihnen gemäße Umwelt zu empfinden und sich ihren Bedingungen anzugleichen. Kämen solche Sternenbewohner auf unseren Planeten, sie würden erblinden im Licht unserer Sonne und wahrscheinlich verbrennen in der Wärme, die uns so angenehm erscheint.

Ist unser Himmel blau? Wir sehen ihn so, die Biene jedoch sieht ihn – und das ist wissenschaftlich erwiesen – rosarot, der Farbenblinde wiederum grau. In Wirklichkeit leuchtet für uns der Himmel nur so blau, weil unsere Augen nur eine ganz bestimmte Wellenlänge des Sonnenspektrums absorbieren. Die Biene hingegen absorbiert eine andere Welle, der Farbenblinde wiederum eine andere. Wer also sieht den Himmel richtig? Wir? Die Biene? Der Farbenblinde? Oder gar jemand ganz anderes?

Der mögliche Einwand, unser Fotoapparat sei unbestechlich und liefere ja ebenfalls farbige Bilder, auf denen der Himmel sich im strahlenden Blau zeige, vergißt die Tatsache, daß die Emulsionsschicht von Menschen geschaffen wurde – und zwar so, daß auch sie jene Wellenlänge aufnimmt, die Blau wiedergibt. »Irrt« sich diese Emulsionsschicht, ändert sie ihre Beschaffenheit, so ist es vorbei mit dem ach so blauen Himmel. Zum Beweis braucht jeder nur nach seinem Fotoalbum zu greifen und sich jene Aufnahmen zu betrachten, die »stichig« geworden sind. Und schließlich: Unsere Rundfunk- und Fernsehsender strahlen alle auf verschiedenen Wellenlängen aus. Diese Wellen sind ständig vorhanden, treffen auf unserem Körper auf und gehen durch ihn hindurch. Aber wir hören und sehen sie nicht. Um sie für uns erkennbar zu machen, sind wir auf die Hilfe unserer Radios und Fernseher angewiesen. Erst wenn wir auf den berühmten Knopf drücken, hören und sehen wir mit. Und niemand wird behaupten wollen, der Sender sei erst in jenem Augenblick »aktiv« geworden, in dem das eigene Empfangsgerät eingeschaltet wurde.

Somit steht fest, daß der Mensch lediglich fähig ist, eine geringe Bandbreite des kosmischen Energiespektrums wahrzunehmen. Ebenso unumstößlich ist zudem, daß sich uns nur mit Hilfe technischer Geräte weitere Energiewellen erschließen. Die logische Konsequenz mündet also in die Frage, ob sich jenseits unserer Bewußtseinsebene Energieformen befinden, von denen wir zum geringen Teil vielleicht etwas ahnen, in der Hauptsache jedoch nicht einmal das? Anders gefragt: Verbirgt die Natur hinter unserer biologisch-menschlichen Sperre noch ganz andere, gewaltigere Potentiale, die ihre Erklärung nur noch in den parapsychologischen und paraphysikalischen Bereichen finden? Ist unsere Physik also nur ein Zipfel jenes universalen Wissens, das den Schlüssel zum Geheimnis des Kosmos birgt? Und löst sich auf diese Weise auch das Rätsel um die UFO-Phänomene?

Deren Nachbarschaft zur Parapsychologie und Paraphysik ist unverkennbar. Wäre es anders, hätten wir die unzähligen Sichtungen und durch keine Wissenschaft widerlegten seltsamen Erlebnisse längst als Täuschung oder weitverbreitete Hysterie entlarven müssen. Oder aber so erhärten können, daß sie einwandfrei identifiziert wären.

Die Wirklichkeit sieht jedoch anders aus. Noch gibt es keine exakte Erklärung weder für die Erscheinungsformen noch für die mannigfach beobachtete verblüffende Manovrierfähigkeit der unbekannten Raumschiffe. Flugkörper, die mit unglaublicher Geschwindigkeit dahinrasen, unvermittelt ihren Kurs ändern, ohne Übergang auf einem Punkt verharren, aus dem Stillstand wie der Blitz beschleunigen und in Sekundenbruchteilen außer Sicht geraten – solche Objekte kennt unsere Technik nicht.

Die Logik zwingt deshalb den Gedanken weiter: Gibt es diese Raumschiffe von fremden Planeten wirklich, dann müssen sie sich zwangsläufig einer Technik bedienen, die der unseren haushoch überlegen ist. Nicht nur das: Sie müssen auch Kräfte benutzen, die einer anderen, uns unbekannten Ordnung angehören.

Mit einem Grenzbereich der Wissenschaft, der sich irdischer Erkenntnis noch weitgehend entzieht und deshalb schon einer anderen Ordnung zugerechnet werden muß, haben wir es bereits bei der Parapsychologie zu tun. Zwar verhüllt sie uns nach wie vor ihre Geheimnisse, vermögen wir in unserer Psyche vorerst nur einen winzigen Teil davon zu erkennen, doch wer wollte bezweifeln, die Natur habe hier keine ganze Arbeit geleistet?

Mit dieser Frage bleiben wir den UFO-Phänomenen schlüssig auf der Spur, mag es diesem oder jenem Wissenschaftler auch noch so spekulativ oder gar völlig tabu erscheinen. Daß unsere Wissenschaft indessen längst mit der Existenz von Lebewesen auf anderen Planeten rechnet, beweisen die Kontaktversuche in aller Stille. Umsonst richten Amerikaner und Russen nicht die Parabolantennen ihrer radioastronomischen Sternwarten auf Radioquellen im Weltall, nicht nur zum Zeitvertreib kamen die USA und die Sowjetunion überein, bis zu 1000 Parabolantennen (jede mit 30 Meter Durchmesser) miteinander zu verbinden, um die Verständigung mit Außerirdischen zu suchen – und das mit einem Kostenaufwand von zehn Milliarden Dollar. Schließlich wäre es auch sinnlos, 300 Scheinwerfer in einem Kreis von einem Kilometer Durchmesser zu postieren (wie es jetzt in den USA geschieht) und in deren Mitte einen Scheinwerfer stete Signale senden zu lassen, wenn nicht die Hoffnung bestünde, irgend jemand im All könnte die Zeichen aufnehmen und beantworten.

Wird aber Leben auf anderen Gestirnen kaum noch angezweifelt, so ist auch nicht auszuschließen, daß hochintelligente Planetarier in ihren Raumschiffen die Erde bereits besuchen und Hunderttausenden begegnet sind – eben in jenen UFOs, für deren Nichtexistenz die Schulwissenschaft bisher jeden Beweis schuldig geblieben ist. Ihre Technik muß der unseren unendlich überlegen sein, aber auf welche Weise? Benutzt sie Photonenantriebe, Laserstrahlen, Plasma-Energie? Immerhin wäre dies auch für uns als eine Art »Supra-Physik« noch zu begreifen.

Angesichts der ungeheuren Räume im Kosmos bleibt jedoch kein geringer Rest an Skepsis, ob noch so großer technischer Fortschritt überhaupt ausreicht, Galaxien zu überwinden. Die seltsamen Erlebnisse vieler Menschen mit UFOs und deren Insassen ermutigen deshalb zu der Frage, ob die Außerirdischen der Menschheit nicht auf einem ganz anderen Gebiet überlegen sind, nämlich auf dem der Paraphysik: Materialisation und Dematerialisation, gezielte Telepathie und Telesuggestion, Teleportation – hin und zurück.

Schon 1964 machte der britische Luftmarschall Sir Victor Goddard auf die paraphysikalischen Aspekte der UFO-Phänomene aufmerksam, als er meinte, die unbekannten Flugobjekte könnten »sehr wohl derselben Ordnung der materiellen Realität angehören wie unsere eigenen Astralkörper«. Fünf Jahre später grübelte der britische UFO-Experte Charles Bowen: »Was, wenn unsere ›Besucher‹ etwa Bewohner unserer Welt, aber gleichzeitig einer anderen Welt wären – einer ungesehenen, ungehörten, unfühlbaren, aber dennoch gelegentlich spürbaren Realität, wie sie ein ›Parelleluniversum‹ darstellt, in dem der Zeitstrom anders verläuft? Wie wäre es, wenn jene Wesen, die in ihrer eigenen Umgebung solide physische Körper hätten, schon seit sehr langer Zeit einen Weg zu uns gekannt haben, sei es durch Projektionen, Reflexion oder eine andere Technik, die es ihnen erlaubt, sich während der Reise zu uns zu dematerialisieren und dann wieder zu rematerialisieren?«

Und er fuhr fort: »Die Vorstellung von einem Paralleluniversum ist durchaus nicht so unerhört. Ein wenig Studium zeigt uns, daß schon alte Kulturen daran glaubten und Philosophen darüber nachdachten; heute beschäftigen sich moderne Physiker damit. Und von solchen Vorstellungen ist es nur ein kurzer Schritt zu der Frage, ob sich nicht UFO-Phänomen und parapsychische Phänomene decken. Damit sagen wir nicht, daß es sich bei den mutmaßlichen UFO-Insassen um die Geister Verstorbener handelt. Wir meinen eher, daß wir eines Tages vielleicht eine gemeinsame auslösende Ursache für UFOs und Paraphänomene finden.«

Diesen Gedanken nahm in jüngster Zeit der amerikanische Apollo-

14-Astronaut Edgar D. Mitchell auf. Ausgehend davon, daß es sich bei den außerirdischen Besuchern um Projektionen von Astralkörpern handeln könnte, erklärte er: »Wenn das Phänomen überhaupt existiert, dann könnte es eine absolut mögliche Form der intergalaktischen Fortbewegung sein, und wahrscheinlich sehr viel risikoloser als der Raumflug.«

In dieses Bild paßt das Erlebnis von Mrs. Cynthia Appleton, die in einem Vorort von Birmingham wohnte. Sie hatte am 18. November 1957 in ihrem Schlafzimmer das Gefühl, etwas Fremdes sei gegenwärtig. Ihr Blick blieb am Kamin haften – eine Figur wurde dort sichtbar, erst undeutlich, dann immer klarer. Dabei ertönte ein pfeifendes Geräusch – wie es auch bei bewußt erlebten Astralkörperaustritten bereits wahrgenommen wurde.

Die Frau, zuerst zu Tode erschrocken, spürte einen beruhigenden Einfluß, der von einem hellhaarigen, großgewachsenen, nun vor ihr stehenden Mann ausging. Er war in einen eng anliegenden plastikartigen Anzug gekleidet und schien ihr telepathisch etwas übermitteln zu wollen. Doch Mrs. Appleton verstand nur, daß er in friedlicher Absicht gekommen sei. Der »Gast« vermittelte ihr auch das Bild eines »untertassenähnlichen« Fahrzeugs. Dann löste er sich in nichts auf. Wo er gestanden hatte, lagen einige Zeitungen. Sie wiesen jetzt deutliche Brandspuren auf.

Gar zwei Besucher erschienen Mrs. Appleton dann am 7. März 1958 auf genau die gleiche Weise. Sie seien »Projektionen«, erklärten sie, und baten darum, nicht berührt zu werden. Solche Bitte soll von Ufonauten auch bei Begegnungen in anderen Teilen der Welt geäußert worden sein. Ein Zufall, daß verschiedene Menschen an verschiedenen Orten der Welt unabhängig voneinander genau das gleiche berichten? Oder ist nicht vielmehr die Unwahrscheinlichkeit, daß dies ein Zufall sein kann, schon eine Art Beweis?

Rufen wir uns zurück, daß Energie in Schwingungen auftritt und für uns nur auf bestimmten Wellenlängen sichtbar, hörbar, fühlbar wird, daß ferner einige Wellenlängen sich uns nur mit Hilfe technischer Geräte erschließen, daß schließlich Wellenlängen existieren jenseits unserer Sinne, beweisbar über das Gehör der Tiere. Der Kosmos besteht also nicht aus Materie, sondern aus Schwingungen universaler Energie. Nobelpreisträger Max Planck äußerte während eines Vortrags in Florenz: »Als Physiker, also als ein Mann, der sein ganzes Leben der nüchternsten Wissenschaft, nämlich der Erforschung der Materie diente, bin ich sicher von dem Verdacht frei, für einen Schwarmgeist gehalten zu werden. Und so sage ich Ihnen nach meinen Forschungen des Atoms dieses: Es gibt

keine Materie an sich! Alle Materie entsteht und besteht nur durch eine Kraft, welche die Atomteilchen in Schwingungen versetzt und sie zum winzigsten Sonnensystem des Atoms zusammenhält. Da es aber im ganzen Weltall weder eine intelligente noch eine ewige Kraft an sich gibt, müssen wir hinter dieser Kraft einen bewußten intelligenten Geist annehmen. Dieser Geist ist der Urgrund aller Materie.« Ein anderer Atomphysiker, der Däne Max Skottfeld, äußerte es so: »Beim Studium der Atomphysik suchte ich nach den innersten Geheimnissen des Lebens – und fand Gott.«
Sichtbares – wie unser Universum – muß demnach eine bestimmte Schwingungsebene besitzen, Unsichtbares – wie etwa ein Paralleluniversum – logischerweise eine andere. Wie viele Universen aber verbergen sich noch dahinter, alle mit anderen Schwingungsebenen ausgestattet? Stellt sich der Kosmos als ein grandioses Wellengitter dar, das kreuz und quer alles durchdringt?! Auch uns, nur daß wir es in unserer dreidimensionalen, auf niedriger Schwingungszahl sich bewegenden Welt nicht vernehmen? Und ist dies etwa das ganze Geheimnis der Planetarier, in ihrem Bewußtsein jenen »kosmischen Knopf« entdeckt zu haben, der sie befähigt, auch ohne technische Hilfsmittel auf jede beliebige Vibrationsebene empor- oder hinabzutauchen?!
So betrachtet, wird es die entscheidende Aufgabe der Menschen sein, nicht nach materiellem Besitz zu streben, sondern sich aus dessen Enge zu lösen, sich also zu höherem Bewußtsein zu entwickeln und damit eine höhere persönliche Schwingungszahl zu erreichen. Doch davon soll in einem späteren Kapitel die Rede sein.

11. Kapitel
Rätselvolles Bermuda-Dreieck

Nahe, gefährlich nahe kamen einige Wissenschaftler und Forscher dem Rätsel auf die Spur, die eine Verbindung zogen zwischen dem Auftauchen unbekannter Flugobjekte und den mysteriösen Vorgängen im Bermuda-Dreieck. Allein seit 1945 werden zwischen den Bermudas und Kuba, also in Reichweite der Küste von Florida, etwa 1000 Menschen vermißt, verschwanden dort rund 100 Schiffe und Flugzeuge, ohne auch nur die geringste Spur zu hinterlassen. Augenzeugen berichteten, Flugzeuge hätten sich in Luft aufgelöst, Schiffe seien vom Meer »verschluckt« worden. Gleichzeitig beobachteten Menschen, wie UFOs in die Wellen eintauchten oder aus ihnen aufstiegen, registrierte die amerikanische Marine 1963 während eines Manövers ein unbekanntes Objekt, das sich unter Wasser mit der unglaublichen Geschwindigkeit von 150 Knoten fortbewegte.

Der bemerkenswerteste Fall – bemerkenswert allein schon deshalb, weil er sich vor aller Öffentlichkeit abspielte und noch nicht rigoros vom Mantel militärischer Zensur umhüllt war – ereignete sich am 5. Dezember 1945. Fünf Flugzeuge der amerikanischen Marine starteten damals um 14.10 Uhr von ihrem Stützpunkt Fort Lauderdale in Florida, um einen Trainingsflug zu absolvieren, der sie zuerst 160 Meilen nach Osten, dann 40 Meilen nach Norden und schließlich zurück zum Stützpunkt führen sollte. Das Gebiet, das sie dabei überflogen, war schon seit grauer Vorzeit als »Friedhof des Atlantiks« bekannt. Bereits 500 v. Chr. schilderte der Karthager Himilkon die Sargasso-See – so genannt nach der Meeresalge Sargassum, die sie in riesigen Mengen bedeckt, und gefürchtet seit Jahrhunderten wegen ihrer lähmenden Flauten – als ein »bewegungsloses Meer, in dem kein Wind das Schiff vorwärtstreibt und Algen den Schiffsrumpf wie Gestrüpp festhalten«. Die Zahl der Schiffe, die seitdem in dieser Region inmitten des Bermuda-Dreiecks verschollen sind, ist Legion.

Die fünf Marine-Bomber waren jedoch die ersten Flugzeuge, die samt ihrer vierzehn Mann Besatzung – ein Crew-Mitglied meldete sich in einer Vorahnung vom Flug ab, einem zweiten, dem Ausbilder, wurde versagt, im Stützpunkt zu bleiben – auf rätselhafte Weise verschwanden. Um das Maß des Entsetzens übervoll zu machen, kehrte am selben Tag zudem eines der Suchflugzeuge nicht mehr zurück. Auch von ihm und seinen dreizehn Mann Besatzung fand man keine Spur mehr.

Kommandant der fünf Marine-Bomber war Leutnant Charles Taylor, Ziel des Fluges ein Schiffsrumpf bei der Insel Bimini, auf den Übungsangriffe geflogen werden sollten. Um 15.15 Uhr, als der Bomberpulk seine Übung beendet hatte und sich auf den Heimflug machte, erhielt der Funker im Kontrollturm des Flughafens von Fort Lauderdale eine seltsame Nachricht von Taylor.

Taylor: Wir rufen den Turm. Eine Notsituation. Wir scheinen vom Kurs abgekommen zu sein. Wir sehen kein Land – ich wiederhole – wir sehen kein Land.

Turm: Wie ist Ihre Position?

Taylor: Wir sind uns nicht sicher. Wir sind nicht einmal sicher, wo wir sind. Es sieht so aus, als hätten wir uns verirrt.

Turm: Drehen Sie nach Westen ab.

Taylor: Wir wissen nicht, in welcher Richtung Westen ist. Alles ist falsch. Seltsam, wir können keine Richtung erkennen. Sogar das Meer sieht anders aus als sonst.

Eine Viertelstunde später fing der leitende Fluglehrer im Turm einen Funkspruch auf und hörte, wie jemand den Flugschüler Powers nach seinen Kompaßablesungen fragte. Powers antwortete: »Ich weiß nicht, wo wir sind, wir müssen uns nach der letzten Kurve verirrt haben.« Dem Fluglehrer gelang es darauf, mit dem Ausbilder des Trainingsfluges Kontakt herzustellen, und erhielt zur Antwort: »Meine beiden Kompasse sind ausgefallen, ich versuche Fort Lauderdale zu finden. Ich bin sicher, daß wir über den Keys (von Florida) sind, weiß aber nicht, wie weit südlich.« Dann später: »Wir sind gerade über eine kleine Insel geflogen. Sonst ist kein Land in Sicht.«

Atmosphärische Störungen machten es immer schwieriger, den Kontakt mit den fünf Bombern aufrechtzuerhalten. Die Besatzungen konnten die Funksprüche des Turms offenbar nicht mehr empfangen, doch hörte der Turm Gespräche zwischen den einzelnen Flugzeugen. Darin wurde auf Treibstoffmangel verwiesen (»Nur noch für 70 Meilen«) und auf einen Sturm von 100 km/h Geschwindigkeit. Alle Kreisel- und magnetischen Kompasse »spielten verrückt«, jeder wies in eine andere Richtung. Um 16 Uhr hörte der Kontrollturm plötzlich, daß Leutnant Taylor das Kommando einem anderen Piloten namens Stiver übergeben hatte. Ein Funkspruch Stivers, mit erregter Stimme übermittelt, konnte aufgefangen werden, obwohl er wegen der Sendestörung nur schwer verständlich war: »Wir wissen nicht genau, wo wir sind, möglicherweise 225 Meilen nordöstlich vom Stützpunkt. Wir müssen über Florida hinausgeflogen sein und uns jetzt über dem Golf von Mexico befinden.« Stiver entschloß sich zu einer Wendung um 180 Grad, also in jene Richtung, aus der die Bomber gerade gekommen waren. Aber während dieses Manövers wurde die Funkverbindung immer schwächer – offenbar befand sich der Pulk gar nicht über dem Golf von Mexico, sondern immer noch östlich von Florida und flog nun erst recht ins offene Meer hinaus. Die letzten Worte: »Es sieht so aus, als wären wir ... wir kommen in weißes Wasser ... wir haben uns völlig verirrt.«

Stunden später, erst nach 19 Uhr, fing der Opa-Locka-Marineflughafen bei Miami einen schwachen, nicht mehr identifizierten Funkspruch auf. Er bestand nur aus den Buchstaben »FT – FT«. FT war ein Teil der Kennbuchstaben des Bomber-Pulks. Falls sich die Vermißten tatsächlich noch einmal gemeldet haben, muß dies zwei Stunden nach dem Zeitpunkt gewesen sein, zu dem der Treibstoff aufgebraucht war. Später beobachtete der Pilot eines Verkehrsflugzeugs am Himmel einen kurzen Feuerschein. Die Marine verkündete darauf die Version, offenbar seien die vermißten Flugzeuge dort zusammengestoßen. Alle fünf auf einmal in der Luft und zudem noch Stunden, nachdem sie keinen Treibstoff mehr hatten?

Schon wesentlich früher wurden Suchflugzeuge ausgeschickt, darunter ein zweimotoriges Flugboot mit dreizehn Mann Besatzung des Marineflughafens Banana River. Leutnant Come, einer der Offiziere dieser Maschine, meldete kurz nach dem Start, in 1800 Meter Höhe sei Sturm aufgetreten. Das war die letzte Meldung, die man von diesem Suchflugzeug empfing. Danach hörte man nie mehr etwas von ihm.

Die Suche nach den Verschollenen, auch am nächsten Tag intensiv fortgesetzt mit 307 Flugzeugen, vier Zerstörern, mehreren U-Booten, achtzehn Küstenwachschiffen, zahlreichen Kuttern, Hunderten von privaten Yachten und Flugzeugen sowie zusätzlichen Einheiten der britischen Marine und Luftwaffe auf den Bahamas, brachte nichts zutage. 100000 Quadratkilometer Land und Meer wurden überprüft, pausenlos Flüge 90 Meter über dem Meer unternommen, 4100 Stunden betrug die gesamte Suchzeit: Weder Überlebende noch Wrackteile, weder Rettungsflöße noch Ölflecken wurden gesichtet. Und eine Untersuchungskommission der Marine vermochte nicht einmal eine halbwegs akzeptable Vermutung über die mysteriösen Ereignisse zu äußern. Ein Mitglied der Kommis-

sion erklärte drastisch: »Sie verschwanden so spurlos, als seien sie zum Mars geflogen.«
Damit aber war die gedankliche Verbindung zu dem Phänomen der UFOs hergestellt. Lieutnant Commander R. H. Wirshing, damals Ausbilder in Fort Lauderdale, betonte, daß der Begriff »verschwinden« ein wichtiger Hinweis für das Schicksal der Flugzeugbesatzungen sei. Und die Mutter eines der vermißten Piloten stand unter dem Eindruck, daß ihr Sohn »irgendwo im Weltraum noch am Leben« sei.
Zielbewußter und zugleich am phantastischsten wagte sich der Zoologe, Archäologe und Ozeanograph Dr. Manson Valentine vor, der inzwischen mehrere Jahrzehnte die unheimlichen Fälle im Bermuda-Dreieck beobachtet hat. Er vermutete, daß die Piloten »noch da sind, aber in einer anderen Dimension eines magnetischen Phänomens, das von einem UFO verursacht worden sein könnte«. Ein Funkspruch Taylors, der erst 1974 bekannt wurde, den der Reporter Art Ford aber bereits am Tag des erregenden Zwischenfalls von einem Funkamateur erfahren hatte, scheint Valentine zu bestätigen: »Kommt mir nicht nach ... sie sehen aus, als ob sie aus dem Weltraum wären ...« Ford maß dieser Nachricht damals keine besondere Bedeutung bei, stieß aber dann bei seinen späteren Nachforschungen in einem Protokoll der Funksprüche zwischen dem Kontrollturm und den Flugzeugbesatzungen überraschend auf den gleichlautenden Satz: »Kommt mir nicht nach.«
Bemerkenswert in diesem Zusammenhang, daß Ford das bis dahin geheimgehaltene Gesprächsprotokoll nur stückweise lesen durfte. Daß es ihm überhaupt gezeigt wurde, verdankt er dem Druck einiger Angehörigen der vermißten Piloten auf die offiziellen Stellen.
Ins Nichts verschwanden noch viele Flugzeuge und Schiffe, fast alle bei Tageslicht. Die größten bisher verschollenen Schiffe waren am 4. März 1918 der 19000 Tonnen große und 152 Meter lange Versorgungsfrachter der US-Marine »Cyclops« mit 309 Personen an Bord und im März 1973 der 20000-Tonnen-Frachter »Anita« mit 32 Mann Besatzung auf dem Weg von Newport News nach Deutschland. Andere Schiffe, wie der kubanische Frachter »Rubicon« am 22. Oktober 1944, wurden im Golfstrom treibend gefunden. An Bord waren – in diesem Fall bis auf einen Hund – keine Lebewesen. Eigenartigerweise existiert auch im Pazifik ein »Teufelsdreieck«, weniger im Bewußtsein der Öffentlichkeit, aber nicht minder gefürchtet von Seeleuten und Piloten. Auch dort sind Hunderte von Schiffen und Flugzeugen verschwunden – zuletzt im

Dezember 1975 der Riesentanker »Berghe Istra«, über dessen Schicksal auch nicht mehr bekannt ist, als daß drei Explosionen das Schiff erschüttert haben sollen. Sowohl das Bermuda-Dreieck als auch das Teufelsdreieck liegen zwischen dem 25. und 30. Längengrad und dehnen sich etwa 20 Grad in der Breite aus. Sie liegen einander genau gegenüber auf zwei Seiten der nördlichen Erdhalbkugel. Das »Teufelsdreieck« reicht von der Ostküste Japans südlich bis zur Insel Guam, dann ostwärts bis zur Wake-Insel und von dort wieder zurück bis Japan.

Selten wurden dort Wracks gefunden, selten Passagiere, und ebenso spärlich kamen Notsignale. In den meisten Fällen verschwanden Schiffe, Flugzeuge und Menschen lautlos, als hätten sie sich in Luft aufgelöst. Wie es im August 1915 in Australien geschah: Nahe der Lulva-Bai marschierte ein britisches Regiment auf einem Weg. Nicht weniger als 22 Zeugen sahen sechs längliche »Wolken«, von denen sich eine plötzlich auf den Weg senkte. Die britischen Soldaten marschierten geradewegs in diese Wolke hinein – und kamen nie wieder heraus. Als die »Wolke« sich erhob und *gegen den Wind* davonstob, vermißte man 1000 (in Worten: tausend) Mann! Im März 1962 flog ein Düsenjäger über Korea in eine eigenartige »Wolke« und tauchte ebenfalls nie wieder daraus hervor. Zuvor hatte ein Schiff in der Nähe UFOs gesichtet.

Am 10. November 1955 fand man zwar weitab vom »Teufelsdreieck« den Schoner »Joyita« nördlich der Samoa-Inseln, aber 600 Meilen vom Kurs abgewichen und übel zugerichtet. Weder die fünf Besatzungsmitglieder noch die 20 Passagiere waren an Bord, auch fehlte das Logbuch. Vier Jahre danach und 3500 Meilen von der Stelle entfernt, wo der Schoner verlassen gesichtet wurde, trieb an der neuseeländischen Whirltoa-Küste, acht Meilen nördlich von Waihi, eine Flaschenpost an. Ihre Botschaft: »Wir geben das Schiff auf. Ein seltsames rundes metallisches Objekt zwingt uns an Bord. Helft uns.« Unterzeichnet war das Papier vom Steward der »Joyita«, in hastigen und zittrigen Schriftzügen in dem Augenblick geschrieben, als offenbar ein UFO die 25 Menschen an Bord nahm.

Viele Schiffe und Flugzeuge meldeten aus dem »Teufelsdreieck«, daß ihnen eigenartige Objekte folgten, die manchmal in das Meer tauchten oder aus ihm aufstiegen oder sogar unter Wasser die Verfolgung aufnahmen. Diese Berichte reichen zurück bis in das 19. Jahrhundert; sie lassen sich auf ein Gebiet lokalisieren, das sich wie ein riesiges Oval um den Kern des »Teufelsdreiecks« schwingt und einen Großteil von China, Indien, Malaya, Indonesien, Neuseeland, die Philippinen und weite Bereiche Ozeaniens einschließt.

Sogar aus dem Persischen Golf schlugen Seeleute Alarm. So am 15. Mai 1879 Captain Pringle von der »HMS Vulture«, der unter Wasser ein »riesiges sich drehendes Rad aus Licht« beobachtete, das sein Schiff umrundete. 1943 beschrieb Matthew Mengle eine »glühende Unterwasserscheibe«, die ebenfalls im Persischen Golf sein Schiff mit einer Geschwindigkeit von zwölf Knoten verfolgte und dann plötzlich wie eine Rakete losraste – immer noch unter Wasser! Zwei Piloten der Royal Air Force, die im Sommer 1942 unweit der tasmanischen Küste Patrouille flogen, sichteten plötzlich ein untertassenförmiges Luftschiff von 150 Fuß Durchmesser. Es folgte ihnen eine Weile, »drehte sich dann um und tauchte geradenwegs in den Pazifik, während die Wellen einen Strudel bildeten und hochspritzten«. Am 19. April 1957 sahen zwei Männer des japanischen Fischerbootes »Kitsukawara Maru«, wie zwei metallische Scheiben mit hoher Geschwindigkeit vom Himmel herabkamen und ohne zu »bremsen« unter gewaltiger Wirbelbildung direkt ins Wasser tauchten. Die Stelle lag bei 143′30″ Nord und 31′15″ Ost an der nördlichen Grenze des »Teufelsdreiecks«. Vier Eingeborene der Fidschi-Inseln, die noch nie etwas von UFOs gehört hatten, schilderten am 11. Oktober 1967 ein rundes Objekt, das nach ihrem Boot tauchte und dabei einen »Suchscheinwerfer« benutzte.

Während des Zweiten Weltkrieges – der Zensur wegen sind die Daten geheim – überflog ein UFO-Geschwader einen Konvoi von amerikanischen Kriegsschiffen und Militärflugzeugen südlich von Okinawa. 200 bis 300 unbekannte Objekte wurden auf dem Radarschirm in 12000 Fuß Höhe ausgemacht, sie flogen mit einer Geschwindigkeit von 700 Meilen pro Stunde – also an der Schallgrenze. Zu jener Zeit schafften irdische Flugzeuge bestenfalls die Hälfte.

Während des Korea-Krieges verschwand ein Lufttransporter der Amerikaner mit 67 Mann an Bord spurlos über dem Teufelsloch. Das gleiche geschah am 12. März 1957 mit einem Tankflugzeug, das acht Mann Besatzung hatte. Berühmt ist ferner ein Fall aus dem Jahr 1937. Amelia Earhart unternahm als erste Frau einen Flug rund um die Welt. Zwischen Neuguinea und der Howland-Insel lösten sie und ihr Navigator sich offenbar in Luft auf, man hörte nie mehr etwas von ihnen. Zur gleichen Zeit wurden seltsame »Lichter« auf der Flugroute der Luftpionierin beobachtet.

Ein geradezu phantastisches Ereignis trug sich nahe des Haneda-Flugplatzes in Tokio im Sommer 1952 zu. Ein gigantisches dunkles Objekt wurde über der Bucht von Tokio gesichtet, darüber erschienen helle Lichter. Düsenjäger der Amerikaner stiegen auf, um die

seltsamen Flugschiffe zu verfolgen. Was darauf geschah, verschlug den Militärs den Atem: Die UFOs spotteten ihrer Verfolger mit unglaublichen Manövern und demonstrierten zum Beispiel plötzliche Stopps oder schleifenförmige Sturzflüge.
Am Ende dieser Berichte, die sich sozusagen ins Endlose fortsetzen ließen, ein unheimliches Erlebnis aus dem Februar 1948. In der Straße von Malacca kam ein SOS-Ruf des holländischen Schiffes »Ourang Medan«: »Alle Offiziere einschließlich des Kapitäns tot – im Kartenraum oder auf der Brücke. Möglicherweise die gesamte Besatzung tot.« Die letzten Worte »Ich sterbe« kamen vermutlich vom Funker selbst. Eine Suchmannschaft fand die Besatzung tot mit dem Gesicht *nach oben* liegend, ihre Züge waren wie von fürchterlichem Entsetzen geprägt. Selbst der Hund des Kapitäns hatte seine Zähne gefletscht. Als man das mysteriöse Todesschiff in den Hafen schleppen wollte, fing es plötzlich Feuer und explodierte.

Geradezu sensationell mutet in diesem Zusammenhang ein Geheimexperiment der amerikanischen Marine an, das im Jahre 1943 zuerst in Philadelphia und dann auf dem Meer unternommen wurde. Dr. Valentine berichtete darüber in einem Interview mit Charles Berlitz, dem Autor von »The Bermuda Triangle«; Valentine selber bezog sein Wissen von M. K. Jessup, der sich als Astronom und Mondexperte einen Namen gemacht, über UFOs geschrieben und dabei auch das Bermuda-Dreieck einbezogen hatte.
Damals also wollte die amerikanische Marine den Effekt eines starken Magnetfeldes auf ein bemanntes Schiff testen. Durch pulsierende und nicht pulsierende Generatoren erzeugte man ein beträchtliches Magnetfeld um einen im Dock liegenden Zerstörer. Dr. Valentine: »Die Resultate waren so verblüffend wie bedeutsam, wenn sie auch negative Nachwirkungen für die Besatzung hatten.« Die erste Wirkung war ein undurchsichtiges nebliges grünes Licht. Interessant dabei, daß Überlebende von Unfällen im Bermuda-Dreieck ebenfalls von einem solchen grün leuchtenden Nebel sprachen. Im Dock wurde das ganze Schiff bald von diesem Nebel erfüllt, und für die Leute am Dock verschwand es samt der Besatzung allmählich aus der Sicht, bis nur noch die Wasserlinie sichtbar war. Später wurde berichtet, der Zerstörer sei zur gleichen Zeit im 700 Kilometer entfernten Norfolk (Virginia) aufgetaucht und ebenso plötzlich wieder verschwunden. Jessup vermutete, dies könnte ein Nebeneffekt eines solchen Versuchs mit dem damit zusammenhängenden Phänomen der Zeitverschiebung gewesen sein.
Ausführlicher über Erfolg und Gefahren dieses Experiments be-

richtete ein ehemaliges Besatzungsmitglied, das sich 1956 an Jessup wandte, nachdem es dessen Buch »The Case of the UFO's, gelesen hatte. Dabei war dem Mann mit Namen Carl Allen (oder Carlos Allende) aufgefallen, wie sehr Jessups Theorie dem Philadelphia-Experiment glich. Daraus entwickelte sich ein Briefwechsel, der für Jessup noch seltsame Folgen haben sollte.

Allen bezeichnete sich als Überlebender des Experiments, über das wegen der Zensur bis dahin – bis auf einen kurzen Zeitungsartikel – keine Einzelheiten bekannt geworden waren. Der Versuch auf hoher See muß ebenfalls von Erfolg gekrönt gewesen sein. In der Form eines Rotationsellipsoids bildete sich im Umkreis von 100 Meter um das Schiff ein Gebiet, in dem der Zerstörer unsichtbar wurde. Seinen Eindruck im Wasser konnte man erkennen, ihn selber jedoch nicht mehr. Als das Magnetfeld weiter zunahm, verschwanden einige Männer an Bord; um sie wieder sichtbar zu machen, legte man ihnen die Hand auf. Andere jedoch entfernten sich so weit von ihrer körperlichen Gestalt, daß sie weder gesehen noch erfühlt werden konnten; bei ihnen bediente man sich eines elektronischen Spezialgeräts, um sie in den Normalzustand zurückrufen zu können.

Seeleute sollen danach im Krankenhaus gelandet sein, am Ende tot oder mit geistigen Störungen behaftet. Andere spürten die Nachwirkungen des Experiments, das ihre psychischen Fähigkeiten offenbar gesteigert hatte: Sie verschwanden zeitweise und tauchten dann wieder auf – zu Hause, auf der Straße, in Restaurants, und natürlich zur großen Überraschung aller Umstehenden.

Jessup besaß als Wissenschaftler – er hatte Doppelsterne entdeckt und leitete eine große Refraktorstation – einen hervorragenden Ruf. Es war daher nicht seltsam, daß ihn das Forschungsbüro der Marine eines Tages nach Washington einlud, überraschend jedoch die Tatsache, daß man ihn dort mit einer Ausgabe seines UFO-Buches konfrontierte. Es enthielt handschriftliche Randnotizen zu Jessups Theorien über die UFOs und war dem Forschungsbüro von unbekannter Seite zugespielt worden.

Drei Personen hatten die Notizen mit ihren Initialen versehen, eine der Handschriften glaubte Jessup als die von Allen wiederzuerkennen. Die Marine war an dem Buch höchst interessiert, aber es gelang ihr nicht, Allen ausfindig zu machen. Auch die anderen beiden Personen wurden nie identifiziert. Eine Quelle behauptet, Jessup sei mit Allen identisch. Andere hingegen berichten, Allen habe zurückgezogen in einem ländlichen Ort gelebt und Kontakt nur zu einem älteren Ehepaar gepflegt, von dem keiner genau sagen

konnte, woher es stammte. Eines Tages seien alle drei fortgezogen, und man habe nie mehr etwas von ihnen gehört.
Jessup starb am 29. April 1959 in Miami. Dr. Valentine hatte ihn für jenen Abend zum Dinner eingeladen, aber Jessup kam nicht. Man fand ihn im Dade Country Park in seinem Auto, die Auspuffgase hatte er mit einem Schlauch ins Wageninnere geleitet. Er lebte noch, als man ihn fand, und einige Leute glaubten, daß man ihn absichtlich sterben ließ, weil er zuviel wußte. Die Annahme, es sei gar kein Selbstmord gewesen, hat ihren tieferen Grund in Jessups eigener Theorie, die er zeitlebens vertrat: nämlich, daß außerirdische Mächte in irdische Belange eingreifen. Von manchen wurde sein Tod deshalb als Hinweis auf die Gefahren verstanden, die bei zu intensiver Erforschung des UFO-Rätsels lauern.
Freilich hatte auch die Marine Jessup angeboten, für sie zu arbeiten an einem neuen Philadelphia-Experiment, aber Jessup lehnte ab, weil ihm die gefährlichen Nebeneffekte Sorgen bereiteten. »Wenn es Selbstmord war«, äußerte Dr. Valentine (und die Betonung liegt auf »wenn«), »so könnte Depression die Ursache sein; zum mindesten die Kritik schulwissenschaftlicher Kreise an seinem Buch hatte ihn sehr entmutigt. Wenn aber nicht? Wollten dann bestimmte Leute oder Organisationen die Verbreitung seiner Theorien verhindern? Oder riefen ihn gar außerirdische Mächte von dieser Erde ab, weil er offenbar dem technischen Rätsel der UFOs dicht auf der Spur war, ohne zugleich die ethische Basis kosmischer Gesetze zu erkennen?
Immerhin hielt Jessup eine Erweiterung von Einsteins Einheitsfeldtheorie für den Schlüssel zum Verständnis des UFO-Phänomens und der Bermuda-Rätsel. Er glaubte sich kurz vor seinem Tod am Ziel und die wissenschaftliche Basis für die Vorgänge entdeckt zu haben.
Dazu Dr. Valentine in dem Interview mit Charles Berlitz:
Frage: Haben Sie eine Theorie, wie die UFOs angetrieben werden?
Dr. Valentine: Es gibt verschiedene Möglichkeiten. Eine Methode, die nur in unserer Atmosphäre funktionieren würde, wäre ein Perimeter von Kathodenstrahlgeneratoren um ein scheibenförmiges Fahrzeug. Es könnte sich auf diese Weise schnell in jede beliebige Richtung bewegen. Man müßte nur die Generatoren in die gewünschte Richtung in Gang setzen. Sie würden die Luft vor dem Fahrzeug ionisieren und auf diese Weise ein Vakuum schaffen, durch das es sich bewegen kann. Von UFOs zurückgelassene Reste ionisierter Luft können sehr gut die Ursache einer Turbulenz bei klarem Himmel sein.

Eine andere Antriebsmethode könnte ähnlich wie der Düsenantrieb funktionieren, aber mit viel höherer Geschwindigkeit, die sich theoretisch der Lichtgeschwindigkeit nähern kann. Die Reaktoren würden auf dem Prinzip der Kernverschmelzung und nicht dem der Kernspaltung basieren. Alles, was man dazu braucht, ist spaltbares Material und Wasser. Das könnte auch die Erklärung sein, warum man UFOs aus Inlandseen Wasser aufnehmen sah.
Nach einer anderen Theorie wird ein Wechsel der Dimension und eine Verschiebung des Raum-Zeit-Kontinuums durch ein Magnetfeld bewirkt.
Frage: War Dr. Jessup der Meinung, es gebe einen Zusammenhang zwischen den UFOs und dem Bermuda-Dreieck?
Valentine: Er hatte eine Theorie, daß die Energie eines Magnetfelds Materie verwandeln und von einer Dimension in die andere transportieren kann ... daß UFOs in unsere Dimension kommen, Menschen und anderes mitnehmen und sich wieder aus dieser Dimension entfernen. Er war auch der Meinung, daß manche der Unfälle durch das von den Kathodenstrahlen der UFOs hervorgerufene Vakuum verursacht wurden, das Flugzeuge zerstörte, wenn sie hineinflogen. Das ist wahrscheinlich auch Mantell zugestoßen. Er kam zu nahe an die Untertasse und ihr Feld ionisierter Luft heran. Sein Flugzeug explodierte in so viele Stücke, daß keines gefunden wurde, das größer als eine Faust war. Alle Stücke waren durchlöchert, als seien sie von Würmern durchbohrt worden.
Soweit der Auszug aus dem Interview. Jessup war natürlich nicht der einzige, der sich mit den rätselvollen Gebieten bei den Bermudas und im Pazifik befaßte. Orthodoxe Wissenschaftler meinten, daß dort warme und kalte Strömungen zusammenträfen und daher turbulente Seen sowie heftige Winde verursachten. Aber damit ist wohl kaum erklärt, weshalb die Kompasse wild wurden und jede Orientierung verlorenging. Ivan Sanderson, Biologe und Erforscher ungewöhnlicher Phänomene, fand Hinweise auf noch vier andere Plätze, an denen Schiffe und Flugzeuge verschwanden: im Mittelmeer, vor der Ostküste von Australien, vor der Ostküste von Südamerika und vor der Südostküste von Afrika. Demnach gäbe es also drei »Todesdreiecke« in der nördlichen und drei in der südlichen Hemisphäre – alle in fast gleichen Abständen einander zugeordnet. Sanderson kannte die UFO-Theorien, glaubte letztlich jedoch an ein »natürliches« Phänomen, weil in diesen Wasserstraßen heiße tropische Strömungen mit kalten antarktischen und arktischen zusammentreffen und der gewaltige Zusammenprall

von kalt und warm diese Turbulenzen verursache. Aber auf das Mittelmeer trifft dies wohl kaum zu.
Eher scheint doch eine elektromagnetische Anomalie vorzuliegen, da die überwiegende Mehrzahl der Schiffe und Flugzeuge keine Notrufe aussandte, ihre Funkgeräte also vermutlich außer Betrieb gesetzt worden waren. Des Rätsels Lösung muß demnach in noch unerforschten Bereichen zu finden sein – logisch, daß die Leute, die darüber nachsinnen, sich unvermittelt im Phantastischen bewegen.
So vermutet eine Theorie, daß unter dem Bermuda-Dreieck das versunkene Atlantis liegt, unter dem Teufelsdreieck die Ruinen des einstigen Lemuria oder Mu. Beiden Kontinenten wird nachgesagt, daß ihre Bewohner Kontakte mit Besuchern aus anderen Welten hatten und sich durch Mißbrauch überlegener Techniken schließlich gegenseitig vernichteten. Überreste beider Zivilisationen, so diese Theorie weiter, könnten sich unter den Meeren in gewaltigen klimatisierten Unterkünften bis in unsere Tage gerettet haben und elektromagnetische Energie benutzen, die dann die Störungen verursacht. Andere Forscher spekulieren kühn und mit typisch irdischer Mentalität, Menschen und ihre Schiffe und Flugzeuge würden für einen »Weltraumzoo« entführt.
Eigentümliche magnetische Kräfte von oben wurden hingegen bei Experimenten entdeckt, die man 1954 an Bord eines Forschungsschiffes in der Karibischen See unternahm. Wilbert B. Smith, der am kanadischen »Project Magnet« mitarbeitete, studierte dieses Phänomen und kam zu dem Ergebnis, es könne »ein Loch im Himmel« existieren. Diese Theorie setzt voraus, daß galaktische magnetische Felder mit dem irdischen geomagnetischen Feld kollidieren und daher an bestimmten Punkten den Erdmagnetismus beeinflussen, indem sie die Schwerkraft aufheben. Wie durch einen »Schornstein« würden dann Schiffe, Flugzeuge und Menschen nach oben gesogen. Smith war von der Existenz der UFOs überzeugt, aber er hütete sich, so weit zu gehen wie andere, die gar meinten, am Ende dieses »Schornsteins« – den die Ufonauten angeblich nicht erzeugten, von dem sie aber wüßten – seien Raumschiffe stationiert, um die heraufgesogenen Menschen in Empfang zu nehmen. Entweder aus Mitleid oder aber, um sie zu studieren.
Zurück noch einmal zu Dr. Jessup und seiner Vermutung, daß UFOs in unsere Dimension kommen, Menschen und anderes mitnehmen und sich wieder aus dieser Dimension entfernen. Ersetzen wir nun den Begriff Dimension durch Schwingungsebene, so er-

scheint wieder unser kosmisches Wellengitter und damit auch eine einleuchtende, vielleicht sogar die endgültige Erklärung für das Mysterium des Bermuda-Dreiecks und des Teufelsdreiecks. Befindet sich nämlich dort ein »Vibrationsschild«, der – zum Schutz submariner UFO-Basen oder ausgelöst durch eine langwirkende Technik der dort vermuteten versunkenen Atlantis und Lemuria oder gar einer Kombination von beiden – Flugzeuge und Schiffe in eine andere Dimension versetzt, so existieren sie dort samt den verschollenen Menschen weiter. In einem anderen Universum, aus dem ihnen die Rückkehr zu uns jedoch verwehrt bleibt. Denn sie kennen vermutlich nicht das Geheimnis, das ihnen das Tor zur Erde öffnen würde.

12. Kapitel
Die Technik der Raumschiffe

Wer sich im Labyrinth der phantastischen, unheimlichen, sich irdischer Erkenntnis nur schwer erschließenden Erlebnisse im Bermuda-Dreieck und mit unbekannten Flugobjekten so weit vorgewagt und dennoch den roten Faden nicht verloren hat, der wird sich, wie schon manche vor ihm, vor die Frage gestellt sehen, ob ihm als Weisheit letzter Schluß nur noch Spekulationen übrigbleiben. So richtig es sein mag, dem technischen Rätsel logisch, wenn auch nur theoretisch auf der Fährte zu bleiben, so gut es ferner sein mag, über den Spuren aus einer tiefen Vergangenheit zu grübeln, um aus ihnen auch für die Zukunft den Hauch des Ewigen zu erkennen – beweisbar ist dies alles deshalb noch lange nicht.
Doch es ist zu erfahren. Der sich rund um den Erdball ziehende Spott über angebliche »Kontaktler« vermag nicht auszulöschen, daß es diese Kontakte mit Außerirdischen dennoch gibt. Allerdings werden sie weniger spektakulär geknüpft, als es manche egozentrischen Bekundungen einer staunenden Öffentlichkeit vorgaukeln. Für diese Kontakte gibt es nämlich eine unabdingbare Basis, eine Art »kosmischen Katechismus«, über den später noch gesprochen werden muß und an dem der Mensch gemessen wird: wie weit er fähig ist, seine Gedanken zu beherrschen und seine Gefühle zu zügeln, ob er bereit ist, sein Bewußtsein über sich hinaus zu schärfen. Was jedoch ausufernd an »Kontaktberichten« nach außen schwappt, ist nicht Information aus erster Hand, sondern die ungenaue Wiedergabe eines Hörensagens, verfälscht und sensationell aufgeputzt von der schwärmerischen Intoleranz unbelehrbarer Weltverbesserer. Die echten Kontakte hingegen vollziehen sich lautlos, sie weben ein Netz kosmischer Ethik, in dem sich die Menschheit nicht als Beute verfangen soll, sondern an das sie sich klammern muß, wenn sie der drohenden Selbstvernichtung entgehen will.
Von dieser Warte aus betrachtet packt auch jede noch so gut gemeinte Wissenschaft das Problem von der falschen Seite her an, wenn für sie die Frage nach dem technischen Antrieb außerirdischer Raumschiffe im Vordergrund steht und sie darüber vergißt zu forschen, ob nicht etwa eine Mission der Planetarier für unsere Erde weit mehr zum Nachdenken aufgäbe. Doch leider verläßt der

menschliche Geist auch hier nicht das Schema seiner beschränkten Phantasie und spekuliert nur verschwommen, fast sekundär über die Absicht der Außerirdischen – und so, als ob es nicht vielleicht doch eine Aufgabe im positiven Sinne gäbe. Er löst sich kaum einmal – wie die meisten Science-fiction-Filme übrigens auch – von der negativen Vermutung, ein Angriff aus dem Weltraum stünde bevor. Beredter Zeuge hierfür ist selbst ein so friedlicher Mensch wie Professor Albert Hibbs vom California Institute of Technology. Er nämlich gab in der Diskussion, ob die Radioastronomen sich mit dem Empfang von Signalen aus dem Weltraum begnügen oder nicht besser ebenfalls Signale senden sollten, zu bedenken: »Wie haben sich denn die Menschen im Verlauf ihrer Geschichte verhalten, wenn sie mit Menschen anderer Kulturen in Berührung kamen? Sie haben sie bekämpft! Senden wäre also ein riesiges Wagnis. Vielleicht sind wir für die Weltraumwesen nichts weiter als Schlachtvieh.« Selbst in dieser Angst dokumentiert sich noch jener Geist, der die Menschheitsgeschichte mit Eroberung und Unterdrückung geprägt hat.

Solcherart von Materialismus verseuchte irdische Moral weckt daher gewiß nicht das Vertrauen der Planetarier. Logisch, daß sie selbst jenen, mit denen sie Kontakte knüpfen und pflegen, nur das Prinzip des technischen Antriebs ihrer Raumschiffe erklären, nicht aber den Konstruktionsplan mitliefern. Immerhin: Ihre Informationen bestätigen Einsteins Einheitsfeldtheorie und verblüffen an einigen Stellen durch die fast gleichlautende Formulierung, in die Dr. Jessup seine Vermutungen kleidete. Das Geheimnis um den Tod des Amerikaners bleibt dadurch nicht weniger rätselhaft.

Natürlich trieb der Forschungsdrang die Wissenschaft schon seit langem in Neuland. Bereits 1934 waren Dr. Wüst und Dr. Wimmer von der Universität München einer neuen Energieform auf der Spur und veröffentlichten darüber eine Arbeit unter dem Titel »Über eine neue Art von Strahlung der Wellenlänge von 1 bis 70 cm«. Bemerkenswert, daß sich diese Energieform nicht in das bekannte elektromagnetische Spektrum eingliedern ließ. Vierzig Jahre später war es mit Professor Peschka wiederum ein Deutscher, der – tätig beim Institut für Energiewandlung und Elektrische Antriebe der Deutschen Forschungs- und Versuchsanstalt für Luft- und Raumfahrt in Stuttgart – einen Bericht über Beobachtungen und Versuchsergebnisse bei der Einkopplung von Hochfrequenzen über Luftkondensatoren auf eine Drehwaage publizierte. Darin sprach er von einem »möglicherweise neuen Phänomen«, das »bisher unbekannte Kraftwirkungen auf Körper ausüben kann«

und sich in der Raumfahrt anwenden ließe. Peschka beantwortete nicht die Frage, ob die Phänomene das physikalische Weltbild erweitern, wies aber immerhin auf Zusammenhänge mit Grenzgebieten der Naturwissenschaften hin. Diesen Gedanken griffen Bedford und Kensington in ihrem Buch »Das Delpasse-Experiment« auf und erklärten ohne Umschweife: »Bei der Entdeckung ... handelt es sich um die Entdeckung einer neuen Energie. Einer Energie, die sich mit dem bisher bekannten physikalischen Wissen in keiner Weise vereinbaren läßt.« Und nun kommt der entscheidende Satz, über den mehr nachzudenken sich gerade für die Schulwissenschaft äußerst lohnen würde: »Sie ist also so ziemlich genau das, was die Parapsychologen immer vorausgesagt und immer gesucht haben.« Hier wird – bewußt oder unbewußt – der Schlüssel zur Erkenntnis angeboten, die Wissenschaft als eine Einheit zu betrachten und aus den Mosaiksteinen ihrer Teilbereiche das universale Bild zusammenzusetzen.

Während wir in unserem Streben nach industriellem Wachstum und Fortschritt mit der Natur grobschlächtig und mörderisch umgehen und unsere Energieprobleme nicht anders als über die unsere Umwelt zerstörende Explosionstechnik zu lösen vermögen, richtet sich die Technik der Planetarier – und damit sei nun die Reihe »medialer« Informationen eröffnet – nicht gegen die Natur, sondern bedient sich ihrer. Es fällt sicher manchem schwer zu glauben, daß ein so fundamentaler Unterschied auf eine so kurze Formel zu bringen ist. Doch eben diese Formel markierte den Punkt, an dem sich die Wege trennen. Nur einer von ihnen führt in höhere Bewußtseinssphären.

Aus ihnen reisen die Außerirdischen zu unserer Erde, ihre Antriebe bedienen sich vorhandener Energien. Das sind einmal die elektromagnetischen Felder, deren Hochfrequenzschwingungen bei Tieren auf so dramatische Weise Unruhe und Panik auslösen. Zwei Ringe im Innern der Raumschiffe, deren Außenhaut fast durchweg aus chemisch reinem Magnesium besteht, rotieren um die Kabine im Zentrum des Schiffes. Der Nordpol des einen Ringes steht dabei immer dem irdischen Südpol gegenüber und bewirkt so die Abstoßung des Raumschiffes oder hält es in der Schwebe. Der andere Ring erzeugt ein umlaufendes gewaltiges Magnetfeld, das durch Umpolung umkehrbar ist und dem Schiff eine beachtliche Geschwindigkeit verleiht. Aber trotz ihres Strahlenschutzes erreichen außerirdische Raumschiffe in der Atmosphäre »nur« eine Geschwindigkeit bis zu 40 000 Kilometern in der Stunde.

Immerhin: Unvorstellbar ist dies auch dann noch, wenn wir dagegen die Armseligkeit irdischer 2-Mach-Düsenflugzeuge stellen. Es macht auch jene überlegene Technik deutlich, die UFOs zu den von Tausenden beobachteten geradezu unglaublichen Manövern befähigen: aus dem Stillstand rasant beschleunigen, aus pfeilschnellem Flug jäh abstoppen, urplötzlich und ohne Andeutung eines Übergangs den Kurs wechseln. Selbstverständlich erweist sich für die Insassen der dabei entstehende Druck von 2000 bis 3000 G als ein Problem, aus irdischer Sicht wäre es unlösbar. Der Druck würde nicht nur die Geräte auseinanderreißen und wie Schrott durcheinanderwirbeln, sondern auch Lebewesen in den Tod pressen. Aber die Planetarier begegnen dem dadurch, daß sie alle Atome im Schiff, auch ihre persönlichen, auf die erforderliche Schwingungszahl mitbeschleunigen.

Interessant ist in diesem Zusammenhang die Äußerung von Dr. Joseph Rohrer, dem Direktor der Station Pueblo-Radio und Präsidenten der Pik's Peake Broadcasting Company, die zum erstenmal 1963 bekannt wurde. Rohrer berichtete, amerikanische Militärflugzeuge hätten drei außerirdische Raumschiffe über dem Staat Montana zur Bruchlandung gezwungen, nur einer der ein Meter großen fremden Piloten habe überlebt und sei an einem geheimen Ort noch zwei Jahre von Wissenschaftlern gepflegt worden. Leider ist das Datum nicht genau überliefert, auch darf die Version glatt angezweifelt werden, amerikanische Piloten hätten das Kunststück fertiggebracht, Außerirdische – deren Raumschiffe selbst gegen Atomraketen gefeit sind – zur Landung zu zwingen. Hier muß wohl eher angenommen werden, daß wie 1948 in Kalifornien eine menschlichem Zugriff entzogene Ursache der wahre Grund für den Absturz gewesen ist.

Bemerkenswerter erscheint hingegen die Behauptung Rohrers, ihm sei es gelungen, in eines dieser abgestürzten Raumschiffe einzudringen. »Es enthielt 30 Abteile«, schilderte er, »und bestand aus gigantischen Ringen, die um die in ihrem Zentrum feststehende Kabine rotierten. Die Pilotenkabinen glichen dicken zylindrischen Rohren mit hermetisch schließenden Türen an beiden Enden. Die Atmosphäre darin war ein unter Druck stehendes Gasgemisch aus 30 Prozent Sauerstoff und 70 Prozent Helium. Als Antriebskraft dienten elektromagnetische Turbinen, die durch die mit schwindelerregender Geschwindigkeit kreisenden Ringe ein gewaltiges Magnetfeld erzeugten.« Um eine Panik unter der Bevölkerung zu vermeiden, so Rohrer abschließend, habe die amerikanische Regierung den Vorfall geheimgehalten.

Erst 1971 kam übrigens heraus, daß die außerordentlich hohen

Frequenzbereiche der UFO-Energien bereits am 17. Juli 1957 von der Besatzung eines amerikanischen Spezialflugzeugs gemessen worden waren. Diese Luftwaffenmaschine befand sich zur Erprobung von Präzisionsinstrumenten, die zur Bestimmung eigener und feindlicher Radarfrequenzen dienten, auf dem Flug über dem Golf von Mexiko und wurde dann bei der Rückkehr zum Stützpunkt in Topeka rund 90 Minuten von einem Raumschiff begleitet, das von der Besatzung als »so groß wie eine Scheune« gemeldet wurde. Die Präzisionsgeräte an Bord der Maschine registrierten die von dem UFO ausgehenden erstaunlich intensiven Energiefrequenzen wie folgt: Bereich: 2,800, 2,995 bis 3,000 Megahertz; Pulsweite: 2,0 Mikrosekunden; Pulsfrequenz: 600 cps. Im übrigen wurde das Raumschiff nicht nur von den Geräten geortet, sondern auch vom Bordradar und vom Radar der Bodenstationen und nicht zuletzt von der Besatzung zeitweise gesehen. Die wissenschaftliche Analyse dieser erregenden Begegnung 1971 in einem Fachorgan für Raumfahrtingenieure war zugleich die letzte Veröffentlichung von Dr. James E. McDonald. Der Wissenschaftler wollte sich danach – er soll wirtschaftlich ruiniert gewesen sein – das Leben nehmen, aber der Selbstmordversuch mißglückte. Durch Kopfschuß erblindet und noch mit verbundenem Kopf, bestellte sich McDonald ein Taxi und ließ sich in die Wüste Arizonas fahren. Dort blieb er allein zurück und wurde später tot aufgefunden. Eine Parallele zu Jessup?

Einen anderen amerikanischen Physiker, Dr. William J. Hooper, haben jahrelange Versuche davon überzeugt, daß die Ursache der Gravitationskraft im Innern des Atoms zu suchen ist; diese Kraft äußere sich als Kombination des elektrischen und magnetischen Feldes im Elementarteilchen, als »pulsierendes, hin- und herschwingendes elektrisches Feld mit ultrahoher Frequenz«. Hooper folgerte daraus Möglichkeiten zur Überwindung der Schwerkraft und zur Gewinnung freier, elektrischer Energie. Unabhängig von Hooper untersuchte der deutsche Diplomingenieur Wilhelm Ludwig Laun die Gravitationskraft und führte die physikalischen Eigenschaften der Masse – Trägheit und Schwere – auf Eigenschaften des elektrischen und des magnetisches Feldes im Atom zurück. Dabei sprach er von einer »Kombinationswirkung« beider Felder und bezeichnete die Wirkung als die der Lorentzkraft identisch (so benannt nach dem niederländischen Physiker Hendrik Antoon Lorentz, der Einsteins Relativitätstheorie vorbereiten half und 1902 den Nobelpreis erhielt).

Damit sind wir schon bei der zweiten Antriebsmöglichkeit, nämlich den antigravitionalen Feldern, mit deren Hilfe sich die Raumschiffe abstoßen oder in der Schwebe halten. Auf diese Felder weist schon die Konstruktion der beiden umlaufenden Ringe hin, und hier vor allem die Funktion des einen, dessen Nordpol stets auf den irdischen Südpol ausgerichtet ist. Gravitationsstrahlungen schwingen mit Tausenden von Megahertz jenseits des Spektrums sichtbaren Lichtes. Die Frequenz dieser Gravitationsstrahlung ist in allen Stoffen (Materie) unveränderlich, alle Stoffe besitzen demnach die gleiche Frequenz. Vergegenwärtigen wir uns, daß Gravitation eine anziehende Kraft ohne Polarität ist, also ohne das Vorhandensein zweier Pole, und Antigravitation eine subatomare Energie, so muß letztere unter den Einfluß höherer Strahlenfrequenz gebracht werden, um sie als Antrieb benutzen zu können. Die sich daraus ergebende Resonanz (oder Reaktion) verwendet man zur Erzeugung oder Aufhebung des gravitionalen Kräfteflusses. Im übrigen kann diamagnetisches Material auch diagravitional sein. Und es gibt Isotope, die als Isolatoren zur Erzeugung eines magnetischen und auch gravitionalen Kräfteflußgefälles wirken.

Hieraus lassen sich drei Konsequenzen ziehen:

1. Die exakt gleichbleibende Resonanz aller Schwingungen bedeutet, daß sich alle Körper anziehen.
2. Die Wechselwirkungskraft, die der exakten Resonanz aller Schwingungen gleichwertig ist, zieht weder an noch stößt sie ab, ist also neutral.
3. Die Gravitation wird dann aufgehoben, wenn die Schwingungen im Spannungsfeld eines Körpers im Phasenwinkel von 180 Grad zu den Schwingungen des anderen Körpers stehen.

An dieser Stelle ist ein Blick zurück in graue Vergangenheit zu empfehlen, in jene Vergangenheit, die uns als ihr Erbe kolossale Bauten in Peru und Bolivien, unter dem Meeresspiegel bei Bimini im Bermuda-Dreieck, in der Bretagne oder im libanesischen Baalbek hinterlassen hat. Alle diese Anlagen lassen sich mit den technischen Fähigkeiten jener Kulturen, die damals bestanden, nicht erklären. Die Vermutung, eine andere, überlegene Zivilisation habe sie errichtet, ist nicht so ohne weiteres von der Hand zu weisen, denn: Wer sich antigravitionaler Felder bedienen kann, um seine Raumschiffe damit anzutreiben und zu manövrieren, könnte sie auch benutzt haben, um tonnenschwere Felsstücke zu transportieren und aufzuschichten. Diese Annahme wäre zum mindesten die logische Fortsetzung jenes Gedankens, die Erde werde seit Zehntausenden von Jahren von Intelligenzen aus dem Weltraum besucht, erforscht und in ihrer Entwicklung überwacht.

Doch zurück in die Gegenwart und zu der Frage, mit welchen

Antrieben außerirdische Raumschiffe ausgestattet sind. Die elektromagnetischen und antigravitionalen Felder entsprechen durchaus der Einheitsfeldtheorie von Albert Einstein, die davon ausgeht, daß ein elektrisches Feld ein zu diesem Feld im rechten Winkel stehendes Magnetfeld erzeugt, wobei jedes dieser Felder eine im Raum für sich stehende Ebene darstellt; als drittes Feld gesellt sich die Schwerkraft hinzu. Die »Raumenergie«, die von den Planetariern ebenfalls als Antrieb benutzt wird, vermochte Einstein hingegen noch nicht nachzuweisen. Ihr glaubt die Wissenschaft inzwischen auf der Spur zu sein, und was sie mehr schemenhaft als klar umrissen zu erkennen vermeint, bezeichnet sie in analoger Ungenauigkeit als »Raumäther«. Der Amerikaner T. T. Brown spricht vom einer unidentifizierten, kosmisch variablen Größe, und der Engländer Sir Oliver Lodge erklärt: »Wir können den Äther nicht auf mechanischem Wege nachweisen, sondern nur auf elektrischem: Wir versetzen den Äther in einen Zustand der Spannung, wenn wir einen Körper elektrisch aufladen.«

Was auch immer man unter »Äther« zu verstehen haben wird, zur »Raumenergie« gehören zum Beispiel Sonnenenergiebänder, eine in großer Geschwindigkeit (20 bis 40 Megahertz) vibrierende Substanz. Die Realität im Raum wiederum besteht in ihrer Gesamtheit aus den verschiedensten Bändern und Oktaven der Vibrationsgeschwindigkeiten. Der Kosmos weist also eine schier unerschöpfliche Vielfalt an Energieebenen auf.

Wer sich ihrer zu bedienen vermag, weil er sich im Einklang mit der Natur weiß, verblüfft zwangsläufig eine Menschheit, die sich der Natur immer mehr entfremdet. Etwa mit jenen Nebeneffekten, die von den Kraftfeldern außerirdischer Raumschiffe ausgehen, vielfach beobachtet wurden und von uns jetzt leichter erklärt werden können, nämlich mit der hochfrequenten Energieabstrahlung. Gemeint sind nicht nur die Krankheitssymptome, die bei Menschen vorübergehend auftraten, sondern auch die Störungen irdischer Technik. Wann immer die unbekannten Flugobjekte auftauchten, begannen Radios oder Fernsehgeräte in der Nähe zu rauschen und schließlich ganz auszusetzen, blieben die Motoren der Autos stehen und erloschen deren Scheinwerfer, obwohl der Zündschlüssel nach wie vor in Fahrtstellung steckte. Radar verfolgte in den USA ein UFO über einen ganzen Bundesstaat hinweg und beobachtete, wie das geheimnisvolle Flugobjekt neben einem Kraftwerk landete, dessen Anlage allein durch die Wirkung seines Kraftfeldes außer Betrieb setzte und dann weiterflog. Der noch immer nicht geklärte katastrophale Stromausfall in New York von 1965 mag nun diesem

oder jenem in einem neuen Licht erscheinen.
Näherten sich militärische Flugzeuge den UFOs in feindlicher Absicht, so endete dies zuweilen mit dem Tod der Luftwaffenpiloten, wie es etwa 1948 Mantell widerfuhr, von dem die amerikanische Luftwaffenführung hinterher behauptete, er habe nur einen Ballon verfolgt und sei dabei aus unbekannter Ursache abgestürzt. Gerade die Amerikaner mußten ihre stupide Verfolgungsorder in den fünfziger Jahren bitter büßen. So stieg 1954 ein Düsenjäger von seinem Stützpunkt auf, um ein unbekanntes Objekt zu hetzen. Auf dem Radarschirm erhielt die Jagd ihren dramatischen Höhepunkt, als die beiden Objekte, Flugzeug und UFO, plötzlich zu einem Punkt verschmolzen. Von dem Jäger und seinem Piloten hat man danach nichts mehr gesehen noch gehört. Im gleichen Jahr, am 1. Juli, entdeckten Radarposten über New York ein UFO. Ein F 94 Starfire Jet stieg auf, um das scheibenförmige Objekt zu verfolgen. Beim Anflug erfüllte plötzlich glühende Hitze das Cockpit, und als der Radarbeobachter zusammenbrach, rettete sich der Pilot mit dem Schleudersitz. Das Flugzeug stürzte auf die Stadtmitte von Walesville im Staat New York, vier Besatzungsmitglieder fanden den Tod, mehrere Einwohner wurden verletzt. Der abgesprungene Pilot konnte Reportern nur kurz von dem Hitzestrom berichten, dann wurde er in einem Fahrzeug der Luftwaffe fortgeschafft. Hinterher dementierte die Luftwaffe alle Zeitungsberichte über die tödliche Hitzeeinwirkung »als falsch«.
Schon Jessup vermutete, daß die ionisierte Luft um das Raumschiff für den Absturz von Mantell verantwortlich war. Und er kleidete seine Gedanken in die gleichen Worte, die auch in den Informationen Außerirdischer enthalten sind: Perimeter von Kathodenstrahlgeneratoren ionisieren die Luft vor dem Raumschiff und rufen – je nach Geschwindigkeit, mit der das Schiff sich fortbewegt – nicht nur das (ebenfalls vielfach beobachtete) Farbenspiel der Flugkörper hervor, sondern schaffen zugleich auch ein Vakuum (Ionisationsfeld). Wer dort hineingerät, kann sich auflösen oder den »Blitztod« erleiden oder aber, wenn genügend Abstand gehalten wird, nur ein Gefühl eigentümlicher Schwerelosigkeit erleben – wie es dem südafrikanischen Piloten Fitzgerald widerfuhr, dessen Tierraub-Erlebnisse ja bereits geschildert wurden.
Die Außerirdischen sprechen von »präzipitierter Lichtenergie«, wobei sie unter Präzipitation nichts anderes verstehen als: aus unsichtbarer Raumenergie Sichtbares formen, Grobmaterie zu Feinsubstanz verdichten. Auf diesem Prinzip beruhen nicht nur die Hitzewellen und Lichtfächer, die Mantell oder dem Russen Aprak-

sin oder auch »nur« der Amateurastronomin aus dem westdeutschen Hagen eine Lektion erteilten, oder jene »Röhrenwaffen«, mit denen Außerirdische nach ihrer Landung hin und wieder Menschen auf Distanz hielten, sondern auch die etwa von Dionisio Llanca geschilderte »Lichtbrücke«, auf der die Planetarier ihre Raumschiffe verlassen und mit deren Hilfe sie wie mit einem »antigravitionalen Kran« Menschen und Tiere zu sich »hochbeamen« – um einen Begriff zu gebrauchen, der seit der bemerkenswerten Fernsehserie »Enterprise« in aller Munde ist. Auf diese Weise raubte zum Beispiel 1973 ein UFO von einer kleinen argentinischen Farm eine Katze, die unweit der Bewohner vor der Tür des Anwesens neben ihren Jungen lag. Ein Lichtstrahl zielte genau auf die Katze, die danach für immer verschwunden blieb – und man bedenke, daß Katzen um keinen Preis der Welt bereit sind, ihre noch säugenden Jungen zu verlassen.

Geradezu faszinierende Lichtphänomene beobachteten am 29. Oktober 1973 Hans Pritz und Karl Fichtinger von 0.30 Uhr an über dem österreichischen Waldviertel. Der eine ist Schriftsetzer, der andere Sägearbeiter, beide wohnen sie in dem 1300-Seelen-Ort Traunstein, der zum Bezirk Zwettl gehört. Die tschechische Grenze ist nur 40 Kilometer entfernt.

In jener Nacht weckte Fichtinger seinen Freund Pritz, am Himmel sei Ungewöhnliches zu sehen. Im ersten Augenblick hätte man meinen können, es sei ein Stern, ein zwar ungewöhnlich großer, aber immerhin ... jedoch sendet ein Stern Lichtsignale aus? Die beiden Männer beobachteten, wie aus dem »Stern« zwei gelborangefarbene Strahlen wuchsen, »wie wenn eine Schnecke die Fühler ausstreckt«. Die Lichtfühler stiegen erst empor, bogen sich dann leicht nach seitwärts, blieben stehen, färbten sich an den Spitzen grün und versprühten schließlich einen leicht grünlichen Nebel. Dann verschwanden die Fühler. Nach einer Pause von fünf Sekunden wiederholte sich das Schauspiel – viermal in jeder Minute. Und das anderthalb Stunden lang.

Danach löste sich von dem seltsamen Objekt ein roter Punkt, fiel zuerst in Richtung Boden, bog dann rechtwinklig ab und schoß mit »irrsinniger Geschwindigkeit« davon. Plötzlich erlosch das rote Licht, war dann aber schlagartig an der gleichen Stelle wieder da, nur daß die Farbe jetzt gelborange war. Und auch von ihm wurden Fühler ausgestreckt. Nun schwebten zwei Objekte am Nachthimmel, die »Signale« sendeten – ein Mutterschiff und sein Satellit? Pritz und Fichtinger schauten und schauten und drehten sich dann um, »wie man so schaut, und da haben wir dann das gleiche gesehen, und das war also derartig nahe, ich trau' mir zu sagen, die Phantasie ist nicht durchgegangen mit mir – ich hab' tatsächlich gesehen, was ich gesehen hab' ... es hat so ausgeschaut wie ein flaches Gebilde mit Turm drauf«. Aus der dunklen Scheibe mit Kuppel wuchsen ebenfalls Lichtfühler heraus. Pritz: »Das war irgendwie ein geleitetes Manöver ... wir hab'n uns selbst nimmer getraut. Hab' ich ihm auf die Schulter klopft, hab' ich g'sagt: Was hast du jetzt g'sehn? Sagt er: Das hab' ich g'sehn! Na, da haben wir gewußt, das muß stimmen.« Und die beiden drehten sich nach einer Weile wieder in die andere Richtung und erkannten, daß der »Satellit« Gesellschaft bekommen hatte – vier waren es jetzt insgesamt, das »Mutterschiff« und die »Kuppelscheibe« nicht einmal mitgerechnet. Alle sechs sandten ihre Signale aus – in dieser Nacht müssen es rund 4000 gewesen sein.

Um 3.30 Uhr jagte der »Satellit« plötzlich wieder als roter Punkt davon, die drei anderen bewegten sich langsam über den Horizont und hielten immer wieder an, »als würden sie etwas suchen«. Das Ende des »Manövers« warteten Pritz und Fichtinger indessen nicht mehr ab, bei sieben Grad Kälte und mit einem neuen Arbeitstag vor sich gingen sie schließlich nach Hause. An Schlaf war freilich nach einem solch phantastischen Erlebnis kaum noch zu denken.

In der Physik nennt man das Phänomen der Lichtfühler, die von den beiden Österreichern gesehen wurden, den Tyndall-Effekt. In dem von den Raumschiffen erzeugten Antigravitationsfeld befindet sich die Hauptenergie am äußeren Rand der »Kugelhülle«; ein Lichtstrahl, der vom Schiff ausgesandt wird, bricht sich bei jeder Energieabstufung, läuft an der »Wand« der »Hülle« entlang und kehrt dann wieder zurück. Daher auch der Eindruck, als krümme sich das Licht, als könne sein Strahl an jeder beliebigen Stelle abgestoppt werden. In Wirklichkeit reichen die Lichtfühler der Raumschiffe genauso weit wie das in seiner Stärke jederzeit veränderbare antigravitionale Feld.

Astronomen kennen diese Wirkung, seit 1971 zum erstenmal ein »Schwarzes Loch« im Weltraum entdeckt wurde – entstanden aus einem Riesenstern, dessen Schrumpfungsprozeß mit der totalen Verdichtung seiner Materie endete und von dem nichts mehr übrigblieb als ein ungeheuer starkes Gravitationsfeld, das nie mehr von sich fortläßt, was in seinen Bann gerät. Auch nicht das Licht.

13. Kapitel

Computer entschlüsseln Gedanken

Die Parapsychologie schickt sich an, Beweise für die Überwelt einer höheren Dimension zu sammeln, die in unsere hineinwirkt und sie umgibt. In ihr erhalten Raum, Zeit und Materie eine andere Rolle – jedes paraphysische Phänomen, sei es nun Telepathie oder Hellsehen oder gar Materialisation, deutet darauf hin. Teleportation, wenn auch sehr selten, läßt sich nachweisen bei tibetanischen Mönchen. Ebenso bei dem italienisch-brasilianischen Medium Mirabelli, das bei Sao Paulo aus einem Kreis vieler Personen verschwand und im gleichen Augenblick 90 Kilometer entfernt auftauchte – in seiner irdischen Gestalt und nicht etwa als Astralwanderer.

Auf diese Dinge, von denen wir nur sehr spärlich, aber doch immerhin etwas ahnen oder gar wissen, muß hingewiesen werden. Denn bisher haben wir lediglich vom »physischen« Antrieb der Raumschiffe gesprochen, der zwar der irdischen Technik unendlich überlegen ist, aber als eine »Supra-Physik« immerhin verständlich erscheint. Daneben spielt jedoch die zeitlose Teleportation eine bedeutende Rolle, und sie gehört zweifellos schon zur Paraphysik. Zeitlos heißt, daß die Planetarier in ihren Raumschiffen *sofort*, also ohne Zeitverlust, an ihrem Ziel eintreffen und sich dann auf die erforderliche dreidimensionale Schwingungsebene begeben. Mit anderen Worten: Sie reisen für uns unsichtbar und materialisieren sich erst am Ankunftsort. Dazu bauen sie mit Hilfe eines über die Kernfusion erzeugten Neutronenstroms ein Magnetfeld auf, dessen Energie Materie verwandelt und sie in eine andere Dimension transportiert.

Die Reise zur Erde scheint demnach risikoloser zu sein als die Anpassung an unsere Verhältnisse. Auf deren Problematik weisen schon die Einflugschneisen der Raumschiffe hin, die alle über den Nordpol führen und somit den gefährlichen Strahlen des Van-Allen-Gürtels ausweichen. Dessen »Sog« kann magnetische Turbulenzen hervorrufen, die offenbar allein die Ursache für den Absturz von UFOs waren und auf Bedienungsfehler der Piloten hindeuten – je nachdem, auf welcher Stufe der »Vollkommenheit« sie stehen, ist das also auch bei ihnen möglich.

Das Eindringen in die Erdatmosphäre vollzieht sich in vier Stufen.

Um von einer Dimension in die andere überwechseln zu können (in diesem Fall von einer höheren in die dreidimensionale), wird zuerst die Vibrationsgeschwindigkeit herabgesetzt. Dadurch entsteht – und dies ist bereits die Stufe 2 – ein Energieverlust. Dieser Verlust ändert drittens die Ebene der Energie und damit auch ihre Form – so lange, bis das Raumschiff schließlich in der vierten und letzten Stufe mit der irdischen Materie konform geht. Die Wirkungen mögen für den Laien verblüffend sein, aber sie sind – gemessen an der »Elle« des kosmischen Wellengitters – geradezu zwingend logisch: Setzt das Raumschiff seine Vibrationsgeschwindigkeit herab, so wird es bereits sichtbar, jedoch nur als Projektion. Berührbar ist es erst, wenn es sich der irdischen Materie völlig angeglichen hat.

Auf unserer Erde leben Industrienationen neben Ur-Stämmen, deren Bewußtsein die Steinzeit nicht verlassen hat. Es wäre deshalb absurd, wollten wir für den Kosmos eine Entwicklung zu immer höheren geistigen Ebenen ausschließen und es für unmöglich halten, wir lebten – gemessen an außerirdischen Kulturen – in der Steinzeit des Universums. Aus diesem Universum blitzt zuweilen ein Impuls in unsere Seelen und kündet von einer Allgegenwärtigkeit, die nicht an Zeit und Raum gebunden ist und ausschließlich im »Ist« lebt. Dazu sind in der Tat sehr hoch entwickelte Wesen fähig, die frei im Raum auf einer exzellenten Bewußtseinsebene existieren, die Zeit und Raum erst unterliegen, wenn sie sich auf die dreidimensionale Ebene begeben, und deren Materie – ihre eigene oder auch die ihrer Raumschiffe – aufgrund ihrer Feinstofflichkeit alles zu durchdringen vermag. Erinnern wir uns nur noch einmal an jenes Erlebnis, das die Besatzung des zweiten Apollo-Mondflugs aufgeregt an die Bodenstation meldete, als sie sich von einem unbekannten Raumschiff verfolgt sah. Im nächsten Augenblick schon war es nicht mehr zu sehen, dafür aber die Apollo-Kapsel von einem seltsamen Licht erhellt, und die amerikanischen Astronauten hatten das merkwürdige Gefühl, in ihrer Kabine nicht mehr allein zu sein, die Gegenwart eines unbekannten anderen zu spüren.

Aus dieser Sicht wirkt nichts mehr utopisch, schon gar nicht jenes bereits »klassische« Beispiel einer uns unbegreiflichen Teleportation, die sich im Mai 1958 in Argentinien ereignete. Rechtsanwalt Dr. Gerardo Vidal aus Buenos Aires war mit seiner Frau im Auto auf dem Weg von einer Familienfeier nach Hause, vor ihnen fuhren zwei Freunde. Die Freunde kamen an ihr Ziel, die Vidals nicht. 48 Stunden später erreichte die Freunde ein Telefonanruf des argentinischen Konsulats im 5000 Kilometer entfernten Mexico City – die

Vidals hatten sich dort gemeldet. Tage später kehrte das Ehepaar zurück und schilderte, an einer Ortsausfahrt habe sich plötzlich ein »dichter Nebel« über ihren Wagen gesenkt. Beide hätten sie das Bewußtsein verloren. Als sie wieder erwacht seien, hätten sie sich *mit ihrem Wagen* am Rand einer Straße in ihnen völlig unbekannter Landschaft befunden. Sooft sie auch Vorbeikommende fragten, wo sie sich eigentlich befänden, die Antwort blieb immer die gleiche: in Mexico! Das Auto der Vidals, das unverändert gut lief, dessen Lack jedoch verbrannt war, als sei jemand mit einem Schweißgerät darübergefahren, wurde zur Untersuchung in die Vereinigten Staaten gebracht. Das Ehepaar selber fühlte Schmerzen im Nacken, klagte aber sonst über keine Beschwerden. Der Fall ist durch Aussagen beeidet, amtliche Stellen legten aber den Vidals nahe, über ihr sonderbares Erlebnis nicht zu sprechen.
Seitdem die amerikanische Marine mit ihrem bereits geschilderten »Philadelphia-Experiment« mehr ungewollt als zielstrebig nicht nur Laurins Tarnkappe, sondern auch dem Geheimnis des zeitlosen Transports von Materie auf die Spur kam, beschäftigen sich die Ingenieure amerikanischer Konzerne unter strenger Geheimhaltung mit den Problemen der Teleportation. Von den Außerirdischen werden sie längst beherrscht. Sie isolieren ein Stück »Raum« in Kubus-Form und bringen darin alles unter, was sie mitnehmen wollen. Die Vibrationsfrequenz dieses Kubus wird zuerst neutralisiert, also gewissermaßen auf Null-Schwingung »zurückgedreht«, und dann auf die Frequenz des Bestimmungsortes eingestellt. Aus jeder Entfernung, selbst wenn sie Milliarden Lichtjahre zählt, sind sie im gleichen Augenblick, in dem die Frequenz des Bestimmungsortes »programmiert« ist, auch schon am Ziel.
Die Teleportation von Menschen wiederum vollzieht sich durch Umwandlung des Körpers in Energie; er wird in seine Grundwasserstoffatome aufgelöst und am Zielort durch dort vorhandene Atome wiederaufgebaut.
Seit ihnen Menschen nicht gerade freundlich begegneten, auf sie schossen und gar ihre Raumschiffe anzugreifen versuchten, bedienen sich die Planetarier zur Beobachtung vermehrt sogenannter Telemeterscheiben, ferngelenkt und elektronisch und von 12 Zentimeter bis 2,4 Meter Durchmesser. Diese Roboter sind nicht nur fähig, Daten von der Erde an die Raumschiffe zu übermitteln, sondern auch durch ganz bestimmte Programme Menschen zu beeinflussen. So speichern und geben sie auf Abruf Gedanken und Stimmungen von Menschen weiter und üben darüber hinaus telepathische Funktionen aus. Ihre Existenz ist vielfach bestätigt wor-

den, so etwa nachts über Häusern verharrend oder im Tiefflug über Landstraßen, wobei sie Bäume und Straßenschilder streiften oder gar beschädigten. In Frankreich beobachteten Dorfbewohner eine solche Scheibe, die mehrfach eine Brücke kreuzte und dabei durch das Kraftfeld ihres Antriebs Schilder zum Schwingen brachte. Einem amerikanischen Studenten, der sich lesend auf seinem Bett niedergelegt hatte, flog eine Telemeterscheibe durch das offene Fenster in sein Zimmer, durchquerte es mehrfach, verharrte in den Ecken, als wollte sie alles genau registrieren, und verschwand schließlich wieder auf demselben Weg, auf dem sie gekommen. Der Student war während dieser Zeit wie gelähmt und vermochte sich vor Schrecken nicht zu rühren. Diese Roboter haben sich in Notfällen durch eine Art »Explosion« selbst vernichtet – etwa wenn sie durch Beschädigung unbrauchbar wurden – oder aber entmaterialisiert, um sich etwaiger Verfolgung zu entziehen.

Über die Telemeterscheiben werden Gedanken in beiden Richtungen übermittelt. Auf diese Weise erklärt sich nun auch die manchen verblüffende Frage, wieso sich die Außerirdischen bei Begegnungen mit Menschen in der jeweiligen Muttersprache verständigen konnten.

Denn: In den Raumschiffen befinden sich Datenbänke, in denen Sprachen und deren Gedankenbilder gespeichert sind. Roboter-Meßzellen geben die Impulse weiter, die aus zwei Komponenten bestehen – dem Gedankenbild und dem dazugehörenden Wort. Diese Impulse werden in einem Frequenzmodulator zerlegt, in zwei Kreise eingespeist und gespeichert. Der Gedankenimpulskreis wiederum zerlegt das Bild in seine Grundkomponenten. Diese Komponenten des empfangenen telepathischen Signals werden mit denen in den Speicherbänken des Schiffes verglichen; ein Analysator sucht den Impuls, der dem empfangenen entspricht. Ein Relais schaltet danach eine zweite Speicherbank ein, die alle Worte birgt, die den Gedankenimpulsen der ersten Bank entsprechen. Um es an einem Beispiel zu erläutern: Spricht ein Mensch das Wort Flasche aus oder denkt er es auch nur, so entsteht gleichzeitig vor seinem geistigen Auge das Bild der Flasche. Beides, Bild und Wort, wird von dem Frequenzmodulator empfangen und in seine Bestandteile zerlegt, anhand des Gedankenbildes ist es dann wahrhaft keine »Hexerei« mehr, das passende Wort in der jeweiligen Sprache zu finden. Da auch ein Gedanke nichts weiter ist als ein Energiestrahl, vermögen die Speicherbänke in den außerirdischen Raumschiffen sogar die Reinheit und Ehrlichkeit jeglicher Gedankenregung zu erkennen. Im Brief eines Außerirdischen – auch das gibt es – heißt es dazu wörtlich: »Man fängt auch jede Gedankenart auf. Die, die aufrichtigen Herzens sind – was aus den Strömungen und Symbolikas der Gedankenbildungen im Äther transformiert wird und im Schiff wiederum plastisch dargestellt zu sehen ist –, sind im Spinnennetz der Telepathie-Instrumente außerirdischer Raumschiffe.«

Eine weitere Möglichkeit, Vorgänge und bestimmte Menschen auf der Erde zu beobachten, besitzen die Planetarier durch ihre Fernsehtechnik. Sie ist nicht nur in der Lage, Mauern zu durchdringen, bis in die Keller zu »leuchten« und Häuser auf diese Weise für außenstehende Beobachter transparent zu machen, sondern auch aus jeder Entfernung innerhalb von 400 000 Kilometern das Bild so heranzuholen, als sei das Objekt nur eineinhalb Meter von der »Kamera« entfernt. Auf den Bildschirmen ist das Geschehen dann dreidimensional, also plastisch, zu sehen. Natürlich auch zu hören.

Telepathische Impulse, gleichgültig ob von Lebewesen zu Lebewesen oder über die Telemeterscheiben, werden nicht nur zur direkten Verständigung benutzt, sondern auch zur Ideeneingabe im Schlaf (Somnivision). Dies macht auch verständlicher, weshalb die elektronischen Roboterscheiben nachts über Häusern gesehen wurden. Diese Impulse, die Menschen – ohne daß ihnen dies bewußt wird – in eine bestimmte Willensrichtung steuern, »reisen« auf der universellen Frequenz, die willentlich veränderbar ist und daher auf die individuelle des Partners eingestellt werden kann, die wiederum nur auf einer ganz bestimmten, nicht veränderbaren und sich von allen anderen unterscheidenden Wellenlänge schwingt. Höhere Raumwesen sind darüber hinaus infolge ihrer Feinstofflichkeit fähig, in den Körper des anderen direkt einzudringen; ihre Stimme wird unter Umgehung der Gehörsensoren sofort im Gehirn vernommen.

Von Albert Einstein stammt die griffige Formulierung: Materie ist »gefrorene Energie«. Es ist nun wohl deutlich geworden, wie sehr das Beispiel vom kosmischen Wellengitter der Wahrheit entspricht und nicht dem Hirn eines Phantasten entspringt. Alles ist Energie: Ton, Geruch, Farbe, Gefühl, der Gedanke, dessen Spur im Kosmos unauslöschlich bleibt. Je höher die Frequenz schwingt, um so höher ist auch die Bewußtseinsebene, um so feinstofflicher ihre Materie. Um es noch anders, wenn für uns auch nicht schmeichelhafter zu formulieren: je dichter die Materie, um so dümmer, je lichter, um so intelligenter.

Da alle Frequenzen ineinander übergehen und jede Vibrations-

oder Daseinsebene ihre feste Materie besitzt, so ergeben sich Universen ohne Ende. Das unbegrenzte Bewußtsein jedoch enthält und umfaßt alles, was existiert und was durch Gedanken oder Imagination erschaffen werden kann. Wer sich also willentlich einstellt auf diese Energievibrationen, entdeckt neue Welten: fest, sichtbar, berührbar, real. Natürlich: Für den Menschen ist dies weder beweisbar noch nachzuvollziehen, und so mag diese Erkenntnis auch unter jenen, die der Weite ihrer Seele sonst nachzuspüren geneigt sind, nichts weiter sein als eine imaginäre Möglichkeit, von Phantasten zur Wahrheit postuliert. Ein Geistesforscher, dem ein Bekannter wohl um eine Spur zu fanatisch vorhielt, der Geist sei absolut und er selber Teil dieses Geistes, er brauche also nur zu wollen und könnte dann alle Dinge vollbringen, entgegnete darauf spöttisch: »Dabei meistern Sie nicht einmal Ihre eigenen Probleme – obwohl Sie es wollen.« Solcher Spott bedenkt wohl kaum, daß seine Bemerkung lediglich die Unfähigkeit des Bekannten nachwies, nicht aber, daß Wille dies überhaupt nicht vermöchte. Auch ein Fakir läßt sich nicht dadurch leugnen, indem man sich selber vom Nagelbrett durchbohren läßt. So hat eben jede Geistesrichtung ihre Auswüchse ins Abstruse, wobei abstrus nicht nur sein kann, das Irrationale als allgemeinverbindlich zu betrachten, sondern auch die fatale Neigung, die irdische Enge geistig nicht zu sprengen.

Warum also sollte sich Einsteins zu Materie »gefrorene« Energie nicht »auftauen« und in einer anderen Dimension wieder »einfrieren« lassen? Weshalb erscheint uns dieser Gedanke phantastisch, obwohl wir ihn sozusagen selber schon verwirklichen? Was ist denn unser Fernsehbild, das wir auflösen, über unsichtbare Wellen transportieren und dann wieder zusammensetzen, so sehr viel anderes? Gewiß schicken wir nicht das Bild selber in die Häuser, sondern nur unendlich viele Projektionen des Originals, erst recht nicht transportieren wir sie in eine andere Dimension – aber wurde der erste Schritt nicht schon vollzogen? Weshalb sollten wir uns nicht daran gewöhnen, das Energiewellengitter als die Statik des Kosmos zu betrachten, nach deren Gesetzen sich alles abspielt und die uns erst dann verständlich wird, wenn wir ihr Prinzip erkannt haben? Das amerikanische »Philadelphia-Experiment« ist ein sehr gutes Beispiel für blindes Tasten nach neuen Räumen, so als würden wir ein Haus bauen, ohne vorher die Statik zu berechnen, und es dem Zufall überlassen, ob das Gebäude nun hält oder nicht.

Halten wir darum noch einmal fest: Substanz oder Materie – das ist nichts weiter als Energie in Bewegung. Da aber Bewußtsein Energie verschiedener Frequenz und Bewegungsarten erzeugt und diese wiederum Materie, hebt sich nun endgültig der Vorhang, weitet sich der vormals so enge Horizont ins Unermeßliche, erweisen sich Physik und Philosophie, Parapsychologie und jede andere Wissenschaft nur als Betrachtungen eines Tatbestandes aus verschiedenen Richtungen: die Identität mit dem Schöpfungsgedanken wird sichtbar.

14. Kapitel
Botschaften aus dem Jenseits

Auch wenn wir aus Einsteins einheitlichem Energiefeld nun ein kosmisches Wellengitter »stricken« und mit dieser Logik in immer neue Dimensionen und Welten vorstoßen, so liefert uns dieser Gedankenritt durch das All natürlich keinen handfesten dreidimensionalen Beweis. Die »Realisten« unter uns verweisen solchen Aufbruch in ein neues Zeitalter in die Ecke der Schwärmer und Sektierer und nennen ihn – sofern ihnen eine Art toleranter Arroganz sarkastischen Spott verbietet – die Eskalation des Phantastischen. Aber der Hut, den sie sich dabei aufsetzen, begrenzt eben nur den eigenen Horizont, selbstverständlich auch den so mancher Esoteriker. Aus deren Feder schreibt sich das besonders hübsch und erhaben: »Halten wir uns an das, was die spirituelle Forschung einerseits und die großen Erleuchteten andererseits verbindlich für uns aussagen. Der Weg zur Erleuchtung ist gerade, einfach und klar und folgt einem inneren Gesetz. Er führt mit Sicherheit nicht über eine Bewußtseinsform, die erfüllt ist mit Phantomen und Phantasmagorien.« So eben versucht ein »Erleuchteter« seinen Hut nur einem anderen »Erleuchteten« aufzustülpen – wenn Sie so wollen: der Papst dem Luther und der Luther dem Papst. Das Ergebnis waren die Glaubenskriege, davor, danach, bis heute.

Aber sowenig die Glaubwürdigkeit der Bibel an einer Konfession oder Sekte gemessen wird, sowenig läßt sich die Nicht-Existenz außerirdischer Raumschiffe mit der Engstirnigkeit mancher UFO-Schwärmer belegen. Sicher trübt deren unbeholfener Gedankenfluß das Bild, sicher kippt deren Eifer angesichts einer neuen Heilslehre ins Exaltierte um, und ebenso sicher basteln nun manche an einem neuen Hut für die Menschheit, der den kosmischen Horizont nur durch eine weitere Spielart der Rechthaberei einengen würde. Aber gibt es Beweise gegen UFOs?

Es gibt keine, doch es gibt einige dafür. Aldrins Aufnahmen kurz vor der ersten Mondlandung etwa. Oder die Anweisung an die Astronauten, auf dem Erdtrabanten notfalls nur hastig ein paar Gesteinsbrocken einzusammeln und den sofortigen Rückflug zur Erde anzutreten; welchen Sinn sollte dies haben auf einem angeblich toten, unbewohnten Gestirn? Oder die beiden Werftarbeiter von Pascagoula, die – unverbildete, einfache Menschen – unbeirrt bei ihrer so unglaublich klingenden Schilderung blieben und sich weder dem Lügendetektor noch dem Hypnotiseur beugten. Woher will ein seriöser Wissenschaftler den Mut nehmen und behaupten, hier hätten nur die Hirne der beiden ein Phantasiebild projiziert? Selbst wenn wir dies annähmen trotz der absolut unwahrscheinlichen Hypothese, in zwei nicht gerade übersinnlich begabten Köpfen spuke zur selben Sekunde und in genau übereinstimmenden Phasen der gleiche irrationale Vorgang – wenn dies also so wäre, woher nähme der Geist solch kraftvolle Phantasie, die bar jeder irdischen Realität ist? Wiese nicht gerade auch diese Theorie wiederum über den Menschen hinaus auf noch Verschlossenes, Unerklärliches, wenn nicht gar Unsterbliches? Blitzte in solchen Augenblicken nicht ein uns seit Jahrmillionen vererbter und in seelischen Tiefen schlummernder »kosmischer Code« auf, der uns Impulse zu höherem Bewußtsein gäbe?

Eine dem Goldenen Kalb unterworfene Gesinnung läßt zwar immer weniger Menschen an ein Weiterleben nach dem Tode glauben, in Westdeutschland zum Beispiel ist es nur jeder dritte. Aber die Beweise, die den Tod nur als einen Übergang zu höherem Leben kennzeichnen, wären selbst dann nicht auszulöschen, wenn keiner mehr an ein Jenseits glaubte. Klinisch Tote rief man wieder ins Leben zurück und erfuhr staunend aus ihrem Munde, sie hätten die Astralreise bereits angetreten gehabt und sich glücklich gefühlt und die Rückkehr zur Erde nur widerwillig hingenommen. Menschen berichteten in Hypnose von einem früheren Leben und äußerten sich in ihnen zuvor völlig fremden Sprachen. Ein Brasilianer operierte und heilte Menschen, obwohl er nie Medizin studiert hatte, und behauptete, er befolge nur die Befehle aus einer anderen Welt. Auf den Philippinen vermag ein Mann mit seinen Händen in die Körper Kranker zu greifen, ihnen Organe zu »operieren« und danach seine Hände wieder aus den Leibern zu ziehen, ohne daß sich eine Wunde zeigt oder gar ein Tropfen Blut fließt. Ein Spuk?

Und auch dies ein Spuk? Sai Baba, ein nun fünfzigjähriger Inder und in seiner Heimat wie ein Gott verehrt, vermag mit einer Handbewegung aus dem Nichts Materie zu formen: goldene Broschen für seine Besucher, Fotografien von sich selber, im Grunde alles, wonach ein Herz begehrt. Seine geradezu phantastischen paranormalen Fähigkeiten sind unumstößlich bezeugt, sogar fotografiert worden. Die Frage, woher er diese Kräfte erhalten habe, beantwortet er nie. Nur dies: daß in jedem Menschen das Talent zu solchen Wundertaten schlummere, daß jeder diese Gabe verlieren werde, wer für sich selber sie nutzen und ausnutzen wolle, daß demnach

Böses ernte, wer mit diesen Kräften Böses beabsichtige. Wer die höchste Stufe der Spiritualität erreicht hat, so Sai Baba, dem sind psychische und psychokinetische Kräfte bloße Nebenprodukte.
Nun gilt Asien ohnehin als ein Kontinent der Weisen und Gottsucher. Nicht umsonst rankt sich um Tibet und Nepal der Begriff »Dach der Welt« – jenes Dach, auf dem man Gott am nächsten ist. Entrückt von der Hetze einer unsteten Zivilisation, haben sich dort seit uralter Zeit hohe ethische Gesetze erhalten und ein selbstverständliches Bewußtsein von der Einheit der Natur. Die Religion prägt den Alltag dieser Menschen unauslöschlich, und was Steve Backster in Amerika nur durch Zufall entdeckte, nämlich die Gemütsregungen der Pflanzen, gehört bei den Sherpas unverbrüchlich zur beispielhaften Morallehre: dort versündigt sich, wer einen Baum fällt, ein Tier schlägt, ein Kind zum Weinen bringt. Der Glaube an Karma und Wiedergeburt, an das Walten einer kosmischen Ethik verbietet es den Menschen am Fuße des Himalaya, sich die Erde in verblendeter Selbsteinschätzung untertan zu machen.
Sie würde auch nicht aus der Fassung bringen, was vor nun sechzig Jahren in einem böhmischen Dorf geschah. Damals lief der vierjährige Bub einer Familie vor Freude, seinen Großvater auf dem Hof zu sehen, splitternackt aus dem Bad in die klirrende Winterkälte nach draußen. Das Fieber, das ihn anschließend ins Bett zwang, verschlimmerte sich zur Lungenentzündung, und der Junge weinte und quengelte die ganzen Tage. Als die Krankheit ihren Höhepunkt erreichte, überkam den Jungen plötzlich eine heitere Ruhe. Er lachte laut und sagte zu seiner Schwester, die bei ihm am Bett saß: »Ach, ist das schön. Siehst du das auch? Nein, so etwas Schönes habe ich noch nie gesehen.« Er lachte noch einmal freudig und – starb.
Inzwischen ist die Wissenschaft bis über die Schwelle des Todes hinausgedrungen. Was dem Bub aus Böhmen widerfuhr, fand die in Chicago lebende Schweizer Psychotherapeutin Dr. Elisabeth Kübler-Ross in Gesprächen mit Menschen bestätigt, die schon einmal klinisch tot waren. Das Bekenntnis einer Amerikanerin: »Ich schlüpfte aus meinem Körper wie ein Schmetterling aus der Puppe, ich hatte weder Angst noch Schmerzen. Es war alles schön und friedlich.« Dazu wie zur Bestätigung ein Dichterwort: »Als aus der Raupe ein Schmetterling wurde, betrauerten die Erdenwürmer ihren Tod.« Auch die Schweizer Ärztin ist davon überzeugt, daß es ein Leben nach dem Tod gibt, ein unbegreiflich schönes. So wunderbar, daß alle Patienten, mit denen sich Frau Dr. Kübler-Ross unterhielt, ungehalten und verärgert waren, als sie nach dem

klinischen Tod, aus dem sie die Ärzte wieder zurückholten, in ihre kranken Körper zurückkehren mußten.

In New York bekräftigte die 76 Jahre alte Witwe Betty Patterson ihren Arzt Dr. Frank Cosmos in seinem Glauben an eine schönere Welt. Missis Patterson starb nach einem Blinddarmdurchbruch, konnte aber auf dem Operationstisch nach einigen Minuten wieder zum Leben erweckt werden. Ihre ersten Worte: »Nie wieder werde ich mich vor dem Sterben fürchten!«

Sie schilderte, wie sich »mein eigentliches Ich vom Körper trennte und zur Decke des Raumes schwebte. Von dort konnte ich meinen Körper auf dem Operationstisch betrachten. Dann entschwand die Szene, und ich war plötzlich von sanftem Licht und leiser Musik umgeben. Ein Gefühl tiefer Zufriedenheit, wie ich es noch nie im Leben hatte, überkam mich. Diese Empfindung überwältigte mich derart, daß ich keine Sehnsucht nach dem irdischen Leben empfand. Ich versuchte mich in die Richtung zu bewegen, aus der die Klänge kamen, aber irgend etwas hinderte mich mit Gewalt daran. Wahrscheinlich war die Zeit für die endgültige Trennung von meinem Körper noch nicht gekommen.«

Eine nicht minder faszinierende Schilderung seines Todes und seiner Rückkehr zum Leben gab der französische Schauspieler Daniel Gélin, der am 29. Juni 1971 in Tel Aviv nach einem Herzanfall im Krankenhaus den klinischen Tod erlitt. Auch er fühlte sich plötzlich schwebend, erkannte seinen Körper auf dem Operationstisch und stellte mit Entsetzen fest, daß die Nadel des Geräts, das seinen Herzschlag aufzeichnete, nicht mehr ausschlug. Gélin sah noch, daß der Arzt eine Injektion machte, eine Weile wartete, dann sich seufzend abwandte und eine Krankenschwester Gélins irdisches Gesicht mit dem Bettuch bedeckte. Gélin flehte: »Retten Sie mich!«, aber niemand hörte ihn. Allmählich wich seine Verzweiflung einer Heiterkeit. In den Schatten, die ihn plötzlich umgaben, erkannte er seine Eltern. Eine unbändige Freude erfüllte ihn, und die Mutter nahm ihn an der Hand, um ihn in einen rosafarbenen Märchengarten mit wunderbaren Blumen zu führen. »Pascal ist hier. Schau nur, wie glücklich er sich fühlt.« Pascal war Gélins erster Sohn, der mit 14 Monaten tödlich verunglückte. Gélin: »Jetzt begriff ich, daß der Tod nicht ein grausames Ende des Lebens darstellt. Ich entdeckte, daß es nach dem Erdendasein mehr gab als nur ein trauriges, hoffnungsloses Nichts.« Gélin schilderte weiter, wie er den Jungen in seine Arme schließen wollte. Aber als seine Hand ihn berührte, waren Pascal und der Vater verschwunden. Nur die Mutter konnte er noch undeutlich erkennen, die mit einem traurigen Unterton sagte: »Geh nun, Daniel, es ist Zeit, das Leben wartet.« Gélin wehrte sich und wollte bleiben, wo er nun war, aber eine unwiderstehliche Kraft zog ihn fort. Als er die Augen öffnete, lag er unter der Sauerstoffmaske.

Mit Curd Jürgens weilte am 20. Januar 1967 ein weiterer und nicht minder bekannter Schauspieler im Jenseits. Er ließ sich in Houston vom Leibarzt des ehemaligen Präsidenten Eisenhower eine Plastikader einsetzen; während der vierstündigen Operation stand das Herz einige Minuten still. »Das fliehende Leben erweckte heftige Angstgefühle, ich wollte es unbedingt festhalten, aber es war mir unmöglich. Die gewaltige Glaskuppel des Operationssaales begann sich zu verändern. Sie zeigte plötzlich eine glutrote Färbung. Hinter dem Glas sah ich grimassenhaft verzerrte Gesichter, die mich anstarrten. Gepackt von einer entsetzlichen Angst, versuchte ich mich aufzubäumen und gegen die näherkommenden bleichen Gespenster zu wehren. Dann erschien es mir, als ob die Glaskuppel sich in einen durchsichtigen Dom verwandelte und sich langsam über mich senkte. Ein feuriger Regen fiel hernieder, aber obwohl die Tropfen vom gewaltiger Größe waren, berührten sie mich nicht. Sie zersprangen unter mir, und drohende Flammen züngelten aus ihnen empor.« Jürgens wähnte sich in der Hölle unter den Verdammten, begegnete dem »Tod« in der Gestalt einer schwarzgekleideten Frau und bekannte, ins Diesseits zurückgekehrt: »Eine furchtbare, aber dennoch faszinierende Reise ins Jenseits, die ich in meinem Leben nicht vergessen werde.«

Wohl am umfassendsten und gründlichsten hat jedoch Arthur Ford über das Jenseits berichtet. Ford war zu Lebzeiten das bedeutendste psychische Medium der Welt und hielt in den 45 Jahren seiner Tätigkeit etwa 8000 Séancen ab, die eine erdrückende Fülle von Beweisen für ein Fortleben nach dem Tod erbrachten. Vierundsiebzigjährig starb er am 4. Januar 1971, kurz vorher hatte er sein letztes Buch vollendet. Hinter dessen unumstößlich formuliertem Titel »Bericht vom Leben nach dem Tode« verbirgt sich ein grandioses Weltbild, in dem sich philosophische, physikalische und parapsychologische Erkenntnisse miteinander verbinden und somit zusammenfügen, was die Schulwissenschaft so hübsch getrennt wissen möchte. Ford war seiner Zeit ohne Zweifel voraus, sein Buch strahlt eine Faszination aus, die sich nur einzustellen vermag, wenn nicht Hochmut den Forschungsdrang diktiert, sondern die ethische Elle den Wert aller Dinge bestimmt. Ford erfüllte diese Voraussetzungen in hohem Maße.

Vor allem ahnte er, der mit bedeutenden Parapsychologen, Physikern und Philosophen befreundet war, das kosmische Wellengitter: »Ein großer Teil unseres Universums, möglicherweise der gesamte Kosmos, ist nach festen Gesetzen der Vibration aufgebaut. Wir begreifen die Welt durch unsere fünf Sinne, die auf Schwingungen reagieren. Diese Vibrationen, die im spezifischen Rhythmus der Wellen auf unsere Nervenenden einwirken, machen sich in Sinnesempfindungen wie Sehen, Hören, Riechen, Schmecken und Fühlen bemerkbar. Offenbar verfügen wir aber auch über die Fähigkeit und über Wege, noch viele andere Schwingungen und Krafteinwirkungen als nur die fünf genannten wahrzunehmen. Man kann es auch so ausdrücken: Wir haben sicherlich mehr als nur fünf Sinne. Da aber die Wissenschaft solchen Empfindungen bisher keinen Namen gegeben hat, bezeichnet man sie als ›außersinnlich‹. Das ist natürlich eine unlogische Benennung, da sie dem Wortsinn nach besagt, daß solche Empfindungen eigentlich nichts mit den Sinnen, also auch nichts mit dem Bewußtsein zu tun haben. Dies anzunehmen wäre jedoch wahrhaft unsinnig ... vor allem aber ist uns eine Empfänglichkeit für Gedanken anderer Hirne eigen – sie hat sich so häufig manifestiert, daß sie nicht mehr als ›außersinnliche‹ Erscheinung bezeichnet, sondern als vollgültiger sechster Sinn eingestuft werden sollte. Wenn wir die gewaltige Vielfalt der uns zu allen Zeiten umgebenden Schwingungskräfte in Betracht ziehen, deren wir uns nur selten oder überhaupt nicht bewußt werden, können wir erkennen, wie lächerlich die Vorstellung ist, daß unsere ›fünf Sinne‹ einen halbwegs genauen Eindruck des Universums vermitteln könnten. Und doch wollen die materialistischen Wissenschaftler uns glauben machen, daß wir nur von diesen Sinnesempfindungen Erfahrungen ableiten können. Die Erforschung der noch unbekannten Schwingungskräfte erscheint mir außerordentlich wichtig.«

Dies sozusagen nur als Vorrede über einen Mann, von dem nun noch öfter die Rede sein muß. Ford, der Pfarrer war, erhielt über seinen »Kontrollgeist« im Jenseits, der sich Fletcher nannte und ihm all die 45 Jahre zur Seite stand, im Trance-Zustand detaillierte Mitteilungen »Verstorbener« (eigentlich: zu höherem Bewußtsein Aufgestiegener) an ihre Hinterbliebenen. Was dabei geschildert wurde, deckt sich mit den Nachrichten anderer Medien. Etwa mit dem, was Raymond Lodge, 1915 gefallen, zwei Monate danach seinem Vater über das Medium Gladys Osborne Leonard von seinem neuen Leben berichtete. Sir Oliver Lodge war Physiker und Mathematiker, seine Hauptgebiete umfaßten Radiologie und Elektronentheorie. Seine wichtigsten Entdeckungen waren ein Verfah-

ren zur Bestimmung der Wanderungsgeschwindigkeit gefärbter Ionen und die Erzeugung kurzer elektrischer Schwingungen. Daneben erlangte er Weltruhm als einer der Nestoren der Parapsychologie. Dies über den Vater, um dessen Glaubwürdigkeit zu erhärten. Und nun Raymond Lodge im November 1915 (mit den Worten von Mrs. Leonard, die psychokinetisch begabt war und hauptsächlich in Trance arbeitete):
»Dort, wo er ist, fühlt man nicht so real wie hier. Die Wände erscheinen ihm durchsichtig. Das Schöne, das ihn mit seiner neuen Umgebung aussöhnt, ist, daß die Dinge so fest und körperhaft erscheinen ... Die erste Person, die ihm begegnete, war sein Großvater. Und dann kamen andere, von denen er zum Teil nur gehört hatte. Sie alle schienen so körperlich zu sein, daß er kaum an sein Hinübergehen glauben konnte. Er lebt in einem Haus – einem Haus aus Ziegeln –, und es gibt Bäume und Blumen, und der Boden ist fest und kompakt.« Raymond sah auch Hunde, Pferde, Katzen und Vögel.
Die interessante Frage, was wohl mit Selbstmördern im Jenseits geschehe, ist ebenfalls durch Medien angedeutet und in einigen Fällen durch jene, die den Freitod wählten, bestätigt worden. Danach begleitet der extrem negative, depressive Geisteszustand, in dem sich der Selbstmörder zum Zeitpunkt seiner Tat befand, ihn ins Jenseits hinüber und erschwert es ihm außerordentlich, sich der neuen Situation anzupassen. Oft gerät er darüber in neue Panik, nicht selten bereut er seinen Schritt bitter und vermag seine emotionale Verwirrung nur dann zu durchbrechen, wenn es ihm gelingt, seine Seele mit aller Anstrengung auf die neue Umgebung zu richten. Der Nachteil eines plötzlichen Todes – also auch in Kriegen, bei Katastrophen und Unfällen – scheint hauptsächlich darin zu bestehen, daß die Psyche keine Zeit hat, sich umzustellen. So verweilen die Gedanken auf solche Weise Verstorbener noch lange in irdischen Regionen, sie zieht es unter Umständen mehr wieder zur Erde zurück als auf eine nächsthöhere Bewußtseinsstufe.
Ford selber lag Jahre vor seinem endgültigen Tod schwerkrank in einem Krankenhaus in Florida, schließlich von den Ärzten aufgegeben im Sterbezimmer. Er hörte noch, wie einer der Ärzte der Schwester zuflüsterte: »Geben Sie ihm eine Spritze, warum soll er es nicht leichter haben!« Ford ahnte, was »es« bedeuten sollte. »Im nächsten Augenblick schwebte ich über meinem Bett. Ich konnte meinen Körper liegen sehen, aber er interessierte mich so wenig wie irgendein anderer Gegenstand im Zimmer. Ich empfand nichts

als Frieden, ein Gefühl, daß nun alles gut sei. Dann fiel ich in eine zeitlose Leere. Als ich mein Bewußtsein wiedererlangt hatte, schwebte ich durch den Raum, schwerelos und körperlos. Und doch war ich ›ich selbst‹ und befand mich in einem grünen, rings von Bergen umgebenen Tal, das in Licht und Farben von unbeschreiblicher Leuchtkraft getaucht war. Von überall her kamen Leute auf mich zu, Menschen, die ich gekannt und tot geglaubt hatte. An viele hatte ich seit Jahren nicht mehr gedacht, aber jeder, den ich einmal gern gehabt hatte, schien zu meiner Begrüßung gekommen zu sein. Alle waren mehr durch Persönlichkeitsmerkmale als durch ihr Äußeres wiederzuerkennen. Ihr Alter hatte sich verändert. Einige, die als ältere Menschen gestorben waren, erschienen jetzt jung, andere, die als Kinder dahingeschieden waren, begrüßten mich als Erwachsene ... Etwas hat mich überrascht: Einige Leute, die ich zu sehen erwartet hatte, waren nicht da. Ich fragte nach ihnen. Doch im gleichen Augenblick schien sich ein dünner, durchsichtiger Film über meine Augen zu legen. Das Licht wurde schwächer, und die Farben verloren an Leuchtkraft. Diejenigen, mit denen ich gerade gesprochen hatte, konnte ich nicht mehr erkennen, aber wie durch einen Nebel sah ich jetzt die anderen, nach denen ich gefragt hatte. Auch sie waren wirklich, doch als ich sie erblickte, spürte ich, wie mein Körper schwerer wurde; irdische Gedanken gingen mir durch den Sinn. Mir war klar, daß ich eine niedrigere Sphäre vor mir sah ... dann war alles vorbei. Ein sanftes Geschöpf, das wie ein Symbol ewiger Jugend aussah, aber Kraft und Intelligenz ausstrahlte, stand neben mir. ›Mach dir keine Sorgen um sie‹, sagte es, ›sie können hierher kommen, wann immer sie wollen, sofern sie es mehr als alles andere wünschen.‹«

Die nun folgende Schilderung ist von immenser Bedeutung, und über sie kann nicht genug nachgedacht werden. Sie enthält in ihren Grundzügen bereits das, was in den Botschaften der Außerirdischen an ihre Kontaktpersonen auf der Erde immer wieder und wieder mahnend beschworen wird und wovon im nächsten Kapitel ausführlich gesprochen werden muß: von der Mission der Planetarier, die in ihren Raumschiffen zu uns reisen oder bereits unter uns weilen.

»Irgendwann – ich hatte keinerlei Zeitgefühle mehr – fand ich mich vor einem blendendweißen Gebäude stehen«, fuhr Ford weiter. »Als ich eingetreten war, bedeutete man mir, in dem riesigen Vorraum zu warten, bis über meinen Fall entschieden worden sei. Durch große Türen konnte ich zwei lange Tische sehen, an denen Leute saßen und sprachen – sie sprachen über mich. Schuldbewußt begann ich mit einer Bestandsaufnahme meines Lebens. Sie ergab kein sehr erfreuliches Bild. Die Leute an den Tischen waren mit der gleichen Bilanz beschäftigt, aber das, was mir Kummer machte, schien für sie weniger gravierend zu sein. Die herkömmlichen Sünden, vor denen man mich als Kind gewarnt hatte, wurden kaum beachtet. Aber es gab ernste Besorgnisse wegen solcher ›Delikte‹ wie Selbstsucht, Egoismus, Dummheit. Wiederholt fiel das Wort ›Verschwendung‹ – nicht im Sinne von Ausschweifung und Liederlichkeit, sondern als Vergeudung von Energien, Talenten und Gelegenheiten. Auf der anderen Seite wurden lobend einige geringfügige Dinge erwähnt, die wir alle von Zeit zu Zeit tun, ohne ihnen irgendwelche Bedeutung beizumessen. Die ›Richter‹ versuchten, die Grundzüge meines Lebens herauszufinden. Sie erwähnten, daß ich versäumt hätte, das zu erfüllen, ›wovon er wußte, daß er es fertigzustellen haben würde‹. Es schien, daß mir eine Aufgabe zugedacht gewesen war, die ich nicht erfüllt hatte. Es hatte offenbar einen Plan für mein Leben gegeben, den ich nicht begriffen hatte. ›Sie schicken mich wieder zurück‹, dachte ich voller Bedauern. Nie habe ich herausfinden können, wer diese Leute waren. Als man mir sagte, daß ich in meinen Körper zurückkehren müsse, in diese gemarterte, kranke Hülle, die ich in dem Krankenhaus in Florida zurückgelassen hatte, wehrte ich mich heftig. Ich stand vor einer Tür. Ich wußte, wenn ich hindurchginge, würde ich wieder dort sein, wo ich hergekommen war. Ich beschloß, mich nicht von der Stelle zu bewegen. Wie ein bockiges Kind stemmte ich meine Füße gegen den Türrahmen und schlug wild um mich. Plötzlich fühlte ich, wie ich durch den leeren Raum stürzte. Ich öffnete die Augen und blickte in das Gesicht einer Krankenschwester. Ich hatte mehr als zwei Wochen im Koma gelegen.«

Ford gab dieses Erlebnis mit allen Vorbehalten weiter; er war sich bewußt, seinen Ausflug ins Jenseits könnten Skeptiker rundweg als einen Traum erklären, verstärkt noch durch die Injektion eines bewußtseinsverändernden Medikaments. Bestätigt wurde die Astralreise allerdings durch Verstorbene, die anderen Medien davon mitteilten. Selbst angenommen, diese Medien hätten aus Fords Gedächtnis gelesen, so bleibt dennoch ein nicht geringer Rest von Ungewißheit. Denn Ford hatte – wahrscheinlich in Trance – noch andere Kurzvisiten ins Jenseits unternommen, von denen er selber nicht das Geringste wußte, über die aber ebenfalls durch andere Medien berichtet wurde. Aus welchen Quellen hatten in diesen Fällen die Medien ihr Wissen bezogen?

Aber was in den westlichen Zivilisationen auf soviel Mißtrauen oder gar sarkastischen Spott stößt, gilt etwa in Tibet als unumstößliche Gewißheit. Das »Tibetanische Totenbuch« – ein Brevier, das an einem Sterbelager laut verlesen wird – schildert das irdische Dasein als eine Vorbereitung auf den Tod und das danach beginnende ewige Sein. »Lerne zu sterben«, heißt es dort, »und du wirst lernen zu leben.« Überraschend, daß viele Mitteilungen Jenseitiger mit dem Text des Totenbuches nahezu identisch sind. Etwa, wenn es heißt: »Das, was du jetzt wahrnimmst und was in der Realität des Diesseits leer, form- und farblos erschien, das ist die wahre Wirklichkeit.« Und die Seele erfährt, daß dieser strahlende Glanz, dieser »höchste Intellekt – uneingeschränkt, blendend, erregend –« eins ist mit dem eigenen Bewußtsein. »Diese Vereinigung ist der Zustand vollkommener Erleuchtung.« In diesem Augenblick der Erkenntnis, so das Totenbuch, muß die Seele alle Kräfte aufbieten, um sich über die umfassende Weisheit klarzuwerden. Gelingt ihr das und kann sie den Augenblick der höchsten Erkenntnis für immer festhalten, braucht sie nie wieder zu sterben und wiedergeboren zu werden. Sie ist dann eins mit Gott und wirkt von nun an im Kreis der anderen großen Erleuchteten. Geht aber der entscheidende Augenblick ungenutzt vorüber – wegen mangelhafter Vorbereitung, ungenügender Konzentration oder eines ungenügenden Grads geistiger Entwicklung –, so kehrt er nicht wieder bis zum nächsten Tod, der die Inkarnation beendet. Die Seele steigt über die Stufenleiter des Bewußtseins wieder hinab, bis sie zu einem befruchteten Leib gelangt, der es ihr ermöglicht, auf einem ihrem Karma (jenem kosmischen Gesetz also, das bestimmt, jeder habe die Folgen dessen zu tragen, was er geschaffen) gemäßen Niveau wiedergeboren zu werden – auf der Stufe eines Bewußtseins, das das Ergebnis aller ihrer Handlungen während aller ihrer früheren Inkarnationen ist.

Soweit das »Totenbuch«. Der darin auftauchende Gedanke einer Wiedergeburt, selbstverständlicher Bestandteil sowohl des Hinduismus als auch des Buddhismus, ist in der westlichen Welt heftig umstritten, von der christlichen Theologie wird er schlankweg verneint. Das hat einige Wissenschaftler nicht gehindert, sich mit dieser Frage zu befassen. Der berühmteste von ihnen ist Dr. Ian Stevenson, Leiter der medizinischen Fakultät von West Virginia. Er untersuchte in zwanzig Jahren etwa 1300 vermutete Fälle von Reinkarnation. Die Ergebnisse bringen überkommene westliche Ansichten erheblich ins Wanken, zum mindesten lassen sie Fragen zu, die man bisher nicht zu stellen wagte.

Dem Einwand, Reinkarnationsfälle träten angeblich immer nur in Kulturen auf, in denen der Glaube an eine Wiederverkörperung weit verbreitet sei, hält Stevenson jene zahlreichen Fälle aus Ländern entgegen, in denen die Mehrheit der Bevölkerung nicht an die Reinkarnation glaubt. Stevenson nennt auch Gründe, weshalb aus solchen Ländern relativ wenig über dieses Phänomen berichtet wird: Viele fürchten den Spott ihrer Umwelt, andere wieder gelangen erst gar nicht zu der Erkenntnis, sie könnten eine Erinnerung an ein früheres Leben besitzen – eben weil sie gar nicht gewöhnt sind, in solchen Kategorien zu denken.

Ein anderer Einwand bezieht sich auf die Bevölkerungsexplosion. So viele Seelen, wird von dieser Seite argumentiert, könnten nicht alle wiedergeboren sein. Stevenson ging mit der Gründlichkeit des Wissenschaftlers auch diesem Problem nach und fand heraus, daß die Menschheit von ihrem Auftreten auf der Erde an bis heute fast 100 Milliarden gezählt haben müsse. Zur Zeit leben vier Milliarden; jede Menschenseele könnte also durchschnittlich bis zu 25 Inkarnationen erlebt haben.

Fälle, bei denen einem der Atem stockt, gibt es genug. Etwa den der Münchner Bildhauerin Charlotte Goltz, die im Alter von elf Jahren ihren verblüfften Vater fragte: »Gibt es einen Gott Ghadi?« Das Mädchen entwickelte eine mehr als 1000 Worte umfassende Sprache und bediente sich eigenartiger Kult- und Tanzformen. Alles verriet Ordnung und System, ja sogar ein Wissen um uraltes Religionsgut, so daß von kindlicher Phantasie keine Rede sein konnte. Dies um so mehr, als ein Kulturhistoriker herausfand, daß vor Jahrtausenden in vorsemitischer Zeit ein Gott Ghadi in Nordafrika verehrt wurde. Das heranwachsende Mädchen schuf dann, obwohl es nie aus Europa in ein überseeisches Land gereist war, Plastiken von künstlerisch außerordentlichem Wert, die ausschließlich negroide Menschen oder auch Bewohner der Sunda-Inseln darstellten, nie aber Europäer. Die fast brennende Sehnsucht nach Afrika, die das Mädchen fast verzehrte, und seine Ghadi-Sprache, deren Verwandtschaft zu afrikanischen Dialekten von Linguisten nachgewiesen wurde, lassen Zweifler ratlos werden: es verschlägt ihnen die Sprache.

Wohl auch bei den Ergebnissen, die der türkische Professor Dr. Resat Bayer aus Istanbul einem internationalen Kongreß von Parapsychologen in den USA vorlegt: Beschreibungen und Bilder von Patienten, die körperlich sichtbare Spuren von Verletzungen und Operationswunden aus früheren Inkarnationen tragen. Der sensationellste dieser Fälle ist der Knabe Ahmed aus einem kleinen Dorf in der südlichen Türkei mit neun Muttermalen am Körper – Schnittnarben an der Brust und an den Armen und eine unerklärliche Narbe am Hals. Die Eltern bezeugten, daß der Junge mit diesen Wundmalen geboren wurde. Professor Bayer stellte umfassende Nachforschungen an, vor allem versandte er an alle Polizeistationen des Landes ein Rundschreiben, in dem er um Auskunft über einen eventuellen Mordfall bat, bei dem das Opfer durch neun Schüsse getötet wurde. Der Erfolg blieb nicht lange aus. Aus Adana berichtete das Kommissariat dem Professor über einen fünfzehn Jahre zurückliegenden Fall. Damals war auf dem Marktplatz ein Mann namens Mustapha von einem eifersüchtigen Nebenbuhler mit neun Pistolenschüssen getötet worden. Bayer begab sich nach Adana und erhielt die Erlaubnis zur Autopsie des exhumierten Leichnams. An den Knochenverletzungen wies Bayer nach, daß die Wunden am Körper Ahmeds genau jenen des toten Mustapha entsprachen. Bayer nahm darauf den Jungen mit nach Adana und stellte ihn der Familie des getöteten Mustapha vor, ohne ihm zu erklären, welche Bedeutung der Besuch habe. Unter den vielen Personen erkannte Ahmed sofort die alte Mutter Mustaphas, die also in seinem früheren Leben seine eigene Mutter gewesen sein muß. Ahmed ging wortlos auf die alte Frau zu, küßte ihr die Hände und weinte. Die gleiche Szene wiederholte sich, als er den Söhnen Mustaphas begegnete.

Professor Bayer, der 150 solcher Fälle genau belegt hat, hält es für physiologisch unmöglich, an die Übertragung von Wundmalen auf den Körper eines Neugeborenen zu glauben. Die Erklärung findet er in der Psychokinese: Nur Menschen, die einen gewaltsamen Tod erlitten oder unter schrecklichen Umständen starben, »retten« nach Bayers Erkenntnissen die Erinnerungszeichen an diesen Tod in ihr nächstes Leben. Wer unter solch dramatischen Umständen sterbe, speichere im Geist noch die Erinnerung daran und übertrage sie auf den neuen Körper.

Erstaunen haben in jüngster Zeit Experimente ausgelöst, Menschen unter Hypnose nach früheren Leben zu befragen. Ian Stevenson steht diesen Ergebnissen skeptisch gegenüber, räumt aber immerhin ein, in einer gewissen Zahl von Fällen davon überzeugt zu sein, daß »etwas Wirkliches geschehen ist«. Etwa bei »Bridey Murphy«.

1923 wurde Virginia Burns Tighe in Madison im amerikanischen Bundesstaat Wisconsin geboren. Der Vater ließ sich früh scheiden, Virginia lebte danach bei einer Tante in Chicago. An ihrer Kindheit gab es nichts Bemerkenswertes. Nach kurzem Studium heiratete sie, ihr Mann fiel im Zweiten Weltkrieg. Sie zog nach Denver, lernte dort ihren zweiten Mann Brian Tighe kennen und siedelte mit ihm schließlich nach Pueblo über. Dort machten sie die Bekanntschaft eines Geschäftsmannes, Morey Bernstein, der sich für Parapsychologie interessierte und sich zum Hypnotiseur ausbildete. Versuche ergaben, daß Virginia Tighe außerordentlich sensibel war und für ein Experiment geeignet, dem Geheimnis der Wiedergeburt auf die Spur zu kommen.

Bernstein versetzte sie über ihre Geburt hinaus in die Vergangenheit zurück. Virginia berichtete in Hypnose von Irland und behauptete, Bridey Kathleen Murphy zu sein, die Tochter des protestantischen Rechtsanwalts Duncan Murphy und seiner Frau Kathleen, geboren 1798 im irischen Cork. Sie erzählte von ihrem Bruder Duncan Blane Murphy und einem zweiten Bruder, der schon als Kind gestorben sei. Mit zwanzig Jahren sei sie mit dem Sohn eines katholischen Anwalts protestantisch getraut worden. Ihr Mann Brian McCarthy und sie seien nach Belfast gezogen, wo Brian schließlich an der Queens University Rechtswissenschaften gelehrt habe. Die Ehe blieb, wie Virginia in Hypnose erzählte, kinderlos. Sie, Bridey, sei 1864 in Belfast begraben worden. Da sie für begraben den Ausdruck »ditched« gebrauchte, gab es um dieses Wort heftige Kontroversen, als der Fall bekannt wurde. Jedoch konnte Professor Seanus Kavanaugh, der an der Universität Cork Linguistik lehrte, nachweisen, daß »ditched« eine Abwandlung von to bury (beerdigen) und zwischen 1854 und 1856 nach der großen Hungersnot noch weit verbreitet war. Angezweifelt wurde ferner, daß es damals ein Metallbett, von dem Bridey als Kind Farbe abgekratzt haben will, bereits gegeben habe. Auch hier konnte der britische Forscher Dr. E. J. Dingwall nachweisen, daß in Cork um 1830 Metallbetten in Zeitungsanzeigen angeboten wurden. Insgesamt wurden Virginia Tighes Hypnose-Aussagen als korrekt und zutreffend bezeichnet, auch wenn der Umstand, daß es in Irland bis 1864 keine Einwohnerregister gab, die Überprüfungen erschwerte. Allerdings: Die Familie Tighe mußte Pueblo verlassen, um in Ruhe leben zu können. Die Borniertheit der Nachbarn hatte zu Exzessen geführt.

Auch der Journalist Jess Stearn, mit einem Buch über Geheimnisse aus der Welt der Psyche hervorgetreten, unternahm in Kanada mit dem bekannten New Yorker Hypnotiseur Joseph Lampl eine Hypnose-Reise in die Vergangenheit. In Orillia lebte die siebzehnjährige Joanne McIver, die sich in Hypnose als Susan Garnier-Marrow wiedererkannte. Susan wurde 1832 geboren, als Tochter eines Farmers. Sie erinnerte sich an die Namen verschiedener Nachbarn, erlebte ihre Hochzeit mit dem Farmer Thomas Marrow und dessen

Tod bei einem Unfall und führte danach als Witwe ein entsagungsreiches Leben in einer abgelegenen Hütte. Während der Hypnose durch Lampl veränderte sich Joannes Aussehen; schrägstehende Augen blickten aus einem hageren Gesicht, als gehöre zu diesem anderen Leben auch ein anderer Körper. Sie nannte Preise für Lebensmittel und Güter vor hundert Jahren, ihre Sprache nahm jenen eigentümlich französisch-kanadischen Rhythmus an, der auf die Herkunft in diesem früheren Leben schließen läßt. Susan starb 1903 und Joanne beschrieb genau den Platz, an dem sich das Grab befand. Obwohl sich dort jetzt ein großer Panzerübungsplatz der Armee ausbreitet und die Nachprüfung schwierig werden ließ, ergab sich eindeutig, daß Joannes Angaben der Wahrheit entsprachen.

Weisen schon alle diese Dokumente, die auch wissenschaftlich anerkannt sind, auf Überirdisches, Unsterbliches hin, so muß selbst der größte Spötter vor dem kapitulieren, was er schwarz auf weiß – oder meinethalben auch farbig – nach Hause tragen kann. Gemeint sind jene Bilder, die nur durch Gedanken auf Filme projiziert wurden.

Die ersten Experimente fanden bereits 1912 durch Professor Fukurai an der Kohyassan-Universität in Japan statt. Die fotografischen Platten wurden damals in einer verschlossenen Kassette von sensitiven Personen mit bestimmten Gedankenbildern – etwa der Titelseite eines japanischen Buches – »beschossen«. Die Person mußte ihren Blick so lange darauf konzentrieren, bis das Bild vor ihren Augen zu verschwimmen begann. Das Resultat: Durch die verschlossene Kassette hindurch wurde der Bild-Eindruck auf die fotografische Platte übertragen. Da die Experimente unter strengster Aufsicht vorgenommen wurden, war ein Betrug unmöglich. 1935 nahm Dr. John MacDonald von der englischen Leeds-Universität ähnliche Versuche vor, die ebenfalls positiv verliefen. 1950 baute das DelaWarr-Laboratorium in Oxford diese Erkenntnisse mit dem Gedanken-Radar weiter aus. Die Kamera beruhte nicht auf optischen Prinzipien; sie hielt nicht nur gedankliche Übertragungen von bestimmten Gegenständen auf dem Film fest, sondern sogar die energetische Wirkung religiös-ritueller Handlungen. So unglaublich es auch klingen mag: dem Laboratorium gelang ein Foto von gesegnetem Wasser, über dem strahlend ein Kreuz schwebte. Universitäten in den Vereinigten Staaten schließlich experimentieren in jüngster Zeit mit farbigen Gedankenfotos – und die gelingen ungeachtet aller äußeren Umstände. Licht ist unnötig, die Bilder entstehen sowohl bei vollem Bewußtsein als auch in

Hypnose und gleichgültig, ob sich die Kamera in einem starken Magnetfeld befindet, im Faradayschen Käfig oder hinter einer Abschirmung gegen Röntgenstrahlung. Von diesen Ergebnissen über den Empfang biologischer Signale bis zu den Wort- und Gedankenspeicherbänken in den außerirdischen Raumschiffen läßt sich eine gerade, gedanklich logische Linie ziehen. Unglaubwürdig erscheinen nun eher jene, deren Bewußtsein dort endet, wo ihre Hände nichts mehr greifen und ihre Augen nichts mehr sehen und ihre Ohren nichts mehr hören können, die sich ihre Welt an jener Grenze mit Brettern vernagelt haben, jenseits derer wissenschaftliche Forschung überhaupt erst beginnt.

Die Hochfrequenzfotografie, mit der es gelingt, die Aura von Lebewesen auf den Film zu bannen, ist dem Russen Semjon Davidowitsch Kirlian zu verdanken. Zusammen mit seiner Frau Walentina entwickelte er 1939 ein Spezialgerät, das mit Hilfe von Hochfrequenzimpulsen in einem Hochspannungsfeld Strahlungsentladungen im sichtbaren und ultravioletten Lichtbereich auslöste und fotografisch festhielt. Man weiß inzwischen, daß alle Lebensformen eine Aura besitzen, die einem Energiefeld gleichkommt, das jeden Organismus als Strahlung umgibt. Die Kirlians konnten mit ihren Fotos beweisen, daß sich die Aura in Farbe und Intensität ändert, je nachdem, wie Gesundheit oder Gemütsverfassung eines Organismus beschaffen sind. Ja, sie bewiesen sogar, daß die Aura eines Blattes auch dort noch erhalten bleibt, wo ihm ein Stück herausgerissen wurde. Beinamputierte können auf einer Kirlian-Fotografie noch die Aura-Umrisse ihres ganzen Beines erkennen.

Heute sprechen wir bereits von einer Allbeseeltheit des Kosmos. Selbst die angeblich tote Materie wie Steine oder Metall besitzt einen seelischen Gehalt, wenn auch auf einer ungleich niederen Vibrationsebene als etwa Pflanzen oder gar Tiere. Steine »sterben«, indem sie brüchig werden und zerfallen, Metalle ermüden. Die Kirlian-Fotografie erbringt auch hier den Beweis: Die Aura einer Pflanze ist von zuckenden Flammen umgeben, von vielfarbigen Fackeln und zuckenden Funken, eine Metallmünze hingegen besitzt nur einen gleichmäßigen Glanz. Aber – sie hat ihn.

Theosophie und christliche Esoterik kennen die Akasha-Chronik, jenes kosmische Gedächtnis, in dem sich unauslöschlich Bilder und Texte aus Gedanken, Worten und Handlungen eingeprägt haben. Arthur Ford bestätigte dies; woher er seine Kenntnis bezog, braucht wohl nicht wiederholt zu werden. Von einer geradezu unfaßbaren Erfindung kommt jedoch die Kunde aus Italien zu uns. Dort soll der Benediktiner-Pater Pellegrino Ernetti, Lehrstuhlinhaber für Prepolyphonie am Konservatorium Benedetto Marcello in Venedig, zusammen mit zwölf Physikern eine »Maschine« konstruiert haben, die es ermöglicht, die Vergangenheit zu fotografieren. Jesus und sein Leben sollen auf einem dieser Filme abgebildet sein und sogar bestätigen, daß die Ähnlichkeit seines Antlitzes mit dem auf dem Turiner Grabtuch geradezu verblüffend sei. Angeblich soll die »Maschine« von der italienischen Regierung nach Rom in ein Panzergewölbe transportiert worden sein und seitdem dort scharf bewacht werden.

Man wird zugeben, daß eine solche Nachricht auch den Gutgläubigsten überfordert. Ernetti erklärte dazu 1972 in einem Interview mit dem Mailänder Journalisten Maddaloni: »Ich hatte für die Ausarbeitung eine Idee entwickelt, die auf einer von allen Wissenschaftlern angenommenen Grundlage beruht, nach der die Schallwellen und die sichtbaren Wellen nicht zerstört werden, wenn sie einmal ausgestrahlt werden. Im Gegenteil, sie sind ewig und allgegenwärtig. Also ist es möglich, sie zu rekonstruieren, ebenso die Energie, die übrigens nicht verschwindet ... ich betone, daß unsere Studien nichts mit Parapsychologie oder Metaphysik zu tun haben, mit denen man alle Stimmen zu erklären sucht, die vom Jenseits kommen. Nein, in unserem Fall handelt es sich um eine strikt wissenschaftliche Frage, die auf der Grundlage beruht, daß Schallwellen Energie sind und sie eingefangen und rekonstruiert werden können ... wenn das Licht das ursprüngliche Element ist, das alle anderen Energien formt, die in der Materie enthalten sind, so ist es um so mehr möglich, die sichtbare Welle wieder zu rekonstruieren, die die wichtigste aller Energien ist. Wenn wir in der Bibel lesen, daß Gott am ersten Tag das Licht schuf, so bedeutet das, er hat das Element geschaffen, aus dem in der Folge die anderen Elemente entstanden sind.« Seine Entdeckung will Ernetti erst enthüllen, wenn den Amerikanern, die offenbar an einem ähnlichen Versuch arbeiten, der Gegenbeweis gelungen ist. Allerdings gab er auch preis, daß seine »Maschine« selbst Gedanken – »ebenfalls eine Energieausstrahlung« – einfangen könne und ihr Besitzer daher alles erfahre, was seine Umwelt denke. Falls dies stimmen sollte, so sei jetzt schon die Voraussage gewagt, daß die Menschheit diese »Maschine« nie zu Gesicht bekommen wird. So lange wenigstens nicht, bis – und hier nun wieder mit Ernettis Worten – »der Mensch gelernt hat, gut zu handeln, nur das Gute!«

Dennoch: An Ernettis Ideen frappiert die Ähnlichkeit mit dem »Energiemuster« des Alls. Arthur Ford behauptete im Grunde dasselbe: »1. Reine Gedankenstrukturen sind im menschlichen

Leben von erstrangiger Bedeutung. 2. Solche Strukturen können in der menschlichen Gesellschaft und in der Natur unabhängig von irgendwelchen physischen Erscheinungen existieren. Diese beiden Feststellungen bilden die Brücke zwischen der Welt unserer groben physischen Sinne und dem jenseitigen Leben, in einer weitgehend, wenn auch wohl nicht völlig geistigen Welt.«

Die Naturwissenschaft hat im übrigen selbst die Realität unserer dreidimensionalen Welt als Illusion entlarvt. 1931 legte der Physiker Sir Arthur Eddington sein berühmtes Gleichnis von den zwei Schreibtischen vor. Der eine war das Möbelstück, auf das er seine Ellbogen stützte und an dem er schrieb, der andere der Tisch, wie ihn der Physiker sah (und noch sieht) und der nahezu aus leerem Raum besteht, »aus einem schieren Nichts, das von unvorstellbar kleinen Teilen durchsetzt ist, von Elektronen, die um ihre Kerne wirbeln, von ihnen jedoch durch Entfernungen getrennt sind, die hunderttausendmal größer als ihre eigenen Volumen sind. Und dazwischen – nichts: Von diesen wenigen verlorenen Teilchen abgesehen, ist das Innere des Atoms leer. Eddington gelangte zu dem Schluß: ›In der Welt der Physik betrachten wir das Drama des Lebens im Schattenspiel. Das Schattenbild meines Ellbogens ruht auf einem schattenhaften Tisch, und meine Schattentinte fließt über schattenhaftes Papier ... Das offene Geständnis, daß die Physik sich mit einer Welt der Schatten befaßt, ist einer der bezeichnendsten Fortschritte der neueren Zeit.‹« So beschreibt Arthur Koestler in »Die Wurzeln des Zufalls« Eddingtons Überlegungen. Verdeutlichen können wir uns dies noch mit einem anderen Bild. Vibriert ein Atom, so wirbeln seine Elementarteilchen um den Kern wie die Flügel eines Propellers und verdichten Energie zu fester Materie; weder durch einen sich drehenden Propeller noch durch einen Tisch kann die Hand eines Menschen hindurchgreifen. Stünden die Atome dagegen »still« (oder der Propeller), so wäre der Tisch nicht mehr vorhanden, sein »Schattenbild« hätte sich aufgelöst wie der Schattenkreis des Propellers.

Aber noch etwas anderes lehren uns die Flügel eines Propellers: Stehen sie still, so können wir nicht erkennen, was sich hinter ihnen verbirgt, je schneller sie jedoch drehen, um so sichtbarer tritt der bisher vorborgene Hintergrund hervor. Der Zusammenhang zwischen Vibrationsgeschwindigkeit und Dimension wird unverkennbar.

Da ein Atom geordnet ist wie unser Sonnensystem, liegt die Frage nahe, ob wir mit unserer Erde um den winzigen Atomkern einer Überwelt kreisen, ob Leben sich auf diese Weise nach oben fortsetzt und ebenso nach unten, ob in den Atomen des Tisches und aller irdischen Materie ebenfalls Leben herrscht – auf den Elektronen-Planeten, die den Atomkern umkreisen. Dieser Gedanke trägt uns ins Unendliche. Arthur Ford fragte, ob sich der Begriff der Illusion nicht umkehre, ob nicht etwa ein in Gedanken »verlorener« Mensch der Wirklichkeit am nächsten sei, einer Wirklichkeit, »die ihrer Natur nach geistig ist«. Und ob nicht jene, die nie in geistige Regionen vordrangen, in Wahrheit die Verlorenen sind – schlafwandelnde Roboter.

Wie diese geistige Realität beschaffen ist, darüber gibt ein ungewöhnliches Dokument Auskunft. Frederic Myers war zu seinen Lebzeiten als klassischer Philologe bekannt, daneben jedoch mit den physikalischen Theorien und den Grundzügen der modernen Physiologie und Psychologie vertraut. Seine eigentliche Lebensaufgabe fand er schließlich in der parapsychologischen Forschung. Er starb 1901, und erst nach seinem Tod erschien sein Werk »Die Persönlichkeit des Menschen und ihr Überleben des körperlichen Todes«. Ford bezeichnet es als einen »Meilenstein in der Geschichte der Fortlebensforschung«, aber auch als eine nur mit dem begrenzten irdischen Wissen erarbeitete Vorstudie zu seinem Hauptwerk, »das uns zwei Jahrzehnte nach seinem Eintritt in die jenseitige Sphäre erreichte«. Myers meldete sich bei verschiedenen Medien, die in Trance automatisch aufschrieben, was sie von ihm empfingen. Der größte Teil von Myers' Botschaft aus dem Jenseits kam durch ein Mädchen aus dem irischen Cork, das in wenig mehr als einer Stunde beim automatischen Schreiben bis zu 2000 Wörter schaffte.

Myers konzipierte nach zwanzig Jahren »jenseitiger Jenseitsforschung« die sieben Hauptstadien des Lebens – jedes Stadium mit seiner eigenen Eintrittsphase, Periode der Entwicklung und Periode der Vorbereitung auf die nächsthöhere Stufe. Myers bezeichnete als Stufe 1 den Augenblick des Todes, als Stufe 2 den Zustand unmittelbar nach dem Hinübergang, wobei er die Phase mal Zwischenregion, mal Hades nannte. Diese Stufe dauert nach Myers' Bericht nur kurz und wird durch den Aufstieg in eine stabilere Welt, die »Region der Illusion«, aufgelöst. Dieser Stufe 3 folgt dann die »Region der Farbe«, auch »Welt des Eidos« genannt. Hochqualifizierte Seelen dürfen in die »Region der Flamme« – auch »Welt des Helios« – aufsteigen. Die Stufen 6 und 7, »Region des Lichtes« und »Zeitlosigkeit«, sind von so vollendeter spiritueller Natur und so nahe dem Gipfel der göttlichen Schöpfung, daß Myers sich außerstande sah, sie mit Worten seinen irdischen Medien verständlich zu machen – ähnlich dem untauglichen Versuch, einem steinzeitlichen

Kopfjäger auf Neuguinea Funktion und Prinzip einer »Saturn-Rakete« zu erklären.
»Ich bin bisher nur bis zur Stufe 4 gelangt«, teilte Myers mit, »mein Wissen ist deshalb leider begrenzt.« Die Stufe 4 nannte er die Phase der »Zerstörung des alten Weltbildes«, in der man »alle starren intellektuellen Strukturen und Dogmen, gleich ob wissenschaftlich, religiös oder philosophisch, hinter sich lassen« muß. Und obwohl es nun zum erstenmal für ihn schwierig wurde, seine Umgebung mit irdischen Worten zu beschreiben, unternahm er wenigstens teilweise den Versuch: »Es gibt hier Blumen in für irdische Wesen unvorstellbaren Formen und strahlenden Farben. Diese Farben und die Strahlen, wie sie im irdischen Spektrum nicht enthalten sind, werden bei uns in Gedanken und nicht in Worten zum Ausdruck gebracht. Worte sind für uns nicht mehr von Bedeutung ... Es gibt jedoch nicht nur Wahrheit, Liebe und Schönheit, sondern auch Feindschaft, Haß und Zorn. Eine feindliche Mentalität ist imstande, einen Teil unseres aus Licht und Farben bestehenden Körpers mit einem mächtigen Gedankenstoß zu verletzen und zu zerstören. Man muß lernen, Schutzstrahlen auszusenden. Wenn irgend jemand auf Erden dein Feind war und man einander haßte, wird das alte Gefühl wieder aufwachen, wenn man sich hier begegnet.«
Und Myers fährt fort: »Ich brauche meine Gedanken nur für einen – bei euch sogenannten – Moment zu konzentrieren, um eine Personifikation meiner selbst zu schaffen und diese quer durch die ungeheuren Weiten unserer Welt zu einem Freund zu schicken, zu jemand, der mit mir im Einklang ist. Sogleich erscheine ich vor diesem Freund, obwohl ich weit von ihm entfernt bin. Meine Personifikation unterhält sich – wohlgemerkt: in Gedanken, nicht in Worten – mit diesem Freund. Und die ganze Zeit lenke ich das Gespräch aus einer ungeheuren Entfernung, um schließlich, sobald es beendet ist, die aus Gedanken geschaffene Selbst-Personifikation wieder aufzuheben, so daß sie verschwindet.«
Um von einer Stufe zur nächsthöheren fortschreiten zu können, sind nach Myers' Schilderung »Tod« und »Wiedergeburt« erforderlich. Er selber war noch nicht über die Stufe 4 hinausgelangt, muß aber doch wohl schon soviel erfahren haben, daß er annahm, dank der intensiven Erfahrung von »tiefster Verzweiflung und höchster Verzückung« würden nun die letzten Reste kleinlicher Emotionen und Feindseligkeiten abgestreift und die Seele endgültig von ihrer Erdverbundenheit befreit. Myers verfolgte mit seinen Botschaften ein Ziel: die Todesfurcht aus den Herzen der Menschen

zu nehmen und zu versichern, daß es keinen endgültigen Tod gebe, sondern nur Veränderungen des Bewußtseins.

So tauchen auch hier wieder die Bewußtseins- oder Vibrationsebenen auf, und wenn wir Myers' Stufe 1 nicht als den Tod selber annehmen, sondern als das irdische Leben schlechthin, so ergibt sich eine überraschende Parallele zu den Mitteilungen, die Kontaktpersonen von Außerirdischen erhielten. Darin heißt es, daß jeder Mensch sieben Körper besitze. Zuerst einmal auf den vier niederen Bewußtseinsebenen den irdischen physischen Körper, danach einen Ätherleib, dann einen Astralkörper und schließlich den Mentalleib. Dies würde völlig mit dem übereinstimmen, was Myers vor allem von Stufe 4 berichtet, auf der Gedanken alles und Worte nichts mehr sind. Darüber ordnen sich der Kausalkörper, der die vier niederen Körper verursacht, dann der Elektronenleib und schließlich die kosmische Flamme.

Hier schließt sich offenbar der Kreis, der uns umgibt, jener unablässige Strom von Impulsen, dem sich einzelne öffnen und dann Botschaften an uns weiterreichen, ohne daß die Menschheit sich ihrer bedient. Etwa jener geradezu sensationellen Erkenntnis, die der Renaissance-Philosoph Pico della Mirandola 1557 in seiner Schrift »Über das Sein und das Eine« formulierte: »Erstens gibt es eine Einheit der Dinge, durch die jedes Ding eins mit sich selbst ist, aus sich selbst besteht und mit sich selbst zusammenhängt. Zweitens gibt es eine Einheit, durch die ein Geschöpf mit allen anderen vereint ist, und alle Teile der Welt ergeben eine Welt!«

Mein Gott, vor mehr als vierhundert Jahren! Und wir haben es immer noch nicht begriffen.

Wenn aber alle Teile der Welt eine Welt ergeben und somit der Kosmos sich nicht in Diesseits und Jenseits teilen läßt, sondern nur als Einheit begriffen werden kann, ist es dann auch zulässig, eine gerade Linie von den UFOs zum Jenseits zu ziehen? In der Tat gibt es zwei interessante Hinweise, die das zu bestätigen scheinen. Beide stammen aus Brasilien, einem »Mutterland« paranormaler Phänomene.

In Uberarba lebt Chico Xavier, dessen Laufbahn als Medium 1927 begann. Schon seit langem halbblind und nur mühsam zum Lesen fähig, zudem mit dreizehn Jahren von der Schule abgegangen, bringt Xavier wohl kaum die Voraussetzungen mit, der produktivste brasilianische Schriftsteller zu sein. Dennoch schreibt er drei Bücher jährlich – im Trancezustand und nach dem Diktat bedeutender, aber nicht mehr lebender Autoren. Chico behauptet, nicht zu verstehen, was er da täglich unermüdlich produziert – und die

Werke reichen von der Lyrik über die Unterhaltung bis hin zu wissenschaftlichen und religiösen Bänden. Jedes von ihnen trägt unverkennbar den persönlichen Stempel der Verfasser, ist in dem Stil gehalten, den der jeweilige Autor zu Lebzeiten benutzte. Einer dieser Geistautoren ist André Luiz. Er diktierte unter dem Titel »Unsere Heimat« einen zwölfbändigen Zyklus, in dem romanhaft das Leben im Jenseits geschildert wird. Im letzten dieser Romane »Und das Leben geht weiter« sind Evelina und Ernesto die Hauptfiguren, die nach dem Tod auf ihre neuen Aufgaben vorbereitet werden. Eines Tages erhalten sie die Erlaubnis, in einem »fliegenden Fahrzeug« wieder auf die Erde zurückzukehren, um geistige Begleiter ihrer Angehörigen zu werden ...
Der zweite Hinweis kommt von einer Juristin mit Vornamen Tina, geboren in Araraquara, 300 Kilometer von Sao Paulo entfernt. Sie erinnert sich genau an eine frühere Existenz im französischen Vichy und an den Tag, an dem sie ihr Leben verlor – erschossen von einem Soldaten, dem sie die Tür geöffnet hatte. Kurz vor ihrer Wiedergeburt wurde sie »hierher in einem seltsamen Fahrzeug gebracht. Es sah aus wie der Rumpf eines Flugzeugs, hatte aber keine Flügel. Es glitt lautlos dahin.« Tina hat zwei Muttermale, das eine auf der linken Seite ihres Oberkörpers, das zweite am Rücken, genau an der Stelle, wo eine auf ihr Herz gezielte Kugel hinein- und wieder hinausgegangen sein könnte.

15. Kapitel
Strafplanet Erde

Zehn Jahre war der ehemalige amerikanische Fliegerleutnant Mel Noel verpflichtet, nach seinem Ausscheiden aus der Air Force zu schweigen. Dann begann er seine phantastische Geschichte zu erzählen, die ihm 1953 und 1954 widerfuhr. Der Korea-Krieg war gerade beendet, und Mel Noel wurde einer Sonderformation von vier F-86-A-Sabre-Jagdflugzeugen zugeteilt, die nichts weiter zu tun hatten, als unbekannte Flugobjekte zu orten, zu beobachten, zu fotografieren. Die sechs Maschinenkanonen vom Kaliber 50 eines jeden Düsenjägers waren entfernt und durch Kameras ersetzt worden, zum Teil für Infrarotfilme ausgerüstet.

Als Noel mit zwei anderen Kameraden für diesen Einsatz ausgesucht wurde, erklärte man ihnen, dies sei eine Angelegenheit der Staatssicherheit. Alles, was ihnen auf diesen Flügen widerfahre, sei streng geheim. »Reden Sie nicht einmal zu sich selber darüber«, befahl man ihnen, »machen Sie Ihren Bericht, dann löschen Sie ihn in Ihrem Kopf, und dabei bleibt es.« Während mehrerer Stunden wurden ihnen Filme vorgeführt, von Militärflugzeugen aufgenommen. Hunderte von Fotos wurden ihnen gezeigt, darunter auch bei Zivilisten beschlagnahmte. Die Instruktionen betrafen schließlich auch spezifische Luftmanöver der UFOs und deren Formationsflüge.

Zugeteilt wurden die drei Piloten einem Oberst, der eigens von Washington aus dazu abkommandiert war. Noel schildert ihn als einen streng dienstlichen Vorgesetzten, der die erste Zeit nur befahl und nicht bereit war, irgend etwas zu diskutieren, was außerhalb des militärischen Bereichs lag. Allerdings waren die Piloten auch nicht besonders erregt über ihren Einsatz. Obwohl sie Filme und Fotos gesehen hatten, meinten sie übereinstimmend, daß nichts passieren würde. Die Propaganda der Luftwaffe, diese »Dinger« gebe es nicht und es handele sich allemal nur um eine weltweite Täuschung, hatte natürlich auch bei ihnen gewirkt. Sie dachten nicht im Traum daran, jemals etwas Derartiges zu sehen oder gar zu hören.

Noel und seine Kameraden flogen ihre ersten Einsätze zur Orientierung über dem Gebiet der Rocky Mountains in rund 12000 Meter Höhe mit einer Geschwindigkeit von fast 1300 Kilometer pro Stunde. Als sie die erste Sichtung hatten, meldete einer der Piloten:

»Bogies, neun Uhr, unsere Höhe.« Das Wort »Bogey« entstammt dem Luftwaffen-Jargon und bedeutet »fremdes Flugobjekt«, also etwas, was als Typ nicht erkannt werden kann. Es waren sechzehn Stück in senkrechter V-Formation. Sie flogen ungefähr gleich schnell wie die Düsenjäger und blieben ihnen zur Seite. Noel konnte sie verhältnismäßig klar erkennen in den Umrissen. Sie waren von einer »Aura« umgeben, für die Mel Noel den Vergleich mit einer Straßenbeleuchtung oder einer Neon-Lichtreklame im Nebel oder im Regen am treffendsten hielt. Noel: »Ihr Eindruck auf mich? Ich war ziemlich aufgeregt, ich wußte nicht, was los war. Ich hatte niemals vorher auch nur eines von diesen Dingern gesehen, geschweige denn sechzehn von dieser Sorte. Wir flogen näher heran, hatten jedoch Befehl, einen bestimmten Abstand zu wahren. Wir wußten bereits, was mit Flugzeugen geschehen war, die zu nahe herangekommen waren, und hatten nicht die Absicht, dieselbe Erfahrung zu machen.«

Die UFOs brachen aus der Formation aus und formierten sich zu vier Gruppen. Nach einer weiteren Minute demonstrierten sie Manöver, die es – so Noel – »dem Lehrbuch nach gar nicht geben darf. Sie stoppten plötzlich von einer Geschwindigkeit, die wir jetzt auf fast 5000 Kilometer in der Stunde schätzten, und zwar so schnell, wie man ein Licht ausschaltet. Dann beschleunigten sie auf dieselbe Weise. Beim plötzlichen Stoppen waren ihre Umrisse klar zu erkennen. Sie waren schätzungsweise 45 bis 56 Meter im Durchmesser und zwischen sechs und zehn Meter in der Mitte hoch. Wir waren uns nicht ganz darüber einig, ob ihr Mittelteil beim Stoppen erhöht war oder nicht. Beim Beschleunigen änderte sich die Farbe der Aura wie im Spektrum. Es gab keinen Hinweis auf ein Geräusch, da wir selbst ja eingekapselt waren. Wir konnten keinen Geruch entdecken und nichts Besonderes spüren. Mit Ausnahme einer leichten Kompaßabweichung stellten wir keinen Ausfall bei den Instrumenten fest.«

Die Begegnung mit den sechzehn UFOs dauerte etwa acht Minuten. Danach verschwanden die Raumschiffe so rasch und plötzlich, wie sie erschienen waren. Bei der Landung wurden Mel Noel und seine Kameraden sofort wieder an die Geheimvorschriften erinnert. Die Piloten füllten ihre Formulare aus; ob sie gute Filmaufnahmen mitgebracht hatten, erfuhren sie nie. Gleich nach der Landung wurden die Filmkassetten herausgenommen und fortgebracht. Wer sie erhielt, blieb unbekannt.

Die nächsten Einsätze verliefen normal. Als ihnen dann zum zweitenmal UFOs begegneten, waren es nur fünf an der Zahl, und wieder sah sie derselbe Pilot wie beim erstenmal zuerst. Ob es dieselben waren wie damals, vermochte Noel nicht zu sagen. Aber sie waren da und bewegten sich rhythmisch schwingend auf und ab. »Die physikalischen Gesetze«, so Noel, »die wir auf der Flugschule gelernt hatten, schienen sie nicht zu berühren. Wir hatten das Gefühl, uns langsam an ihren Anblick zu gewöhnen.«

Bei der dritten Sichtung wurden die Piloten über ihr Funkgerät aufgefordert, die Frequenz zu ändern. Dieser Befehl wurde in Code durchgegeben, in einer Form, »die wir als umgekehrt-alphabetischen Code bezeichnen. Ich brauchte etwa 20 bis 25 Sekunden, um die neue Frequenz einzustellen. Als ich auf der neuen Frequenz war, sprach eine Stimme, aber es war weder die meine noch die der anderen drei unserer Staffel. Diese Stimme beantwortete Fragen. Hier muß gesagt werden, daß ich damals keinerlei Fragen stellte, daß auch die anderen drei Piloten keinerlei Fragen stellten, und trotzdem war die Verbindung so ausgezeichnet, als ob wir miteinander sprechen oder mit der Bodenfunkstelle Verbindung haben würden. Die Verständigung war klar und deutlich, die Betonung und der Wortschatz hervorragend. Das Sprechtempo war aber sehr langsam.«

Später, nach der Landung, bekannte der Oberst den anderen drei Staffelpiloten, daß er diese Fragen gestellt hätte. »Ich habe keine einzige Frage ausgesprochen«, betonte er, »ich habe sie lediglich gedacht.« Dann fuhr er fort: »›Sie‹ haben nicht alle Fragen beantwortet, sondern nur ein paar davon.« Die erste Frage, die der Oberst in Gedanken stellte: »Glaubt ihr an Gott?« Und er dachte sich dabei, wenn intelligente Lebewesen an Gott glaubten, dann »ist anzunehmen, daß sie uns nicht feindlich gesinnt sind«. Die Antwort darauf hatten alle mitgehört: »Wir glauben an die allmächtige Kraft des Universums. Ihr müßt verstehen lernen, daß es mehr als 150 Billionen dieser Universen gibt.«

Noel schränkte ein, daß er nicht alles wortwörtlich wiedergeben könne nach so langer Zeit. Die nächste Frage müsse sich wohl auf die Herkunft der Raumschiffe bezogen haben. Die Antwort lautete nämlich: »Unsere Mannschaft setzt sich aus Individuen jener Planeten zusammen, die euch als Venus, Jupiter, Merkur, Mars und Saturn bekannt sind.« Jupiter bezeichneten sie als Planeten der Gerichtsbarkeit, auf dem sich die außerirdischen Staatenlenker zusammenfänden. Noel: »Sie gingen dabei auf etliche Dinge ein, die ich nach einer Diskussion mit meinem Rechtsberater nur zu etwa einem Zehntel berichten kann.«

Nach ihrer Landung waren die Piloten wie niedergeschmettert von dem, was sie aus ihren Sprechfunkgeräten gehört hatten. Sie waren darauf nicht vorbereitet gewesen und weigerten sich nun, diese Einsätze noch einmal zu fliegen. Man gab ihnen Beruhigungsmittel, aber sie blieben bei ihrem Nein. Der Oberst befahl ihnen sofort nach der Landung: »Sie werden von dieser Verständigung nichts melden. Alles andere, aber von dieser Verbindung nichts!« Ein höchst ungewöhnlicher Befehl, aber er kam der seelischen Verfassung der Piloten entgegen. Sie hätten am liebsten überhaupt nichts berichtet.

Am nächsten Tag waren sie aus ihrer Sondermission entlassen und versahen nun regulären Dienst. Noel und seine Kameraden fragten sich jedoch: »Wie lebt man mit einem solchen Erlebnis?« Noel schien die Wirkung ähnlich brutal zu sein wie die psychologischen Folgen bei Nahkämpfern. »Man beurteilt seine eigene Denkungsweise und die Denkungsart dieser Welt, und man fragt sich, wie paßt dies in mein Leben hinein, in meine gewohnte Lebensweise?«

Für die Piloten war dies nur der erste Teil der Geschichte, der eigentliche Test kam erst noch. Nach zwei Monaten stellte sich bei den drei Piloten das Gefühl ein, mit diesem Geschehen dennoch leben zu können. Sie kamen zwar überein, sich gegenseitig nicht weiterhelfen zu können, denn die Antworten fehlten. Aber sie konnten sich wenigstens gegenseitig bestätigen, was sie gesehen und gehört hatten. Der Oberst sprach die erste Zeit nicht mit ihnen. Doch nach zwei Monaten rief er Noel an: »Kommen Sie mal rüber, ich möchte mit Ihnen sprechen.« Noel dachte nur: »Jetzt kommt's, vielleicht ist das die Antwort.« Die beiden anderen Piloten waren schon da, als Noel in das Zimmer des Obersten trat.

Der Oberst schien sehr nervös und ging auf und ab, als er sagte: »Ich muß mit jemandem reden, ich muß euch wissen lassen, was passiert.« Während die drei atemlos lauschten, fuhr er fort: »Ich muß eine Entscheidung treffen. Ich brauche dazu eure Hilfe nicht, das werde ich allein tun. Aber ich muß mit jemandem reden, der das versteht. Ich nehme an, ihr seid die einzigen, die das können.«

Dann sagte er: »Ich habe die Wahrheit ausfindig gemacht. Ich bin Offizier der amerikanischen Luftwaffe, ich habe eine Pflicht und eine Verantwortung, aber die Wahrheit verträgt sich nicht damit. Ich muß mich so oder so entscheiden. Ich habe keine Ahnung, was die Luftwaffe oder die Regierung mit diesen ganzen UFO-Berichten tun, aber sie werden nicht bekannt. Und das verträgt sich nicht mit der Wahrheit.« Und nach einer Weile: »Das wär's. Ich sehe euch später wieder.«

Einige Wochen danach rief er wieder an und bestellte Noel sowie die beiden anderen Piloten zu sich: »Ich will euch reinen Wein einschenken!« Und er eröffnete den baß erstaunten Fliegern, daß für ihn das Gespräch über die Bordsprechgeräte nicht die erste Verbindung mit einer UFO-Besatzung war, »es war nur das erste Mal, daß auch andere dabei waren«.

Noels Schilderung: »Und dann begann er einiges von seinen Erfahrungen zu erzählen. Er berichtete, daß die Untertassen nicht von Planet zu Planet fliegen können. Mutterschiffe dienen zur interplanetarischen Beförderung dieser scheibenförmigen Flugobjekte. Sie kommen von verschiedenen Planeten, sogar von außerhalb unseres Sonnensystems. Auf einem Flug zur Luke-Luftwaffen-Basis bei Phoenix in Arizona habe er nach der Landung zum erstenmal mit den Insassen eines dieser Fahrzeuge gesprochen. Sie informierten ihn, es sei eine Audienz an Bord eines UFOs vorbereitet. 18 Meilen außerhalb von Phoenix betraten sie eine Untertasse, etwa 45 Meter im Durchmesser. Sie war in einem abgelegenen Tal gelandet und saß auf einem dreiteiligen Teleskop-Gestell. Dann zeigte uns der Oberst eine kleine metallische Scheibe. Er war angewiesen worden, diese Scheibe zwischen zwei Handflächen vor seinen Magen zu halten, um beim Durchschreiten des Kraftfeldes um das Raumfahrzeug keinen Schaden zu erleiden.«

An dieser Stelle sei ein Blick nach Peru und nach der Sowjetunion gestattet. Dort wurden uralte Felszeichnungen entdeckt, die sich in verblüffender Weise ähneln. Bei Fergana in Kirgisistan zum Beispiel ist ein »Raumfahrer« abgebildet, der sich eine Scheibe vor die Brust hält; rechts von ihm befindet sich im Hintergrund ein weiterer Raumfahrer vor kegelförmigen Bergen, über denen ein UFO schwebt. Die simple Erklärung, hier sei mit einem steinzeitlichen Künstler die Phantasie durchgegangen, ist zu simpel eben, um noch ernst genommen werden zu können.

Um in Noels Schilderung weiterzufahren: »An Bord wurde der Oberst einem ›Meister‹ vorgestellt. Er, der Oberst, begann Fragen zu stellen, weshalb sie da seien, was für die Zukunft zu erwarten sei. Sie waren der Meinung, so der Oberst, daß sie für diesen Planeten verantwortlich seien. Sie hätten die Kontrolle über bestimmte, ihnen zugeteilte Planeten bekommen und seien für so und so viele Millionen Wesen zuständig. Es stehe nicht besonders gut mit uns. Dieser Planet sei eine Art Durchgangslager, eine Prüfstelle, und in erster Linie würden die Problemkinder hierhergeschickt. Er, der ›Meister‹, machte eine Reihe von Voraussagen, einige Bemerkungen über die Zukunft von Kalifornien. Er sagte weiter, daß ein neues Zeitalter beginnen werde. Sein Einfluß habe bereits begonnen, werde jedoch erst um das Jahr 2000 seinen Höhepunkt erreichen. Als Vorbereitung dafür seien zahlreiche geographische Veränderungen zu erwarten, ebenso religiöse und politische Revolutionen. Die Konsequenz davon werde sein, daß die politische Führung für dieses Geschehen keine plausiblen Erklärungen abgeben könne und hilflos dem Ganzen gegenüberstehe. Der ›Meister‹ betonte, daß es dieser Zivilisation noch einmal möglich sei, sich selbst zu retten. Die Bewohner dieses Planeten Erde erzeugten Schwingungen überwältigend negativer Art und störten so den gesamten Kosmos, sie wären ausschließlich materialistisch gesinnt und den unsichtbaren Dingen gegenüber nicht mehr objektiv. Sie zögen es vor, etwas zu besitzen, was man festhalten könne. In Wirklichkeit müßten sie aber einmal feststellen, daß sie überhaupt nichts besitzen, nicht einmal ihre eigenen Kinder.«

Der Oberst erläuterte den drei Piloten dann weiter, die Menschen hätten gewissermaßen eine Lizenz erhalten, sich selber zu regieren. Er wisse nicht genau, wer diese Lizenz ausgegeben habe, aber wir könnten Land, Wasser und Luft frei benutzen, ohne eine »Steuer« zu zahlen. Es sei denn jene, die mit dem Universalgesetz von Ursache und Wirkung zusammenhinge. Ausführlich beschäftigte sich der Oberst mit dem Karma und betonte: »Reinkarnation ist so einfach wie die Grundschule. Man geht in die erste Klasse, man lernt, was dort zu lernen ist, und am Ende des Jahres geht man zur Prüfung. Dann passiert eines von drei Dingen: Nr. 1, man besteht die Prüfung und geht zur nächsten Klasse, die mehr Lernmöglichkeiten bietet. Nr. 2, man fällt durch und muß die Klasse wiederholen. Nr. 3, man schwänzt während des Jahres und drückt sich vor der Prüfung. In diesem Fall muß man Hunderte, vielleicht Tausende von Jahren aus der Schule bleiben, ehe man wieder zur Bewußtseinsstufe gelangt, die es erlaubt, zurückzukommen.« Der ›Meister‹ habe ferner erklärt: »Die Kinder sind eure einzige Hoffnung. Doch wenn sie bei euch vier Jahre alt sind, dann sind sie bereits so von Vorurteilen, Mißtrauen, Haß und Egoismus beeinflußt, daß ihr ihnen den Weg versperrt habt. Wir beginnen mit der Erziehung der Kinder, wenn sie drei Jahre alt sind. Zählen sie fünfzehn, beherrschen sie bereits die Telepathie.« Zum Abschied sagte der Oberst den drei Piloten: »So, das wär's. Ihr könnt damit anfangen, was ihr wollt, es akzeptieren oder darüber lächeln.«

1957 ging Noel nach Connecticut, wo er zu Hause war. Zwei Jahre später rief ihn seine Mutter im Büro an, ein Telegramm vom Oberst Soundso sei eingetroffen. Der Oberst war am Flugplatz von White Plains. Noel rief ihn an, und sie verabredeten sich. Bei der Begrü-

ßung machte der Oberst einen sehr fröhlichen Eindruck und rief aus: »Ich hab's geschafft!« Noel dachte an Beförderung und wollte schon gratulieren. Aber der Oberst erwiderte: »Nein, ich gehe mit ihnen!« Mel Noel mußte sich erst einmal setzen, bevor er richtig begriff – innerhalb der nächsten 30 Tage sollte »es« passieren. »Sie scheinen gar keine Angst zu haben«, meinte er und erhielt zur Antwort: »Nein, absolut nicht, ich bin wahrscheinlich der glücklichste Mensch, den Sie je gesehen haben. Ich weiß, wo ich hingehen werde, und das ist wichtig.«
Von diesem Tag an rief Noel jeden Tag an. Manchmal war der Oberst mit dem Flugzeug unterwegs, dann rief er nach der Landung zurück. Am 27. Tag rief Noel beim Flugplatz an und erhielt Bescheid, der Oberst sei über dem Atlantik im Einsatz. Noel bat um einen Rückruf, doch der kam nicht. Als Noel erneut anfragte, erhielt er zur Antwort, der Oberst sei überfällig. Wiederum einige Stunden später hieß es: »Er ist vermißt. Wir suchen nach ihm.« Am nächsten Morgen rief Noel abermals an. »Keine Spur von ihm oder dem Flugzeug, wir geben auf«, war die Antwort. Man fand nie etwas, aber auch nicht die geringste Spur.
Mel Noel, der nach mehr als zehn Jahren nicht mehr schweigen konnte und der die absolute Geheimhaltung durch die Regierung der Vereinigten Staaten als eine geistige Todesstarrheit bezeichnet, die dominiert und »heute überall regiert«, ist sich bewußt, mit seiner Geschichte auf Ablehung und beißenden Sarkasmus zu stoßen. Er schwört allen Angriffen zum Trotz, die Wahrheit berichtet zu haben, aber er weiß auch, wie schwierig es ist, über etwas Unbekanntes objektiv zu urteilen. Doch er meint: »Jährlich verschwinden etwa 800 Leute in der Luft, ohne eine Spur zu hinterlassen. Ich weiß nicht, wie viele an Land spurlos verschwinden. Heute stehe ich mit einem Mann aus Washington in Verbindung, der seine Position auf diesem Fachgebiet freiwillig aufgab. Wenn Sie sich mit ihm unterhalten könnten, würden Sie noch ganz andere Dinge erfahren. Auch er setzt sich dafür ein, daß man diese Dinge bekanntgeben sollte. Das wird nicht ganz einfach sein. Nicht diktieren oder kommentieren, sondern ganz einfach bekanntgeben: So ist die Sache – tut damit, was ihr wollt!«
Ist die Sache so? Man kann einen weit berühmteren Zeugen aufrufen, als es ein kleiner, über den Durchschnitt wohl kaum hinausragender ehemaliger Fliegerleutnant sein mag. Hermann Oberth war seiner Zeit stets voraus, man braucht sich seinen Lebenslauf nur in Erinnerung zu rufen. Anfang der zwanziger Jahre promovierte er in Heidelberg bei Professor Wolf, doch schon lange

vor seiner Doktorarbeit hatte das Schicksal dieses Mannes begonnen, von seinen Zeitgenossen verlacht und erst von den Nachfahren anerkannt zu werden. In Siebenbürgen, wo er geboren, fiel dem zwölfjährigen Hermann bei der Lektüre von Jules Vernes »Von der Erde zum Mond« auf, »daß es so, wie der Schriftsteller es beschrieben hatte, nicht geht«. Drei Männer mit Hilfe von 181 Tonnen Sprengstoff aus einem 275 Meter langen, senkrecht in die Erde eingelassenen Kanonenrohr in einem Raumschiff zum Mond schießen, würde – so rechnete der Zwölfjährige exakt nach – die Männer beim Start einem Druck aussetzen, der 27 500mal größer wäre als ihr eigenes Körpergewicht. »Sie würden zerfließen – aber nicht aus Rührung«, konstatierte Oberth nüchtern. Diese Erkenntnis wurde zum Wendepunkt seines Lebens. Von nun an dachte er stets über die Grenzen der Erde hinaus, stieß mit seinen Überlegungen in die ungeheuren Weiten des Weltraums vor. Und was heute als überlegene technische Errungenschaft unseres Jahrhunderts gefeiert wird, begann mit höchst ungewöhnlichen Versuchen im Schwimmbad des siebenbürgischen Städtchens Schäßburg. Dort sprang der junge Hermann Oberth immer wieder vom Sechsmeterturm ins Wasser, um auf diese Weise zu erkunden, welch große Beschleunigung ein Mensch vertragen kann. Mit einer halbgefüllten Sektflasche hüpfte er ins Schwimmbecken, um die Schwerelosigkeit im freien Fall nachzuempfinden. Und schließlich stellte er sich auch noch auf den Kopf und aß dabei einen Apfel, um festzustellen, ob ein Mensch in dieser Lage essen kann: »Das Schlucken nach oben ging ganz gut.« Doch im nachhinein blieb nur der bittere Triumph eines Mannes, der sein Leben lang als ein »Verrückter« galt und dennoch recht behalten sollte: »Mich hat es nicht gewundert, daß die Astronauten die Schwerelosigkeit und die Beschleunigung so gut vertragen. Mich hat nur gewundert, daß man mir das fünfzig Jahre lang nicht geglaubt hat.«

Die erste Enttäuschung erlebte Oberth im Ersten Weltkrieg. In der österreichisch-ungarischen Armee als Sanitätsgefreiter dienend, hatte er eine Rakete entworfen, die zehn Tonnen Sprengstoff nach England tragen sollte. Oberth schickte diese Pläne nach Berlin, aber die Antwort lautete: »Raketen fliegen nicht weiter als sieben Kilometer. In Ihre Berechnungen muß sich ein Fehler eingeschlichen haben.« Das war ein Vierteljahrhundert, ehe die erste V 2-Rakete in London explodierte, und weder das erste noch das letzte Beispiel dafür, wie der Unverstand von »Experten« zukunftsträchtige Ideen zu blockieren vermag. Ähnlich erging es Oberth dann auf der Universität. Die Absage aus Berlin hatte seinen Forschungsdrang nicht zu bremsen vermocht, für ihn stand fest, daß der Mensch eines Tages in den Kosmos aufsteigen würde – befördert von Raketen, denen flüssige Treibstoffe die erforderlichen hohen Geschwindigkeiten verleihen. Oberth errechnete den Beweis für seine Behauptungen und reichte die Schrift als Doktorarbeit in Heidelberg ein. Was heute als theoretische Grundlage der Weltraumfahrt gilt und wie eine »Bibel« verehrt wird, wies damals Professor Wolf als »zu schülerhaft« ab. Oberth mußte sich ein anderes Thema suchen, erreichte aber immerhin mit Hilfe seiner Frau, daß ein Münchner Verlag die verhinderte Doktorarbeit als Buch herausbrachte. Es wurde ein Bestseller, vor allem bei jungen Leuten wie Wernher von Braun, der bekannte: »Von den Formeln verstand ich zwar nichts, aber ich war fasziniert.«

Nicht so sehr die Schulwissenschaft, die Oberth als Schwachkopf abkanzelte und seine Raketentheorie als nicht zu verwirklichen verdammte. Der Danziger Professor Lorenz: »Um weiteres Mißverständnis auszuschließen, bemerke ich, daß die von mir betonte Unausführbarkeit der Rakete mit den errechneten Massenverhältnissen auf wirtschaftlichen und konstruktiven Erwägungen beruht, die jedem Ingenieur ohne weiteres einleuchten.« Oberth dazu: »Der Durchschnittsgelehrte befindet sich gegenüber Neuem im selben Zustand wie eine gestopfte Gans gegenüber Futter: Um Gottes Willen, nur nicht noch mehr! Deshalb ist er auf jeden böse, der mit neuen Ideen kommt.«

Immerhin konnte Hermann Oberth 1930 beweisen, daß flüssiger Treibstoff sich für den Raketenantrieb eignete. Er konstruierte eine »Kegeldüse«, nach deren Prinzip dann alle Raketen bis hin zur gewaltigen »Saturn« gebaut wurden, mischte Benzin mit flüssigem Sauerstoff und erzeugte am 23. Juli mit 6,6 Kilo Sauerstoff und einem Kilo Benzin bei der Erprobung der »Kegeldüse« einen Schub von 7,7 Kilo.

Aber von nun an verlief die Raketen-Praxis ohne ihn. Oberth mußte zurück nach Siebenbürgen, um sein Lehramt am Gymnasium von Mediasch nicht zu verlieren. Die Deutschen brauchten ihn offensichtlich nicht mehr, ihn, den »Ausländer« aus Rumänien. 1943 rief man ihn zwar noch einmal nach Peenemünde zur deutschen Raketenversuchsstation, aber ihm oblag dort nur, neu erteilte Patente auf ihre Verwendbarkeit für den Raketenbau zu prüfen. Zum »Dank« blieb der »Vater der Weltraumfahrt« sowohl von den Russen als auch von den Amerikanern unbehelligt. Er stand nicht auf der Liste der Raketentechniker, die von den Siegern nun »kassiert« wurden. Oberth zog sich mit seiner Familie nach Feucht

bei Nürnberg zurück. Dann wollten plötzlich die Italiener von ihm eine Flugabwehrrakete, doch als er seine Pläne fertig hatte, wurden sie verworfen und eine Schweizer Konstruktion vorgezogen. 1955 schließlich holte ihn Wernher von Braun nach Amerika, doch auch hier kam Oberth für die Praxis zu spät. Immerhin hatte er Muße genug für neue Ideen – und mit diesen Perspektiven war er seiner Zeit wiederum ähnlich voraus wie damals Anfang der zwanziger Jahre. Etwa mit dem Weltraumspiegel, dessen Reflektoren die Sonnenstrahlen auf die jeweils gewünschte Stelle der Erdoberfläche lenken könnten und somit die Nacht zum Tage werden ließen, Häfen eisfrei hielten, Stürme ablenkten sowie Dürre oder Überschwemmungen verhinderten. Oberth nahm diese Pläne mit, als er Amerika verließ, und brachte sie in sein eigenes Feuchter Museum. Interesse hatte daran anscheinend sonst niemand.
Der Mann, der 1955 bereits ein Mondauto entwarf, hatte jetzt genug von der Raketentechnik. Er befaßte sich nun mit Philosophie und Parapsychologie – immer noch ein »Verrückter«? Oberth ließ sich nicht beirren: »Die Parapsychologie, die zweifellos mit feststehenden Tatsachen aufwarten kann, brachte neue Erkenntnisse, die auch sehr für die Existenz der Seele sprechen.« Das verkündete er bereits am 8. Januar 1963, als die Technische Universität Berlin ihm und Wernher von Braun die Ehrendoktorwürde verlieh. Mit der Konsequenz eines Mannes, der sich mit der Theorie allein nie begnügte, machte er die Proben aufs Exempel. Auch mit den außerirdischen Raumschiffen.
Entscheidend für ihn war eine Begegnung mit dem Obersten Lama der Weißen Buddhisten in New York, der sich im Geist an einen anderen Ort versetzte und nach seiner Rückkehr prophezeite, die Zeitungen würden nach soundsoviel Tagen aus jenem Ort das und das berichten. Oberth: »Und das traf ein.« Von nun an ließ ihn der Gedanke nicht mehr los, der Mensch könne sich »parapsychologisch« durch das All fortbewegen. Oberths Begründung: »Die Seele braucht für ihre Reisen keine Zeit, die gibt es nur im dreidimensionalen Raum.« Und er prophezeit: »Der Mensch wird lernen, wie seine unsterbliche Seele den Körper verlassen und sich in ein anderes Sonnensystem versetzen kann. Dort wird die Seele aus Materie einen neuen Körper aufbauen und mit Lebewesen in Kontakt treten.«
Diesen Wesen, von denen er spricht, ist Oberth nach eigenem Bekunden auch schon »begegnet« – vermittelt durch die Kontakte einer Nürnbergerin, die im Trancezustand Gedanken mit den Mannschaften außerirdischer Raumschiffe austauscht und sie

schriftlich festhält. »Ich habe diese Niederschriften nachgeprüft und kam zu dem Ergebnis, daß die Sache im großen und ganzen stimmen muß«, erklärte Oberth, »wir haben es tatsächlich mit Mitteilungen einer Menschheit zu tun, die uns geistig überlegen ist. Ich habe ihren Vertretern manchmal selbst Fragen gestellt und Antwort darauf erhalten.«

Diese Wesen sind nach Oberths Zeugnis weit klüger und edler als wir. Ihre Auskünfte »haben gezeigt, daß die Erde ein Straf- und Besserungsplanet ist. Seelen, die sich in besseren und vollkommeren Welten nicht bewährt haben, müssen auf die Erde, um durch eigene Erfahrungen zu lernen, daß es besser ist, wenn man gut ist und Freude am Gutsein empfindet. Wir besitzen eine unsterbliche Seele, die den Körper überlebt, und wenn wir die Lektion auf der Erde gut gelernt haben, dann bringt unsere Seele durch Reinkarnation diese Übung ins nächste Leben mit.«

Auf der Erde der Abschaum des Kosmos – das paßt sicher nicht ins Bild jener, die sich selber für die »absoluten Hauptgewinner des ersten Preises« der Schöpfung ansehen und die nicht zu erkennen vermögen, wie barbarisch ihre Intelligenz ist: nur dazu fähig, die Welt durch die eigene Schießscharte zu betrachten. Für andere wiederum, die sich in diesem Leben zu kurz gekommen glauben, die ein Schattendasein führen am Rande irdischer Geschäftigkeit, die verzweifelt nach der Rolle suchen, die man ihnen verwehrt zu spielen – für sie wird diese Umkehrung herkömmlicher Wertmaßstäbe zum Nährboden einer Hoffnung, die zu üppig ins Kraut schießt, als daß sie noch genießbar wäre: UFO-Gläubige sind immer in der Gefahr, nur eine Art Spielart der Zeugen Jehovas zu werden. In diesen beiden extremen Positionen dokumentiert sich das Übel der Menschheitsgeschichte schlechthin, hochmütig um die Siegespalme zu streiten und Intoleranz als den Gipfel der Weisheit zu betrachten. Im Raum, der dazwischen noch verbleibt, bewegen sich jene, denen bewußt ist, daß es zwischen Himmel und Erde Dinge gibt, von denen die Schulweisheit nichts ahnt. Etwa Sokrates, der laut Nietzsche den »Sklavenaufstand in der Moral« inszenierte und postulierte: »Ich weiß, daß ich nichts weiß.«

Zieht man sich auf diesen Punkt der Unvoreingenommenheit zurück, der einen zudem befähigt, skeptisch selbst gegen die Skepsis zu sein, so ergeben sich nicht nur eindeutige Parallelen der Erlebnisse Mel Noels und George Adamskis zu den Behauptungen Oberths, sie lassen sich ebenso in das Lebensmuster einpassen, das Arthur Ford entworfen hat. Wir werden uns wohl daran gewöhnen müssen, Leben nicht mehr in Diesseits und Jenseits zu trennen. Wir werden uns versagen müssen, unser irdisches Dasein gar als die einzige Bühne zu betrachten, auf der sich Bewußtsein formt und dann spurlos verlischt, wenn der Vorhang gefallen ist. Als real offenbart sich vielmehr die Einheit des Kosmos, in der es kein Jenseits und keinen Tod gibt, sondern nur Übergänge zu anderen Bewußtseinsebenen. Real erscheint nun die Lehre von der Wiedergeburt, die sich nach karmischem Gesetz vollzieht und nicht nur nach oben strebt, sondern ebenso nach unten fallen läßt. Einsehen werden wir nun aber auch müssen, daß unser Erdenleben nur die unterste Stufe jener Hierarchie darstellt, innerhalb der sich Geist entwickelt, um den Gipfel der Unsterblichkeit und Vollkommenheit zu erklimmen.

Man muß sich nicht unbedingt auf Oberth oder Noel berufen, es gibt Kontakte genug zwischen Menschen und Außerirdischen und zumeist auf ähnliche Weise geknüpft wie bei jener Nürnbergerin, auf die sich Hermann Oberth bezieht. Der Zeitgeist verhindert zwar, daß solche Botschaften unbefangen weitergegeben und von einer breiten Öffentlichkeit ohne Vorurteile aufgenommen werden. Doch existieren sie, wenn auch in verwirrender Vielfalt und nicht selten ebenso verwirrend formuliert – Medien vermögen Botschaften eben nur so weiterzureichen, wie es ihrer Wesens- und Bewußtseinsart entspricht. Man ist deshalb auch nicht auf George Adamski angewiesen, der in außerirdischen Raumschiffen zur Venus gereist sein will (nach jener ersten spektakulären Begegnung im Jahre 1952) und dessen UFO-Fotos von seinen erbitterten Gegnern angeblich als Deckel eines Flaschenkühlers entlarvt wurden. Da aber Adamski seine Fotos 1952 aufnahm, der Flaschenkühler jedoch erst 1959 entworfen wurde, erwies sich dieser von Schadenfreude diktierte Gegenbeweis als ein glatter Fehlschlag. Wie ja überhaupt nicht gerade sanft mit jenen umgesprungen wird, die es mehr oder minder spontan, mehr oder minder naiv dazu drängt, die Menschheit von ihrem Weg ins materialistische Verderben abzuhalten. Adamski bezeichnete man – wie schon erwähnt – höhnisch als Würstchenverkäufer und bedachte dabei wohl kaum, daß die Geisteshaltung eines Mannes, der Würstchen verkauft, nicht zwangsläufig unterlegen sein muß jener eines – nun sagen wir mal: Präsidenten der Vereinigten Staaten. Man nehme nur Richard Milhouse Nixon als Beispiel.

Hält man sich einerseits strikt an Hermann Oberths Forderung, »die Wissenschaft sollte erst dann etwas für ausgeschlossen halten, wenn sich an Hand von beobachteten Tatsachen beweisen läßt, daß es ausgeschlossen ist«, und entwirrt man andererseits die Vielfalt medialer und unmittelbarer Kontaktberichte, so schälen sich trotz mancher Widersprüche einige Grundzüge heraus, deren elementare Bedeutung auch Zweiflern gegenüber standhält. Daß solche Botschaften vorwiegend in obskuren Blättchen verbreitet werden, sagt über ihren Wert noch nichts aus und provoziert sogar die Gegenfrage, wie intolerant die Menschheit eigentlich ist, daß sie die Diskussion über diese Probleme in solche Randgruppen ihrer Gesellschaft abdrängt. Daß sich unter die »Kontaktler« auch Schwindler mischen, ist ein normaler irdischer Vorgang: jede Vereinigung auf diesem Planeten hat ihre Gauner, die sich auf Kosten anderer wichtig tun und bereichern. Daß Skeptiker auf die Widersprüche in Botschaften – etwa ob der Mond nun 175 000 oder nur 850 Jahre von Außerirdischen besetzt ist – verweisen, darauf läßt sich ebenso skeptisch entgegnen: Wie etwa würde unser historisches Weltbild aussehen, wollte man versuchen, die Aussagen eines Amerikaners, eines Russen, eines Afrikaners und eines Indios auf einen Nenner zu bringen?

Stünden solche Botschaften für sich allein, sie würden wohl nicht ausreichen, den Anstoß zu einem neuen geistigen Zeitalter zu geben. So aber sind sie nur ein – wenn auch gewichtiges – Mosaiksteinchen, eingekreist von anderen Mosaiksteinen, die den irdischen Lebensweg säumen und von einzelnen zuweilen aufgelesen werden, die zu ordnen jedoch bisher kaum einer die Mühe aufbrachte. Obwohl eines zum anderen paßt, der eine Stein verständlich wird durch den anderen, die Gedankenkette sich logisch auf die »kosmische Schnur« aufreihen läßt: von den UFOs zum universalen Wellengitter, vom Wellengitter zu Fords Jenseitsberichten, von Ford zu den erstaunlichen Zeugnissen einer Wiedergeburt, von diesen Zeugnissen wiederum zu den außerirdischen Botschaften. In ihnen aber verdichtet sich der Kern eines neuen Bewußtsein zum unmißverständlichen Auftrag. Mit anderen Worten: Die Mission gilt uns, den Heiden im Kreis der Planeten.

Der Versuch, die Kontinuität der Kontaktberichte zu verdeutlichen und ihren wesentlichen, immer gleichbleibenden Gehalt herauszuarbeiten, gibt zuerst einmal Erich von Däniken recht und seiner – von russischen Forschern inspirierten – Theorie, die »Götter« seien in Raumschiffen bei uns gelandet. Vor Milliarden Jahren säten – so die Botschaften – Raumfahrer Leben auf dieser Erde. Eine ihrer Patrouillen mutierte den Aufstieg der Anthropoiden zum Menschen, und die »Götter« brachten auch mit, was es zuvor auf diesem Planeten nicht gab: Mais etwa oder die Banane, Hühner und Enten. Wer sät, überwacht auch die aufgehende Saat: die durch Jahrhunderte beobachteten seltsamen Scheiben am Himmel waren nichts anderes als Kontrollpatrouillen der Außerirdischen. Daß sie in jüngster Zeit verstärkt gesichtet wurden, erklärt sich nicht nur durch die verbesserte irdische Kommunikation, sondern deutet auch auf einen Wendepunkt hin, den die Menschheit mit ihrem Sprung ins Atomzeitalter erreicht hat.

Die Kriterien, nach denen Kontaktler ausgesucht werden, erscheinen in irdischen Augen wenig verständlich und vor allem auch wenig wirksam, doch werden sie einleuchtender, wenn wir uns vergegenwärtigen, daß sich über uns noch sechs Bewußtseinsstufen erheben und wir erst am Anfang dieser Stufenleiter stehen, daß Leben also über die Erde hinauszielt und keinen endgültigen Tod kennt. Wer Kontakte erhält, muß zum einen in jeder Beziehung über dem allgemeinen Durchschnitt der Menschheit stehen, zum anderen einen lauteren Charakter besitzen und schließlich jederzeit »verfügbar« sein. Die sogenannte Intelligenz mag sich leicht ausrechnen, wie weit sie diesen Bedingungen entspricht. Denn kosmisches Bewußtsein, das wir entwickeln sollen, enthält ebenfalls dreierlei: sich öffnen gegenüber dem universalen Geist (schlichter gesagt: die Fähigkeit zum Beten und Meditieren; die religiösen Institutionen seien vorweg gewarnt, dies sogleich einzig für sich zu reklamieren), ferner die absolute Kontrolle der eigenen Gedanken und Gefühle, um nur positive Energie auszustrahlen, und last not least die Loslösung vom Irdisch-Materiellen.

Auf diese Ethik gründet sich die Mission der Außerirdischen, sie beantwortet zugleich auch die oft gestellte und aus Zweifeln geborene Frage, weshalb die Planetarier nicht Massenlandung und massive Einwirkung bevorzugen, um die Menschheit von ihrem Weg ins Verderben abzuhalten. Zum einen ist es verständlich, daß sie Leuten mit einiger Vorsicht begegnen, die es immer noch nicht verlernt haben, sich gegenseitig die Hälse abzuschneiden und selbst in der Familie, der intimsten Zelle ihrer Gemeinschaft, in Brutalität auszubrechen. Zum anderen würde eine solche »kosmische Massenshow« nur verwirren, gar Hysterie und Panik auslösen und damit genau dort enden, wohin sie nicht führen soll: in der gewaltsamen Bekehrung, die nicht den Geist verändert, sondern nur das System. Denn dem karmischen Gesetz unterliegen auch die Planetarier, jenem Gesetz, nach dem jeder die Folgen dessen tragen muß, was er selber geschaffen. Anders gesagt: Dem einzelnen bleibt der freie Wille, sich für seinen Weg zu entscheiden, und diesen freien Willen hat jedes Wesen zu respektieren. Vor der Konsequenz solcher Willensentscheidung aber gibt es kein Zurück, sie führt

entweder nach oben auf eine höhere Bewußtseinsebene oder aber unerbittlich nach unten; der universale Lernprozeß beginnt dann noch einmal von vorn.
Bisher galt die Binsenweisheit, daß dem Tod niemand entfliehen kann. Die neue Erkenntnis ist beglückender und erschreckender zugleich: der Unsterblichkeit kann keiner entrinnen. Wer bereit ist, darüber lange genug nachzudenken, wird die fundamentale Bedeutung dieses Satzes als eine gewaltige seelische Erschütterung empfinden. Irdische Raffgier entpuppt sich als ein Sturz nach unten, Freitod aus Verzweiflung als jähes Versagen auf dem Weg zur Reife.
Jedem wird einleuchten, daß ihre überlegene Technik die Außerirdischen befähigen würde, diesen Planeten jederzeit zu erobern. Daß sie dies bisher nicht taten und auch nicht tun werden, erklärt sich aus ihrer friedlichen Absicht, aus ihrer Mission, der Erde Impulse zu höherem Bewußtsein zu vermitteln und sie aus ihrer kosmischen Abgeschirmtheit zu lösen. Frieden, Harmonie und Glück sind die Zauberworte, die für das Leben auf anderen Planeten gelten. Ihre »Hierarchie« kennt keine »Vorgesetzten«, sondern gliedert sich nach dem Wissensstand in Schüler, Lehrer, Meister und aufgestiegene Meister. Leben sie auf Planeten, so gilt für sie ebenfalls das dreidimensionale Gesetz von Zeit und Raum, allerdings nicht in dem kurzatmigen Maß wie bei uns. Sie sind ethisch höherentwikkelt und handeln nicht den Naturgesetzen zuwider, ihr Alter beträgt im Durchschnitt 800 Jahre. Als wahrer Ehebruch zum Beispiel gilt bei ihnen nicht die »außereheliche« Vereinigung von zwei gleichgestimmten Wesen, sondern das Geschlechtliche um des Geschlechtlichen willen – also die physische Vereinigung ohne Liebe und Verstehen – sowie die Unverträglichkeit in der Ehe.
Echte Meister hingegen sind an Zeit und Raum nicht mehr gebunden, sondern Gott am nächsten und haben jenen göttlichen Funken, der in *jedem* Lebewesen wohnt, zur obersten Bewußtseinsstufe emporgetragen. Sie brauchen keine Planeten mehr, um zu existieren; sie sind absolute Geistwesen, und was auch immer sie denken, im gleichen Augenblick existiert es schon. Auch der Körper, in dem sie anderen begegnen.
In den Botschaften wird unterschieden zwischen wiederverkörperten und wiedergeborenen Wesen. Wiederverkörperungen sind Ausdruck karmischer Verflechtungen und erkennen sich selber nicht als Zeugen kosmischer Unvergänglichkeit. Wiedergeborene hingegen haben sich freiwillig entschlossen, von einem höherent-

wickelten Planeten oder aus einer höheren Dimension in einer Mission auf die Erde zu kommen. Tausende von ihnen leben nach diesen Berichten unter uns, unerkannt und vielleicht Tür an Tür mit diesem oder jenem und nur hervorgehoben durch ihre Liebe zum Mitmenschen. Sie handeln nach der Erkenntnis, daß jede wahre Erneuerung aus dem Volk kommt und nicht von oben diktiert werden kann. Schon Jesus nahm sich nicht die irdischen Mächtigen zu Verbündeten, sondern suchte sich seine Jünger unter den schlichten Menschen im Lande. Die Frage, ob sich der letzte Weg zu endgültig höherem Bewußtsein und damit der Aufstieg in andere Dimensionen auf dieser Erde im einfachen Leben und abseits allen irdischen Prunks vollzieht, ist nicht von der Hand zu weisen. Martin Heidegger, letzter aller Philosophen und größter Denker dieses Jahrhunderts, formuliert diese Erkenntnis in seinem »Zuspruch des Feldweges«: »Das Einfache ist noch einfacher geworden. Das immer Selbe befremdet und löst. Der Zuspruch des Feldweges ist jetzt ganz deutlich. Spricht die Seele? Spricht die Welt? Spricht Gott? Alles spricht den Verzicht in dasselbe. Der Verzicht nimmt nicht. Der Verzicht gibt. Er gibt die unerschöpfliche Kraft des Einfachen. Der Zuspruch macht heimisch in einer langen Herkunft.«

Vier wahre Meister sollen zur Zeit unter uns weilen – einer in den Vereinigten Staaten, einer in Indien, einer in Australien und einer in Südamerika. Ist einer von ihnen der Graf von Saint-Germain? Von ihm existiert ein mysteriöser, faszinierender Lebenslauf, zu verfolgen bis in dieses Jahrhundert. Und zu jeder Zeit schien der Graf ungealtert.

1701 wird er zum erstenmal erwähnt, als der französische Komponist Philippe Rameau und der Verwandte eines französischen Gesandten in Venedig in den Memoiren des dänischen Barons de Gleichen versichern, sie seien dem Graf in diesem Jahr begegnet, »als er den Eindruck eines Mannes von fünfzig Jahren machte«. Also 1651 geboren? 1743 tauchte er in London auf. Der englische Schriftsteller Horace Walpole schreibt 1745 an einen Freund in Italien: »Neulich wurde hier ein seltsamer Mann unter dem Namen eines Grafen von Saint-Germain verhaftet, der in London seit zwei Jahren ansässig ist. Allerdings weigert er sich zu sagen, woher er kommt und wer er ist. Er gibt aber ohne Umschweife zu, daß er unter einem angenommenen Namen lebt.« Und Lord Holderness berichtet dem britischen Gesandten in Preußen: »Seine Überprüfung hat nichts Wesentliches ergeben.« Aber die Rätsel sind groß: Der Graf spricht perfekt Englisch, Französisch, Deutsch, Spanisch und Portugiesisch und beherrscht zudem die Sprachen des klassi-

schen Altertums. Er versteht es, brillant zu erzählen und bisher nicht bekannte Details aus dem Leben der Cleopatra, des Pontius Pilatus, Heinrichs des Achten und Mary Tudors zum besten zu geben. Er scheint so reich zu sein, daß Zahlen versagen. Er vermag Edelsteine und Brillanten von kostbarer Größe und Reinheit herzustellen. Er vermag Metall in Gold zu verwandeln. Baron de Gleichen schilderte, wie der Graf ihm seine »Schätze der Wunderlampe« zeigte. Der Zeitgeist wußte mit dem sonderbaren Mann nichts anzufangen und hängte ihm den Ruf eines Alchimisten und Abenteurers an. Heute stellt sich hingegen die Frage, ob der Graf zum mindesten die gleichen Fähigkeiten besaß, die in unserem ausgehenden Jahrhundert an dem Inder Sai Baba beobachtet werden.
1745 bis 1748 ist der Graf eine der bevorzugtesten Personen am Wiener Hof, 1749 taucht er auf Betreiben des Marschalls de Belle-Isle in Paris auf, 1756 begegnet er dem Begründer der Kolonialherrschaft Robert Clive in Indien, 1758 findet man ihn wieder in Frankreich, und Madame Hausset, die Hofdame der Madame Pompadour, beschreibt ihn in Versailles als einen – Fünfzigjährigen! 1760 reist er für Ludwig XV. nach Den Haag und versucht, den Frieden zwischen Preußen und Österreich zu arrangieren. Dafür will ihn Außenminister Choiseul wegen Landesverrats in die Bastille werfen lassen, doch die Holländer, von dem Grafen fasziniert, liefern ihn nicht aus. Saint-Germain flieht nach England, wo sich die Zeitung »London Chronicle« vor allem mit seiner anscheinend ewigen Jugend befaßt: »Niemand zweifelt inzwischen daran, was anfangs als Phantasterei verworfen wurde. Alle Welt ist vielmehr davon überzeugt, daß der Graf auch ein Heilmittel gegen alle Krankheiten kennt und das Altern besiegt.«
1762 beteiligt er sich am Sturz Peters III. in Rußland und verhilft Katharina der Großen auf den Thron. 1763 experimentiert er wieder in seinem Labor in Schloß Chambord, das Ludwig XV. ihm 1758 überließ. 1768 geht er offenbar nach Berlin, taucht aber 1769 in Italien auf und läßt in einer venezianischen Fabrik Flachs zu einem seidenartigen Gewebe verarbeiten. Außerdem macht er sich dort einen Namen als Bildhauer. 1770 taucht er in russischer Generalsuniform beim Fürsten Alexei Orlow in Livorno auf; die Brüder Orlow betonen seine wichtige Rolle während der »Palastrevolution«. Danach experimentiert er wieder, diesmal mit seinem Freund und Schüler, dem Landgrafen von Hessen, und kümmert sich auch um die Freimaurer und Rosenkreuzer. 1774 erscheint er beim Markgrafen Karl Alexander von Ansbach auf Schloß Triersberg und nennt sich auch Graf Weldon. 1776 ist er in Hamburg,

1777 in Leipzig und 1779 bei Amalie von Preußen, der Schwester Friedrichs des Großen. Er soll dem Preußenkönig zwischen 1776 und 1779 mehrere chemische Verbindungen angeboten haben, die Preußen an die Spitze der industriellen Revolution gebracht hätten. Interessant in diesem Zusammenhang, daß für Voltaire, dessen Zynismus vor nichts haltmachte, der Graf von Saint-Germain ein Mann war, »der alles weiß und niemals stirbt«. An den Preußenkönig schreibt Voltaire: »Es ist durchaus möglich, daß Sie dieser Mann in den nächsten 50 Jahren aufsuchen wird.«

Franz Anton Mesmer (1734–1815), der die Lehre vom animalen Magnetismus begründete, behauptete, der Graf habe ihn über das Unterbewußtsein aufgeklärt und damit den Weg zur Psychologie geöffnet. 1780 wird in London Saint-Germains Werk für Violine bei Walsh veröffentlicht. 1784 taucht er wieder in Deutschland auf und soll dann im Schloß des Landgrafen von Hessen-Kassel in den Armen zweier Kammermädchen gestorben sein. Im Kirchenregister von Eckernförde findet sich eine Eintragung, daß am 27 Februar der sogenannte Graf von Saint-Germain und Weldon dort gestorben und am 2. März 1784 in aller Stille beigesetzt worden ist. Ein Jahr später war am 15. Februar 1785 in Paris ein großer Freimaurer-Kongreß. Aus Archiven geht hervor, daß Saint-Germain teilnahm und eine Rede hielt. Im gleichen Jahr soll Katharina die Große sich mit dem Grafen unterhalten haben.

1793 hat sich Saint-Germain der Madame du Barry auf dem Schafott gezeigt und erschien bei Marie Antoinette im Gefängnis, um sie auf ihre Todesstunde vorzubereiten. 1821 weiß die Erziehungswissenschaftlerin Madame de Genlis in ihren Memoiren über ein Gespräch mit dem Grafen während des Wiener Abkommens zu berichten. Im selben Jahr trifft der französische Gesandte Graf de Chalon auf dem Markusplatz in Venedig den geheimnisumwitterten Saint-Germain. 1842 wird er mit Lord Lytton in Verbindung gebracht, mit dem er eng befreundet gewesen sein und dem er zu übernatürlichen Kräften verholfen haben soll. 1867 nimmt der Graf an einem Treffen der Großen Loge in Mailand teil. 1896 schreibt die Theosophin Dr. Annie Besant, sie sei Saint-Germain begegnet. In jüngster Zeit taucht der Name des Grafen verstärkt in medialen Botschaften auf. Ihm wird eine überragende Rolle bei der Erneuerung dieses Planeten zugeschrieben. Diese Botschaften kennzeichnen ihn als »aufgestiegenen Meister«, eine von ihnen aus dem Jahr 1974 lautet: »Jeder Mensch dieser neuen Ära hat persönlich eine zweifache Mission, die Umwandlung seiner eigenen disharmonischen Energien der Vergangenheit und die bewußte Kontrolle und

Meisterschaft über den Gebrauch seines Lebens in der Gegenwart ... Wenige übernehmen (abgesehen von ihrem persönlichen Karma) die Verantwortung, Gelegenheit und Verpflichtung, die Kraft der Umwandlung zugunsten ihres Volkes, ihrer Nation und ihres Planeten zu gebrauchen. Auf diese wenigen verlassen wir uns zur Wiederherstellung des Planeten in diesen Jahren, die uns vom kosmischen Gesetz bewilligt wurden, um alle Dinge neu zu machen. Seid Ihr unter den Wenigen?«

Versetzte Saint-Germain schon im 18. Jahrhundert seine Zeitgenossen dadurch in Verwunderung, daß er Lokomotiven und Dampfschiffe, die damals noch gar nicht erfunden waren, genau beschrieb, so erregt selbst uns noch ein Schriftstück in der Bibliothek von Troyes, dessen Urheberschaft mit Gewißheit auf Saint-Germain zurückgeht. Darin heißt es: »Wir bewegten uns mit einer Geschwindigkeit durch den Raum, die durch nichts als sich selbst ihre Deutung findet. Im Bruchteil eines Augenblicks waren die Ebenen drunten außer Sicht, und die Erde wurde zu einer verschwommenen Wolke. Sie hoben mich empor, und in unendlichen Höhen zog ich für geraume Zeit durch das Weltall. Himmelskörper drehten sich, und Welten versanken unter mir.« Saint-Germain selber behauptete von sich, 4000 Jahre alt zu sein und das Lebenselixier entdeckt zu haben. Man ist geneigt, dies eher für wahrscheinlich als für unmöglich zu halten.

Alte Mythen und Sagen und auch die Bibel, die sich ja alle auf fast die gleichen Vorgänge beziehen und die Geburt der Erde sowie die frühgeschichtlichen Katastrophen der Menschheit in verblüffender Übereinstimmung schildern, lassen sich unter dem Aspekt der Unsterblichkeit, dem Aufstieg zu höheren Dimensionen und der ständigen Besuche der »Götter« neu definieren. Sie erhalten vor allem – zuvor ins Reich des Irrealen verwiesen – eine gemeinsame Basis des Verständnisses. Hesekiel reiste in einem Raumschiff, Moses erhielt seine zehn Gebote von außerirdischen Besuchern, Sodom und Gomorrha wird zur exakten Schilderung eines Luftangriffs, der Olymp, dem sich niemand ungestraft nähern durfte, war die von einem Energiefeld abgeschirmte Basis hochentwickelter Wesen. »Die griechischen Götter existierten wirklich, und sie existieren noch«, heißt es in dem Brief eines Außerirdischen. Natürlich – nach allem, was Frederic Myers aus dem Jenseits mitteilte, wäre es geradezu unlogisch, würden sie nicht mehr existieren. Die Hopi-Indianer im Südwesten der Vereinigten Staaten, in Arizona und New Mexico, gründen ihre uralte Religion auf die Begegnung mit dem, was wir heute UFOs nennen. Und Buddha

war nach den Aussagen verschiedener Medien einer der exzellenten Meister des Kosmos.
Ebenso Jesus. Selbstverständlich Gottes Sohn, so wie wir alle Gottes Kinder sind, die Gott »sich zum Ebenbild erschuf«. Ein Sohn also, der seine Aufgabe überragend begriff und der seine Mission als Wiedergeborener freiwillig auf sich nahm. Pontius Pilatus schilderte in einem Brief, dessen Original in der Vatikanischen Bibliothek aufbewahrt wird und dessen Kopien in der Washingtoner Kongreß-Bibliothek eingesehen werden können, das Auftreten Jesu. Gerichtet ist das Schreiben an Kaiser Tiberius, es stammt aus dem Jahr 32:
»Ein junger Mann erschien in Galiläa, der bescheiden salbungsvoll ein neues Gesetz im Namen Gottes predigte, der ihn gesandt hat. Zuerst war ich besorgt, daß seine Absicht sei, das Volk gegen die Römer aufzuwiegeln. Aber meine Befürchtungen wurden bald zerstreut. Jesus von Nazareth sprach mehr als ein Freund der Römer als der Juden. Eines Tages beobachtete ich in einer Gruppe von Menschen einen jungen Mann, der gegen einen Baum gelehnt in aller Ruhe zu der Menschenmenge sprach. Es wurde mir gesagt, daß es Jesus sei. Dies hätte ich leicht vermuten können, so groß war der Unterschied zwischen ihm und denen, die ihm zuhörten. Sein goldblondes Haar und Bart gaben seiner Erscheinung ein himmlisches Aussehen. Er schien etwa dreißig Jahre alt zu sein. Nie zuvor hatte ich ein lieblicheres oder heiter klares Antlitz gesehen. Was für ein Gegensatz zwischen ihm und seinen Zuhörern mit ihren schwarzen Bärten und ihrer lohfarbenen Gesichtshaut. Da ich ihn durch meine Anwesenheit nicht unterbrechen wollte, setzte ich meinen Weg fort, bedeutete aber meinem Sekretär durch Zeichen, sich der Gruppe anzuschließen und zuzuhören. Später berichtete mein Sekretär, daß er noch nie in den Werken der Philosophen gelesen habe, was man mit den Lehren Jesu vergleichen könnte. Jesus sei weder verführerisch noch aufrührerisch. So dehnten wir unseren Schutz auf ihn aus. Er durfte frei handeln, reden und das Volk versammeln. Diese unbegrenzte Freiheit forderte die Juden heraus, empörte und reizte sie – nicht die Armen, sondern die Mächtigen. Später schrieb ich an Jesus und bat ihn um eine Unterredung im Praetorium. Er kam. Als der Nazarener erschien, machte ich gerade meinen Morgenspaziergang, und als ich ihn anblickte, schienen meine Füße mit eisernen Banden an das Marmorpflaster geheftet zu sein. Ich zitterte an allen Gliedern wie ein schuldiger Verbrecher, obgleich er ruhig war. Ich stand eine Zeitlang da und bewunderte diesen außergewöhnlichen Mann. Es war nichts an ihm oder seinem Charakter, das abstoßend war, ich aber fühlte Ehr-

furcht in seiner Gegenwart. Ich sagte ihm, ihn und seine Persönlichkeit umgebe eine anziehende Einfachheit, die ihn über die Philosophen und Lehrer seiner Zeit stelle. Auf mich und jedermann machte er einen tiefen Eindruck wegen seiner Freundlichkeit, Schlichtheit, Demut und Liebe. Das, edler Herrscher, sind die Tatsachen, die Jesus von Nazareth betreffen, und ich nahm mir die Zeit, dir die Einzelheiten darüber zu berichten. Ich sage, daß ein Mann, der Wasser in Wein verwandeln kann, Kranke gesund macht, Tote zum Leben auferweckt, die stürmische See bändigt, keines Verbrechens schuldig ist. Und wie andere gesagt haben, müssen wir zustimmen, daß er wahrhaft Gottes Sohn ist.«

Jesus kündigte seine Wiederkunft an, die Apokalypse des Johannes schilderte das Jüngste Gericht. Prophezeiungen vom Niedergang dieser Welt durchziehen die Jahrhunderte. Bis zum Jahr 2000 werde sich das neue Zeitalter vollenden, gab nicht nur der Oberst an Mel Noel weiter, sondern heißt es auch in den medialen Botschaften. Ausgehend von Kalifornien, das von gewaltigen Beben erschüttert werden soll, einhergehend mit einem Polsprung, der das Klima verändern und Teile Nordeuropas mit Überflutung bedrohen sowie England und Japan von der Landkarte löschen soll. In den Warnungen der Medien erscheint der 18. August 1999 als Menetekel drohenden Weltuntergangs. Doch wen sollte das ängstigen, der sich zur Unsterblichkeit bekennt? »Es ist die Furcht, die Euch umkommen läßt«, findet sich eine Stelle in den Mitteilungen der Planetarier. Die Wahrheit dieses Satzes ist einleuchtend.

Ein geradezu erstaunliches Zeugnis ist seit mehr als hundert Jahren überliefert durch einen Mann, der nur Volksschulbildung besaß, vorzeitig aus finanziellen Gründen das Gymnasium verlassen mußte und Kapellmeister in Graz wurde. Jakob Lorber lebte von 1800 bis 1864 und vernahm am Morgen des 15. März 1840 eine Stimme in seiner Brust: »Steh auf und nimm deinen Griffel und schreibe.« Als Schreibknecht Gottes bezeichnete er sich fortan, verblüffend der Umfang seiner Niederschriften: 25 Bände, eine enorme physische Leistung. An das Unwahrscheinliche grenzt jedoch die Tatsache, daß auf Tausenden seiner Seiten nicht die geringste Korrektur vorgenommen wurde, sie waren absolut druckreif. Wo gibt es einen Schriftsteller, der das von sich behaupten könnte, und das noch bei schwierigen wissenschaftlichen Texten? So befaßte sich Lorber eingehend mit dem Aufbau des Weltalls und – fast 70 Jahre, bevor Einstein vom Photon sprach – dem Doppelcharakter des Lichts. Entdeckungen, die eine staunende Welt mit dem Nobelpreis belohnte, sind in Lorbers Schriften bereits enthalten – so zum Beispiel aus der Kernphysik die unvorstellbar geringen Wirkungszeiten der Mesonen. Struktur und Arbeitsweise des menschlichen Gehirns sezierte Lorber so umfassend, daß der »unbekannte Prophet«, wie ihn manche zu Recht nennen, Impulse für die medizinische Forschung selbst unserer Tage geben könnte – wenn man ihn nur zur Kenntnis nähme.

Lorber wäre kein »Schreibknecht Gottes«, wenn sich in seinen Schriften nicht auch prophetische Hinweise auf das Schicksal der Menschheit befänden. Was ihm die innere Stimme diktierte, lautete so: »Bald nach jener Zeit der höchsten Industrialisierung wird es auf Erden für das Leben der Menschen sehr übel auszusehen anfangen, denn die Erde wird unfruchtbarer werden. Es werden sich Anzeichen furchtbarer Katastrophen mehren, es wird eine große und allgemeine Not, Elend und Trübsal eintreten, wie die Erde eine größere noch nie gesehen hat. Die Elementarereignisse, die Unglücksfälle und Krankheiten, welche dieser Zeit vorangehen, sind letzte Versuche, noch zu retten, was zu retten möglich ist, damit nicht alle im Schlamm des Egoismus ersticken.« Und an anderer Stelle heißt es: »Ich mache die Völker durch Not nüchtern. Allen zeige ich, daß über ihnen noch ein anderer steht, der sie zwar machen läßt, was sie wollen, der aber die Fäden der Verkettung der Umstände in der Hand behält.«

Der freie Wille des Menschen also – und dies ist ein Kernpunkt zum Verständnis nicht nur Lorbers, sondern auch außerirdischer Mission – entscheidet sein Schicksal, stellt die Weichen für den Weg, auf den er sich begibt, nach oben oder nach unten. Nach unten würde aber gleichzeitig auch die Vernichtung bedeuten; in kosmischer Notwehr auszulöschen, was unheilbar die Harmonie des Alls stört, verstößt nicht gegen die karmischen Gesetze. Setzt man also voraus, die Menschheit besitze die Chance, kraft eigener Einsicht noch das Ruder herumzuwerfen und eine Bahn einzuschlagen, auf der sich kein düsterer 18. August 1999 (oder wann auch immer dieser Tag sein mag) zu verwirklichen hat – die Zweifel an solcher Wende bleiben. Angesichts von vier Milliarden, die irdischen Besitz als die Quelle ihres Strebens betrachten und den Tod als unabänderliches Ende, vor dem es auf Kosten anderer zu leben gilt. Angesichts von vier Milliarden, unter denen sich Atheismus immer mehr ausbreitet und den Himmel zum bloßen Forschungsobjekt degradiert. Angesichts von vier Milliarden, die sich selber als Krone der Schöpfung empfinden und nicht als die Barbaren des Universums erkennen.

16. Kapitel

Die Yogis

Was Sir Arthur Eddington 1931 als ein Schattenspiel entlarvte, ist der Yoga-Wissenschaft seit Jahrtausenden bekannt. Die Welt der Maya, wie die Yogis unsere dreidimensionale »Wirklichkeit« bezeichnen, stellt sich ihnen als eine kosmische Täuschung dar, als ein Trugbild, von dem sich zu lösen der Seele nur gelingt, wenn sie die Fesseln des Karma sprengt. Unbegreiflich wird dies jedem bleiben, der sich mit dem »Ich bin« begnügt und kein fragendes »Warum« dahinter setzt. In die Wirklichkeit der Schöpfung taucht hingegen ein, wem das bohrende »Warum bin ich *ich* und nicht du« keine Ruhe läßt.

Einer verwirrten westlichen Welt legte Paramahansa Yogananda vor mehr als drei Jahrzehnten die »Autobiographie eines Yogi« vor, den ersten authentischen Bericht über das unbegreifliche und die Grenze zum Wunderbaren überschreitende Leben der Heiligen am Fuße des Himalaja. Verwirrend für abendländische Begriffe ist dieses Buch schon aus zwei handgreiflichen Gründen: Zum einen offenbarte der Hinduismus mit seiner Verehrung für Christus und seiner Verneigung vor dem gemeinsamen Urgrund aller irdischen Religionen eine Toleranz, die Christen fremd ist und sie in die Ecke des Hochmuts verweist, zum anderen belegt Yogananda eine jahrtausendealte Kenntnis indischer Wissenschaft vom atomaren Aufbau des Kosmos, wie sie westliche Physiker gerade erst entdeckt zu haben glaubten. Und nicht zuletzt findet sich auch hier jenes kosmische Wellengitter wieder, von dem bereits früher die Rede war und das uns den Schlüssel zum Verständnis der Schöpfung in die Hände legt.

Yogananda deutet in seinem faszinierenden Buch, das man nicht ohne innere Erschütterung zu Ende liest, auch die Technik der Yogis an, die eine »Vereinigung mit dem Unendlichen durch eine bestimmte Handlung oder einen bestimmten Ritus« darstellt. Schon dieser Satz weist die im Westen verbreitete These in den Bereich des Absurden, der abendländische Mensch könne sich mit einer auf seine Bedürfnisse abgewandelten Yoga-Technik regenerieren, ohne zugleich sein Bewußtsein verändern zu müssen. Was immer auch von »Yoga-Tanten« im Fernsehen oder Zeitschriften an Übungen zelebriert wird, ist im Grunde nur der untaugliche Versuch, eine über den Menschen hinauszielende Atmungsmethode für diesseitige materielle Dienste nutzbar zu machen. Yogananda: »Kriya-Yoga ist eine einfache, psycho-physiologische Methode, mit Hilfe derer dem menschlichen Blut Kohlendioxyd entzogen und Sauerstoff zugeführt wird. Diese zusätzlichen Sauerstoffatome werden in einen ›Lebensstrom‹ verwandelt, der das Gehirn und die Rückenmarkszentren neu belebt. Dadurch, daß der Yogi die Anhäufung venösen Blutes verhindert, kann er den Zerfall der Zellen reduzieren oder sogar aufheben. Ein fortgeschrittener Yogi verwandelt seine Körperzellen in reine Energie. Elias, Jesus, Kabir und andere Propheten der Vergangenheit waren Meister im Kriya oder einer ähnlichen Technik, die es ihnen ermöglichte, ihren Körper beliebig zu materialisieren oder zu entmaterialisieren.« Sein Guru Sri Yukteswar lehrte: »Mit Hilfe des Kriya-Yoga kann die menschliche Entwicklung erheblich beschleunigt werden. Die Yogis des Altertums entdeckten, daß der Schlüssel zum kosmischen Bewußtsein hauptsächlich in der Herrschaft über den Atem liegt. Hierin besteht Indiens einzigartiger und zeitloser Beitrag zum Wissensschatz der Welt. Die Lebenskraft, die gewöhnlich durch die Herztätigkeit verausgabt wird, muß mit Hilfe einer atemberuhigenden Methode für höhere Funktionen frei gemacht werden.«

Kosmisches Bewußtsein, Selbstverwirklichung – es ist sicher von exemplarischer Bedeutung, daß in unserem Atomzeitalter diese Botschaft verstärkt aus einer anderen, höheren Welt zu uns dringt. Da sie von der Wirklichkeit kündet, kann sie auch nicht verschieden lauten; Planetarier und Yogis weisen auf das eine Ziel hin. Und beide haben verwirklicht, was Hermann Oberth für den Menschen erträumt: die Beherrschung feinstofflicher Materie.

Nicht umsonst machten sich fast zur gleichen Zeit zwei Yogis auf, menschlichen Zeitgeist zu wandeln. Yogananda ging 1920 im Auftrag seines Guru nach Kalifornien und wirkte dort mehr als dreißig Jahre. Sri Aurobindo – europäisch erzogen, anfangs politisch in Indien tätig und bis zu seinem Tode ungebrochen in geistig-aktiver Anteilnahme an dieser Welt und spiritueller Einwirkung auf die irdische Entwicklung – wiederum schuf seinen »Yoga der Arbeit«, der über die alten Yoga-Disziplinen hinausging und nichts weniger zum Ziel hat als dies: das Höchste Wesen zu verwirklichen – schon hier, auf dieser Erde. Auroville, gelegen in Südindien und benannt nach diesem großen Guru, ist der Platz, an dem sich der Zukunftsmensch formen soll, als Autorität nur der höchsten Wahrheit unterworfen. Dies ist wie jeder echte Yoga-Weg ein langwieriges Unterfangen, aber – im Licht des Karma betrachtet

– befreiend und erlösend. Yogananda war es, der die Christen darauf hinwies, daß karmisches Gesetz und seine logische Folge, die Wiedergeburt, von der frühen christlichen Kirche akzeptiert und erst im Zweiten Konzil zu Konstantinopel 553 n. Chr. als Irrglauben verworfen wurde. Zu jener Zeit, so Yogananda, glaubten viele Christen, daß die Lehre von der Wiedergeburt dem Menschen eine zu lange Zeit- und Raumspanne gewähre und sie deshalb nicht genügend antreibe, sich schon jetzt um Erlösung zu bemühen. »Doch die Unterdrückung der Wahrheit führte zu einer Reihe erschreckender Irrtümer. Denn Millionen Menschen haben ihre ›einmalige Lebenszeit‹ nicht ausgenutzt, um Gott zu suchen, sondern um diese Welt, die sie auf so einzigartige Weise gewonnen hatten und bald auf ewig verlieren würden, in vollen Zügen zu genießen. In Wirklichkeit aber muß sich der Mensch so lange auf Erden wiederverkörpern, bis er von neuem zum Bewußtsein seiner Gotteskindschaft erwacht.« Yogananda konstatiert: »Die Menschheit, die sich selbst für so vielschichtig hält, besteht in den Augen eines Meisters nur aus zwei Gattungen: aus den Unwissenden, die Gott nicht suchen, und aus den Weisen, die Gott suchen.«
Yoga besteht nicht, wie fälschlich vielfach angenommen wird, aus »Zauberkünsten« oder geheimnisvollen Riten. Der berühmte Schweizer Psychologe Dr. Carl Gustav Jung erklärte vielmehr: »Auch für die westliche Welt wird der Tag kommen, da man die innere Kunst der Selbstbeherrschung für ebenso notwendig erachtet wie die äußere Unterjochung der Natur. Das Atomzeitalter wird den Menschen zum Nachdenken zwingen und ihn angesichts der wissenschaftlich unbestreitbaren Tatsache, daß alle Materie nichts als verdichtete Energie ist, ernüchtern, zugleich aber seinen Gesichtskreis erweitern. Der menschliche Geist kann und muß in sich selbst Energien frei machen, die größer sind als die in den Steinen und Metallen schlummernden; sonst wird der kürzlich entfesselte, materielle Atomriese die Welt in den Abgrund sinnloser Zerstörung treiben. Ein indirekter Segen, den die Angst vor der Atombombe möglicherweise bewirkt hat, ist das ständig anwachsende Interesse an der Yogawissenschaft, einer wahrhaft ›bombensicheren Zuflucht‹.«
Die Welt der Yogis ist voller Wunder; Yogananda berichtet darüber ausführlich. Etwa von Badhuri Mahasaya, dem »schwebenden Heiligen«, der ihm zugleich die Mahnung mit auf den Weg gab, über der »Technik nicht das Ziel zu vergessen«, also die Meditation nicht mehr zu lieben als Gott oder etwa die Wundergaben höher einzuschätzen als den Geber selbst. Logisch daher, daß sich all das

nicht auf lärmenden und materiellen Gewinn bringenden Jahrmärkten, sondern in der Abgeschiedenheit abspielte und noch abspielt: Yogis, die gleichzeitig in zwei oder mehr Körpern an verschiedenen Orten auftreten, die Kranke heilen nur durch bloße Berührung oder Kraft ihrer Gedanken, die Menschen speisen wie seinerzeit Jesus die Fünftausend, die in den Gedanken ihrer Mitmenschen zu lesen vermögen wie in einem aufgeschlagenen Buch, die Jahrzehnte keine Nahrung zu sich nehmen und dennoch weiterleben. Die Katholische Kirche kennt Parallelen: etwa den Heiligen Joseph von Cupertino, dessen Klosterbrüder sich bei ihren täglichen Mahlzeiten nie von ihm bedienen ließen, da er – ergriffen von göttlicher Ekstase – oft mitsamt dem Geschirr zur Decke aufstieg. Oder Therese von Konnersreuth, die fast drei Jahrzehnte täglich nur eine Hostie aß und dennoch aussah wie das blühende Leben. »Ich lebe vom Gottes Licht«, erklärte sie Yogananda, der nach dieser Begegnung schrieb: »Wie einfach ihre Antwort war – wie einsteinisch!« Oder Johannes vom Kreuz, der 1591 starb und dessen Körper 1859 in unverwestem Zustand ausgegraben wurde. Oder die Heilige Theresa von Avila, die ebenfalls schwebte und deren Körper – in einer Kirche in Alba aufgebahrt – sich bis heute, vier Jahrhunderte nach ihrem Tod, nicht zersetzte. Yogananda wiederum ging am 7. März 1952 in den Mahasamadhi ein (das ist der endgültige und bewußte Austritt eines Yogi aus seinem Körper). Er lag zwanzig Tage in einem gläsernen Sarg, danach wurde der Bronzedeckel über dem Leichnam geschlossen, der bis dahin nicht das geringste Anzeichen von Verwesung aufwies. Los Angeles, wo der Körper des großen Yogi ruht, hatte so etwas noch nie erlebt.

Sechzehn Jahre vor seinem irdischen Tod erlebte Yogananda die Auferstehung seines Guru Sri Yukteswar. Das geschah am 19. Juni 1936 um 15 Uhr in einem Hotelzimmer in Bombay, wo Yogananda vor der Rückkehr nach Amerika weilte. Sein Guru war am 9. März gestorben, aber nun stand er plötzlich leibhaftig vor ihm: »Ich habe aus den Atomen des Kosmos einen neuen Körper gebildet, der genau dem physischen Traumkörper gleicht, den du in deiner Traumwelt im Traumsand von Puri begraben hast. Ich bin wahrhaftig auferstanden, doch nicht auf Erden, sondern auf einem Astralplaneten, dessen Bewohner höher entwickelt sind als die Erdenmenschen. Dort wirst du mit deinen fortgeschrittenen Jüngern einst ebenfalls hinkommen.«

Was Sri Yukteswar von dieser Astralwelt berichtet, ähnelt verblüffend jener Schilderung, die wir Arthur Ford verdanken. Zwar nennt der Guru nur drei Körper – den irdischen, den astralen und den kausalen – und ebenso drei Welten statt der sieben Bewußtseinsebenen bei Ford, doch unterteilt sich die Astralwelt wiederum in verschiedene Ebenen, auf denen Millionen Wesen je nach ihrer karmischen Beschaffenheit leben. Auch hier wirkt also das Karma nach und zwingt die Seele entweder zu irdischer Wiedergeburt oder zum Aufstieg in eine höhere Astralwelt. »Mittels ihrer Intuition können die astralen Wesen den Schleier, der sie von der irdischen Welt trennt, lüften und die Tätigkeit der Menschen beobachten; doch die Menschen können nicht in die astralen Sphären schauen, es sei denn, daß ihr sechster Sinn bis zu einem gewissen Grade entwickelt ist. Es gibt Tausende von Erdenbewohnern, die für kurze Augenblicke ein Astralwesen oder eine der Astralwelten erblickt haben.« Ein Schlüssel auch zum Verständnis der UFOs?

Die Kausalwelt schließlich ist von »unbeschreiblicher Feinheit«, in sie kann nicht aufsteigen, wer noch ein ungetilgtes irdisches Karma besitzt, und in ihr kann nicht bleiben, wessen astrales Karma noch nicht abgetragen ist. »Wenn die Seele endlich die drei körperlichen Hüllen der Täuschung abwirft, vereinigt sie sich, ohne ihre Individualität zu verlieren, mit dem Unendlichen. Christus hatte diese endgültige Freiheit bereits erlangt, ehe er als Jesus geboren wurde.« Und: »Jeder Mensch muß zahlreiche irdische, astrale und kausale Inkarnationen durchmachen, ehe er sich von seinen drei Körpern lösen kann. Hat er dann seine endgültige Freiheit erreicht, steht es ihm frei, als Prophet zur Erde zurückzukehren und andere Menschen auf den Weg zu Gott zu führen. Oder er kann im Astralkosmos leben und den dortigen Bewohnern einen Teil ihres Karmas abnehmen ... Auch kann eine befreite Seele in der Kausalwelt bleiben, um den dortigen Wesen zu helfen, ihre Zeitspanne im Kausalkörper zu verkürzen.«

Wie Ford schildert auch Sri Yukteswar, daß sich in der astralen Welt zahllos jene Freunde und Verwandte wiederbegegnen und erkennen, die in früheren Inkarnationen miteinander verbunden waren. Und so wie Myers berichtete, daß er sich mit einem Freund auf ungeheure Entfernungen hin unterhalten könne, indem er seinen Körper dorthin versetze und nach dem Gespräch wieder auflöse, so ist es astralen Wesen nach Sri Yukteswar möglich, ihren Körper nach Belieben zu materialisieren und zu entmaterialisieren; »auch Blumen, Fische und Tiere können sich vorübergehend in astrale Menschen verwandeln«. Das astrale Universum »ist unvorstellbar schön, sauber, rein und geordnet. Dort gibt es keine ausgestorbenen Planeten und kein verödetes Land. Auch die irdischen Plagen wie Unkraut, Bakterien, Insekten und Schlangen existieren dort nicht.«

»Vier Meister weilen zur Zeit auf unserer Erde«, hieß es in den außerirdischen Botschaften. Einer davon lebt in Indien. Das kann nur Babadschi sein, von dessen Existenz die Welt erst 1946 erfuhr, als Yoganandas Buch erschien. »Seit Jahrhunderten, wenn nicht sogar seit Jahrtausenden«, heißt es darin, »hat dieser abgeschieden lebende Meister in demselben physischen Körper gelebt. Der unsterbliche Babadschi ist ein Advatara ... in den Hinduschriften bedeutet Advatara das Herabsteigen der Gottheit in das Fleisch.« Babadschi war im vorigen Jahrhundert der Guru von Lahiri Mahasaya, der den verloren geglaubten Kriya-Yoga wiederbelebte.
Wörtlich bei Yogananda: »Babadschi steht in ständiger Verbindung mit Christus. Beide senden der Menschheit erlösende Schwingungen und haben auch die befreiende geistige Technik für dieses Zeitalter bestimmt. Das Werk dieser beiden erleuchteten Meister, von denen der eine körperlich sichtbar und der andere körperlos ist, besteht darin, die Völker der Erde geistig zu erwecken, damit sie sich aus eigenem Antrieb von den Geißeln des Krieges, der Rassenvorurteile, des religiösen Fanatismus und des Materialismus befreien. Babadschi ... hat erkannt, daß der befreiende Yoga ... auch in den westlichen Ländern verbreitet werden muß. Daß es keine historischen Aufzeichnungen über Babadschis Leben gibt, darf uns nicht verwundern. Der große Guru ist in keinem Jahrhundert an die Öffentlichkeit getreten; der mißverständliche Glanz öffentlichen Ruhms paßt nicht zu seinen tausendjährigen Plänen.« Und Yogananda gab deshalb nur wenige Tatsachen preis, die Babadschi, der sich jederzeit unsichtbar machen kann, für eine Veröffentlichung geeignet hielt.
Daher auch keine Angaben über seinen Geburtsort oder seine Familie. Sein Körper weist keinerlei Alterserscheinungen auf; er wirkt wie ein junger Mann von 25 Jahren. Mit seinem Jüngerkreis, zu dem auch zwei fortgeschrittene Amerikaner gehören, zieht er durch den Himalaja – manchmal zu Fuß, manchmal auf astrale Weise, indem er sich und seine Begleiter unmittelbar an einen anderen Ort versetzt. Von anderen gesehen oder erkannt werden kann er nur, wenn er es wünscht.
In einer solchen Welt, in der die Wunder alltäglich sind, kann es daher nur wunderbare Geschichten geben. Jene wenigen, die Babadschi begegnen durften, waren Zeugen unvergeßlicher Erlebnisse. Das unvergeßlichste widerfuhr Lahiri Mahasaya, dessen Jünger wiederum Sri Yukteswar einst war. Im Herbst 1861 wurde Lahiri im Alter von 33 Jahren als Regierungsbeamter nach Ranikhet im Himalaja versetzt. Da er nicht allzu viel zu tun hatte, wanderte er im

Gebirge umher, um vielleicht einem großen Heiligen zu begegnen. Auf einmal hörte er seinen Namen rufen und erreichte schließlich eine Lichtung, auf der ihn ein junger Yogi begrüßte. Es war Babadschi, der ihm mit einer Handbewegung an seine Stirn Erinnerungen an sein vorheriges Leben weckte, in dem Lahiri bereits zu Babadschis Jüngern zählte. Später, um Mitternacht, materialisierte Babadschi einen goldenen Palast, um Lahiri Mahasaya von seiner letzten karmischen Bindung zu befreien. (In ferner Vergangenheit hatte er einmal den Wunsch geäußert, sich an den Schönheiten eines Palastes zu erfreuen; das Gesetz des Karma verlangt, daß jeder menschliche Wunsch einmal in Erfüllung geht. Daher sind ungeistige Wünsche Ketten, die den Menschen an das Rad der Wiedergeburt fesseln.) In diesem goldenen Palast empfing Lahiri die Kriya-Yoga-Technik. Als die Morgensonne aufging, ließ Babadschi den Palast wieder verschwinden. Dann entsandte er Lahiri wieder unter die Menschen, um ihnen zu zeigen, daß auch ein Familienvater den Weg des Yoga gehen kann: »Millionen von Menschen, die durch ihre Familie oder andere verantwortungsvolle Pflichten gebunden sind, werden durch dich, der du ebenfalls eine Familie zu versorgen hast, wieder neuen Mut schöpfen. Du mußt ihnen zu der Erkenntnis verhelfen, daß auch verheiratete Menschen die Möglichkeit haben, die höchsten Stufen des Yoga zu erklimmen, daß ein Yogi auch draußen in der Welt Erleuchtung finden kann, wenn er seine Pflichten gewissenhaft erfüllt und sich von allen eigennützigen Beweggründen und persönlichen Bindungen frei macht.« Das Leben Lahiri Mahasayas erfüllte sich in diesem Sinn.
Und es war Babadschi, der Sri Yukteswar befahl, Yogananda in die westliche Welt zu entsenden.

17. Kapitel
Geheimsache UFOs

Um mit Schopenhauer zu sprechen: Jedes Problem durchläuft bis zu seiner Anerkennung drei Stufen. In der ersten erscheint es lächerlich, in der zweiten wird es bekämpft, und in der dritten gilt es als selbstverständlich.
Die Stufe des Lächerlichen scheinen die UFOs allmählich hinter sich zu lassen. Das bekannte amerikanische Gallup-Institut legte im Herbst 1973 das Ergebnis einer Umfrage vor. Danach gaben 95 Prozent aller Befragten an, schon von UFOs gehört oder gelesen zu haben; 52 Prozent waren überzeugt, daß UFOs wirklich existieren und nicht nur eine Fiktion menschlicher Phantasie sind; 11 Prozent äußerten sich überzeugt, selbst bereits ein UFO gesehen zu haben. Sieben Jahre zuvor hatte die Quote jener, die behaupteten, ein UFO gesichtet zu haben, nur fünf Prozent betragen. Weitaus bemerkenswerter und eigentlich geradezu sensationell: Die 95 Prozent waren in der 37jährigen Geschichte Gallups der höchste Wert, der je bei einer Befragung zu irgendeinem Thema registriert wurde. Mit anderen Worten: UFOs sind bekannter als alle anderen Probleme, und die 95-Prozent-Marke könnte man eigentlich nur noch übertreffen, wenn man fragte: »Haben Sie schon je einmal von der Bibel gehört oder ein Auto gesehen?«
Angesichts eines so umfassenden Interesses wäre es eigentlich logisch, offizielle Stellen vor allem in den Vereinigten Staaten würden sich nicht nur umfassend damit beschäftigen, sondern auch die Ergebnisse ihrer Untersuchungen offen darlegen. Was jedoch auch immer geäußert wurde, hatte eher verschweigenden Charakter oder glich jener Methode, die Unwissenheit für den besten Zustand einer unaufgeklärten Masse hält. Thomas Mantell zum Beispiel, der 1948 auf eine Weise verunglückte, die nur rätselhaft ist, wenn man die Existenz der UFOs leugnet, konnte sich nicht mehr gegen die vertuschenden Erklärungen der amerikanischen Luftwaffe wehren. Nach deren erster Version hatte er angeblich die Venus gejagt, und als dies dann doch zu absurd erschien, folgte prompt die zweite Version, die Mantell mit einem Wetterballon zusammenstoßen ließ. Daß ein Wetterballon einen Düsenjäger angeblich in Myriaden von Metallsplitter zu zerreißen vermag, sollte selbst den engstirnigsten unter allen orthodoxen Wissen-

schaftlern stutzig machen. Noch lächerlicher machte sich die Luftwaffe, als im August 1965 Zehntausende von Menschen von North Dakota bis Mexico eigentümlich leuchtende Formationen am Himmel beobachteten, die hin und her manövrierten. Den Nachrichtendiensten band die Luftwaffe den Bären auf, all die vielen Augenzeugen am Boden und in der Luft hätten nichts anderes gesehen als vier Sterne im Sternbild des Orion. Die Zurechtweisung folgte prompt durch Professor Walter Webb vom Hayden-Planetarium und Dr. Robert Risser vom Oklahoma-Planetarium: Die Sterne im Orion befanden sich zu jener Zeit auf der anderen Seite der Erde.
Wozu also solch augenscheinlicher Betrug? Die Aktendeckel der Luftwaffe quellen über von Berichten und Untersuchungen, die Leichentiefkühltruhe in Dayton birgt – so Professor Carr – die toten Körper sechzehn Außerirdischer. Nicht umsonst startete die Luftwaffe ihr Projekt Blaubuch, in dem von 1947 bis 1965 alle UFO-Meldungen registriert (und sicher auch untersucht) worden sind. 10417 sind es an der Zahl, von denen 9502 auf »natürliche Weise« erklärt werden – wie die vier Sterne im Orion? Immerhin bleiben 915 als nicht identifiziert und unerklärlich übrig, für die auch die sonst so fixen Militärs keine Antwort parat haben. Auch wenn sich das Staatsarchiv im Sommer 1976 endlich öffnete – sind es die vollständigen Unterlagen, die nun jedermann einsehen darf?
Wie sehr auf Geheimhaltung gedrungen wurde, weiß man von vielen ehemaligen Luftwaffenpiloten. Mel Noel war nur einer von ihnen, denen befohlen wurde: »Reden Sie nicht einmal zu sich selber darüber.« George Adamski berichtete von einer Gesprächsrunde im Oktober 1946 in einem Café, die sich angeregt über die Sichtung eines riesigen Raumschiffs bei San Diego unterhielt. Sechs Armeeoffiziere hörten am Nebentisch aufmerksam zu, einer von ihnen warf schließlich ein: »So phantastisch ist das nun doch nicht, wie es sich anhört. Etwas wissen wir schon über diese Dinge.« Adamski drängte begreiflicherweise auf weitere Informationen, doch die Offiziere blieben zurückhaltend. Immerhin gaben sie zu, das beobachtete Raumschiff stamme tatsächlich aus einer anderen Welt. Ende 1949 lernte Adamski vier Männer im Café von Palomar Gardens kennen; zwei gehörten zum Point-Loma-Laboratorium der Marine und hießen Maxfield und Bloom, die beiden anderen – einer von ihnen in Offiziersuniform – arbeiteten in einem ähnlichen Bereich in Pasadena. Sie baten Adamski um seine Mitarbeit, vor allem bei Aufnahmen seltsamer Raumschiffe. Einige Zeit danach hörte Adamski im Radio von der Landung eines UFOs in Mexico City, während der Nachrichtensendung trat Mr. Bloom ins

Zimmer und bemerkte anschließend: »Sie haben nicht die ganze Wahrheit gesagt, da war viel mehr dran.« Mehr sagte Bloom jedoch nicht. Adamski traf 1951 einige Regierungsbeamte aus Mexico, die ihm den Vorfall bestätigten. Doch habe – so die Beamten weiter – die mexikanische Bevölkerung sich gebärdet, als sei das Ende der Welt gekommen. Um eine Panik zu verhindern, sei den Leuten schließlich erzählt worden, es habe sich nur um eine ferngelenkte amerikanische Rakete gehandelt, die außer Kontrolle geraten sei.

Ein Jahr zuvor bekamen zwei Zeitungen davon Wind, daß Adamski dem Marine-Laboratorium Aufnahmen von UFOs überlassen hatte. Sie veröffentlichten darüber einen Bericht und provozierten nunmehr eine Kette sich widersprechender Dementis. Zuerst bestritt das Marine-Laboratorium energisch, jemals solche Fotos erhalten zu haben; Adamski regte das nicht sonderlich auf, da er die Negative noch in der Hand hatte. Die Zeitungen waren jedoch hartnäckig und wandten sich an das Pentagon in Washington. Die Luftwaffe ließ darauf erklären, sie habe keine Kenntnis davon und sei deshalb »etwas skeptisch«, auch könne sie sich nicht zu der Theorie bekennen, Fliegende Untertassen seien interplanetarische Objekte. Dennoch: »... die Luftwaffe fährt fort, Berichte über solche Phänomene zu prüfen.« Und das drei Monate nach der Mitteilung, das »Projekt Untertasse« sei aufgelöst! Einige Tage später dann die überraschende Mitteilung, das Marine-Laboratorium habe ein Foto Adamskis »gefunden«, doch sei das darauf abgebildete Objekt kein Raumschiff. Die »San Diego Tribune Sun« knüpfte daran die Frage: »Oder stellt das Bild vielleicht doch ein Raumschiff dar?« Auf die offizielle Antwort wartet man heute noch.

Dies ungeachtet der Behauptung, Fotografien von Planetariern befänden sich im Besitz von mehreren Regierungen der Erde; die meisten würden aufbewahrt im Wright-Patterson-Stützpunkt bei Dayton, in der Nähe von Washington, in einer unterirdischen Dokumentationszentrale der amerikanischen Regierung sowie in ebenfalls unterirdischen Tresoren der Agentenzentrale CIA. Oberst Joseph Byran, einst Spezial-Assistent der Luftwaffe: »Die UFOs sind interplanetarische Objekte, systematisch die Erde beobachtend, entweder bemannt oder ferngesteuert oder beides. Informationen über UFOs sind offiziell zurückgehalten worden. Diese Politik ist gefährlich.« Und Vizeadmiral R. H. Hillenkoetter: »Die Luftwaffe hat ständig die amerikanische Öffentlichkeit irregeführt.«

Den Gipfel solcher Irreführung erklomm schließlich der sogenannte Condon-Bericht. 1966 beauftragte die Luftwaffe unter dem wachsenden Druck der Schlagzeilen, die UFOs trotz aller Dementis in den Zeitungen machten, die Colorado-Universität mit einer wissenschaftlichen Untersuchung und opferte dafür eine halbe Million Dollar. Professor Condon wurde als Leiter eingesetzt. Er ließ sich damit auf eine Sache ein, von der hinterher unwiderlegt behauptet wurde, das Ergebnis sei von vornherein festgelegt gewesen, damit die Luftwaffe ihre Geheimhaltungstaktik mit einem wissenschaftlichen Mäntelchen umgeben könne. Condon entließ nämlich sehr schnell mit den Doktoren Saunders und Levine zwei Fachleute aus dem Projekt-Kreis, die sich seit langem mit UFOs beschäftigt hatten und zu der Erkenntnis gelangt waren, die außerirdischen Raumschiffe existierten tatsächlich. Saunders und Levine hatten für die Condon-Untersuchung Tausende konkreter Fälle vorbereitet, doch unter die Lupe genommen wurden nur 90. Unter Tausenden lassen sich schon 90 finden, mit denen man die UFOs lächerlich machen kann. So lautete denn auch Condons Abschlußbericht: »Es gibt keine Beweise, die die Annahme rechtfertigen würden, daß außerirdische Besucher in die Erdatmosphäre eingedrungen sind, und nicht genügend Beweise, um weitere Forschungsarbeiten auf diesem Gebiet zu rechtfertigen.« Danach brach ein Sturm der Entrüstung los, der Condon-Report erwies sich als ein Skandal und rief Wissenschaftler auf den Plan, die ihn systematisch zerpflückten. Dabei stellte sich heraus, daß selbst unter den 90 Fällen 30 Prozent nicht identifiziert werden konnten. Condons Behauptung, daß die Erde in den nächsten zehntausend Jahren nicht von intelligentem Leben außerhalb des Solarsystems besucht werden könne, war ebensowenig glaubwürdig wie jene Inquisitoren, die 1633 Galilei zum Widerruf zwangen. Und die Empfehlung, die Untersuchungen abzubrechen, grenzte angesichts der bis in alle Einzelheiten dokumentierten ungeklärten Fälle an Unverschämtheit. Unwissenschaftlicher kann sich ein Wissenschaftler nicht verhalten.

Condons Schlappe verkehrte die Absicht vor allem des CIA, der amerikanischen Organisation für Spionageabwehr, in ihr Gegenteil. Der CIA hatte sich der UFO-Kommission der Luftwaffe kurzerhand bemächtigt. Danach waren die Geheimhaltungsvorschriften schlagartig verschärft worden. Nicht genehme Wissenschaftler wurden entfernt und durch CIA-Beamte ersetzt. UFO-Berichte könnten zu einem Problem der nationalen Sicherheit werden, lautete die Begründung, und sie läßt sich nicht nur militärisch motivieren. Zwar sehen die Vereinigten Staaten in der Beherr-

schung ihres Luftraums einen Hauptpfeiler ihrer eigenen Sicherheit: UFOs darf es allein schon deshalb nicht geben, weil sie sich der Kontrolle durch die Luftwaffe entziehen. UFOs sind also in Wahrheit ein Alptraum, der den unerschütterlichen Glauben an die eigene Macht ins Wanken bringt.
Es geriete aber noch viel mehr ins Wanken, wenn sich herausstellt, daß es außerirdische Mächte gibt, die uns unvorstellbar überlegen sind. Die Menschheit erführe in diesem Augenblick, daß außer Dollars noch etwas anderes existiert, das die Ohnmacht weltumspannender Interessenverflechtungen bloßstellt. Für jene, die Macht in den Händen halten – irdische Macht wohlgemerkt –, wäre das nicht annehmbar. Auch nicht für eine Wirtschaft, die durch neue Techniken ihre Felle davonschwimmen sähe, die zudem durch tiefgreifende ethische Wandlungen den Einsturz ihres eigenen Systems befürchten müßte. Und wer wollte leugnen, daß ein seelisches Erdbeben diesen Planeten erschütterte, wenn sich weltweit die Wahrheit über die UFOs und ihre kosmische Mission bestätigt?
Die Geheimdienste in aller Welt betreiben die UFO-Forschung weiter, obwohl es sie ja angeblich gar nicht gibt. Und offenbar werden immer noch Hexenfeuer für jene entzündet, die naiv genug sind anzunehmen, Wahrheit dürfte auch dann verkündet werden, wenn sie vorherrschender Meinung widerspricht. Der »Blackman« geht um, und er stellt sich zuweilen als ein wenig mehr heraus als nur schierer Verfolgungswahn. Etwa für Joseph Henslik aus Greenlawan auf Long Island, der im Oktober 1966, vom Heulen seines Hundes geweckt, über dem Postamt ein UFO schweben sah. Er griff nach seiner Kamera und knipste einen ganzen Film leer. Die Aufnahmen waren sensationell, außer dem Fotohändler, der sie entwickelte, bekam sie niemand zu sehen. Kurz darauf bekam Henslik gegen drei Uhr morgens Besuch von zwei fremden Männern. Sie waren mittelgroß, tiefgebräunt und hatten dunkles Haar. Schwarze Jacken, schwarze Rollkragenpullover, schwarze ausgebeulte Hosen. Sie erklärten, im Auftrag der Regierung zu kommen. Ausweise zeigten sie nicht, erwähnten aber eine streng geheime Regierungsstelle, die sie nicht nennen dürften. Einer der beiden: »Wir wissen, daß Sie einige Fotos gemacht haben, und bitten Sie, uns diese auszuhändigen; dies ist zu Ihrem eigenen Wohl, zu dem Ihrer Familie und Ihrer Umgebung, und Sie müssen dies als guter Amerikaner tun.« Henslik schlug die »Bitte« ab und behauptete, er hätte die Fotos noch nicht zurückerhalten. Darauf gaben sie ihm 24 Stunden Zeit. Als die Männer gegangen waren, studierte Henslik

seine Fotos mit der Lupe und vermeinte Zeichen auf dem UFO zu erkennen, aber die Bilder waren nicht genug vergrößert, um die Zeichen lesbar zu machen. In der nächsten Nacht erschienen wieder um 3 Uhr diesmal drei Männer, die Henslik bedrängten. Schließlich verschwanden sie samt Fotos und Negativen. Henslik schrieb im folgenden Monat sechs Briefe an einen Bekannten mit Namen Gray Barker, die jedoch nie ihr Ziel erreichten. Darauf telefonierte er mit Barker und erhielt prompt Drohanrufe, die ihn warnten, noch einmal mit Barker zu sprechen. Er tat es dennoch und bekam weitere Drohanrufe. Darauf schrieb er Barker noch zweimal, aber nur ein Brief erreichte den Adressaten – unterwegs geöffnet und mit Klebestreifen wieder verschlossen.

Solche »Black men« tauchten verschiedentlich auf und gaben sich als Beauftragte der Regierung, des CIA oder der Air Force aus. Aber eine Bestätigung durch die Behörden war nie zu erhalten. Sie beschlagnahmten Unterlagen und schüchterten die Leute ein. In einigen Fällen sollen UFO-Forscher ihre Akten verbrannt und sämtliches Interesse an diesen Dingen verloren haben, andere gar verschwanden, ohne eine Spur zu hinterlassen. In den USA, in Europa und in Australien bekundeten UFO-Zeugen, nur knapp einer Entführung oder gar dem Versuch entgangen zu sein, vorsätzlich mit dem Auto überfahren zu werden. In Italien wurde ein Mann, der ein UFO gesichtet hatte, von einem Uniformierten aufgesucht, der sich als amerikanischer Geheimagent ausgab. Er verhörte den Augenzeugen mehrere Stunden und warnte ihn, über sein Erlebnis zu sprechen. In England fotografierte ein Mann ein UFO, auf dem Bild war neben dem Raumschiff eine Gestalt in weißer Raumfahrerkleidung zu erkennen. Auch er erhielt mysteriösen Besuch, doch war zu dieser Zeit das Foto der Öffentlichkeit bereits bekannt.

Schließlich und endlich die Liste unerklärlicher Sterbefälle, um die sich Legenden ranken und die zu dem Schluß führen, daß ernsthafte UFO-Forscher vor allem in den USA »etwas zu häufig einem Herzinfarkt erliegen«, wie es Henry Durrant in seinem »Schwarzbuch der Fliegenden Untertassen« formuliert. Dr. James E. McDonald wurde am 13. Juni 1971 mit einer Kugel im Kopf aufgefunden. Offizielle Darstellung: Selbstmord. Dr. Jessup fand man am 29. April 1959 in seinem Auto; ein Schlauch leitete die Auspuffgase ins Wageninnere. Offizielle Darstellung: Selbstmord. Der Physiker Charles A. Maney vom Defiance College Ohio erlag einem Herzschlag, als sein Buch »Unidentified Flying Objects« gerade veröffentlicht und das Manuskript eines zweiten Buches, von dem man sich eine Sensation versprach, gerade beendet war. Anfragen nach diesem Manuskript blieben von der Witwe unbeantwortet. Nach einem Herzinfarkt starb der Luftwaffenoffizier Edward Ruppelt. Er war Chef des Projekts Blaubuch gewesen und hatte Major Donald E. Keyhoe, einem führenden UFO-Experten, geheime Dokumente zugespielt. Cedric Allingham, Autor von UFO-Büchern, stürzte in den Bergen auf unerklärliche Weise zu Tode. Frank Edwards, renommierter Rundfunkkommentator und Autor von engagierten UFO-Büchern, wurde tot im Bett seines Hotelzimmers gefunden – Herzschlag. Wilbert B. Smith, der das kanadische »Project Magnet« leitete und bekundete, eine kleine Gruppe in der Spitze der amerikanischen Regierung sei Drahtzieher für die Unterdrückung von UFO-Nachrichten, starb auf geheimnisvolle Weise im Alter von 52 Jahren.

Nun mag man mit Recht einwenden, daß der Tod eines Menschen nichts Ungewöhnliches sei und am Ende eines jeden irdischen Lebens stehe. Doch sollte immerhin verständlich sein, daß in einer von Intoleranz vergifteten Atmosphäre die Gerüchte wie Unkraut gedeihen. Die Liste ist somit zum mindesten ein beredtes Zeugnis für das von Unverständnis erzeugte Klima, in dem UFO-Forschung gezwungen ist, sich zu behaupten.

Nicht weniger schweigsam, jedoch sehr viel friedvoller verhält sich die amerikanische Raumfahrtbehörde NASA. Die Erklärung dafür ist einfach: In Houston gibt es keine militärische, sondern eine wissenschaftliche Aufgabe zu erfüllen. Aber auch dort hat sich das System der Geheimhaltung verfeinert, seit Armstrong am 1. Juli 1969 auf dem Mond einige Worte ins Mikrophon sprach, die keineswegs in das Klischee vom unbewohnten, verödeten Erdtrabanten paßten und die nur deshalb weitgehend unbeachtet blieben, weil die Euphorie über den perfekt gelungenen Flug sie überdeckte. Schien es schon reichlich übertrieben, daß die Astronauten nach der Landung auf dem Mond ursprünglich zehn Stunden »ausruhen« sollten in der geschlossenen und jederzeit startklaren Mondfähre, so erreichte die Kette des Merkwürdigen ihren Gipfel in der Anordnung, der Raumfahrer habe nach dem Betreten des Mondes »ohne sich von der Stelle zu rühren« den Beutel mit Geröll und Staubproben »schnell« zu füllen, damit man auch noch anderes als nur Fotos mitbringe, »falls eine überstürzte Rückkehr« notwendig werde. Weshalb eine überstürzte Rückkehr überhaupt als Eventualfall eingeplant war, hat die NASA nie verraten.

Noch in der Mondfähre, schilderte Armstrong der Bodenstation in Houston, was er sah. »Ringsum sind eine Menge kleinerer Krater«, berichtete er und hielt dann plötzlich wie erschrocken inne. Mit gesenkter Stimme fuhr er dann fort: »Sie sind zwischen sechs und fünfzehn Meter groß und ... (stockend und leise) eine halbe Meile entfernt, möchte ich sagen, sind Spuren, die aussehen, als wären sie von den Ketten eines Raupenschleppers hinterlassen.« Armstrong fing sich danach, als wäre ihm bewußt geworden, was er nicht nur zur Bodenstation, sondern zugleich in die Ohren von Millionen Fernsehzuschauern gesprochen hatte. Die Astronauten waren viel zu geschult, als daß man sich auf ihre Beobachtungsgabe nicht hätte verlassen können, und anzunehmen, Armstrong hätte in einem solch historischen Augenblick banales Zeug dahergeredet, wäre geradezu absurd. Vergessen wir auch nicht, daß Aldrin und Armstrong zuvor in Mondnähe unbekannte helleuchtende Scheiben fotografiert hatten und sich demnach in hochgradiger Erwartung unvorhergesehener Ereignisse befunden haben müssen. Aldrin, der sich mit Armstrong in der Unterhaltung mit der Bodenstation abwechselte, schilderte wenig später, nachdem Armstrong die »Spuren« entdeckt hatte: »Es ist wenig Farbe im Umkreis. Aber irgendein Steinblock könnte welche haben. Wir werden sehen.« Was war »Farbe«? Etwa eine »Sprachregelung«, die auf eine sofortige Rückkehr vorbereitete? Wie zur Bestätigung griff Armstrong ein: »Haltet jetzt bitte die Raumkapsel in greifbarer Nähe bereit!« Warum wollte Armstrong die Kapsel mit Collins an Bord unbedingt in der Nähe wissen?

Nach fünf Stunden, an deren Ende die beiden Astronauten eher erschöpft als ausgeruht waren, entschieden sie von sich aus, schon jetzt mit der Mondwanderung zu beginnen. Houston stimmte sofort zu. Der Verdacht, es könnte »Farbe« auftauchen, war offenbar verschwunden.

Bei späteren Apollo-Flügen hatten die Astronauten nicht nur die Möglichkeit, jederzeit von einer Geheimwelle Gebrauch zu machen, auch die Fernseh- und Radiosendungen vom Mond durchliefen erst einmal eine Kontrolle in Houston, bevor sie an die TV-Stationen weitergeleitet wurden. Es gab damals in den Übertragungen eine ganze Reihe »technischer Störungen«; der Verdacht, hier wurde der Öffentlichkeit vorenthalten, was man nicht für ihre Ohren bestimmt hielt, lag nahe und wurde noch genährt durch Gesprächsprotokolle, die auf »Schmuggelwegen« aus der Raumfahrtbehörde nach draußen gelangten. Apollo 12 zum Beispiel wurde auf dem Hinflug dauernd von einem unbekannten fliegenden Objekt verfolgt. »Nervöse Spannung herrschte an Bord«, berichtete Apollo-Kommandant Charles Conrad. »Die Astronauten beginnen von Feinden im Weltraum und mysteriösen Objekten zu sprechen.« Die NASA suchte erst eine natürliche Erklärung für den Vorgang und deckte ihn dann ganz einfach mit dem Mantel des Schweigens zu.

Apollo 14 nahm eine Bibel mit auf den Mond, auf Mikrofilm reduziert und in einer winzigen Kapsel verborgen, wie schon Apollo 11 in einer ähnlichen Kapsel die Botschaften von 74 Staatsoberhäuptern im Mondstaub hinterlegt hatte – in einer Kapsel zudem, die erst gar nicht eingeplant war und dann überstürzt angefertigt wurde. Wer aus diesem geradezu »kultischen« Vorgang Nutzen ziehen, wer gar die kleinen Kapseln auf einem öden, staubübersäten Gestirn finden und möglicherweise öffnen sollte, dafür gibt es keine vernünftigen Antworten. Apollo 15 hinterlegte eine Miniatur-Statuette des flämischen Künstlers Paul van Hoeydonck, verkehrte jedoch die Grundidee des Schöpfers: Aus einem lebenden Astronauten wurde ein gefallener Raumfahrer, dem eine Trauerkarte mit den Namen der bisher umgekommenen amerikanischen und russischen Weltraumpiloten beigefügt wurde. Diese Huldigungsgeste, keineswegs unüblich in der Menschheitsgeschichte, blieb bis heute ein »Tabu«, über das lieber geschwiegen als gesprochen wird; sie mutete zudem an wie ein heidnischer Brauch, der »die Götter versöhnen« sollte. Bei Apollo 17 schließlich ließ die NASA keinen Zweifel mehr, an wessen Adresse sie sich wandte. Die Plakette, die diesmal hinterlegt wurde und die vom »Geist des Friedens« kündete, wurde vervollständigt durch die Worte Eugene Cernans: »Wenn dieses Schild von anderen gefunden wird, wissen sie, in welchem Geist alles seinen Anfang nahm. Hier endete der Mensch seine erste Erkundung des Mondes.« Die Menschheit wußte ohnehin, in welchem Geist alles seinen Anfang nahm, wer also sollte es noch erfahren?

Die unbemannte Raumfahrt hat von Mal zu Mal die Hypothesen der Schulwissenschaft über den Haufen geworfen. Nahm man zuvor an, die Venus-Oberfläche bestehe aus Sandwüste, sei infolge der angeblich 60 Kilometer dicken Wolkenhülle in ewige Nacht getaucht und weise eine Temperatur von 485 Grad Hitze auf, so verblüfften nicht nur die unterschiedlichen Daten, die amerikanische Sonden zur Erde schickten, sondern auch die Ergebnisse der sowjetischen »Venus«-Satelliten. Deren Landeapparate lieferten, ohne daß ihre Scheinwerfer eingeschaltet werden mußten, gestochen scharfe Bilder von grauem Felsgestein. Ferner wies der Venus-Horizont eine deutlich gekrümmte Linie auf – im Gegensatz zu der bisherigen Annahme, er müsse wie eine konkave Linse aussehen.

Die elektronischen Landeapparate gaben seltsamerweise nach 50 Minuten ihren »Geist« auf. Weshalb, das blieb ein Rätsel.
Wie es auch unerklärlich anmutet, daß die von den Apollo-14-Astronauten hinterlassene Meßstation auf dem Mondlandeplatz Anfang Januar 1976 plötzlich ausfiel; Kommandos von der Erde akzeptierten sie schon seit März 1975 nicht mehr. 32 Tage nach dem totalen Ausfall, also am 19. Februar 1976, meldete sich die Station plötzlich wieder. Sie funktionierte besser als je zuvor, und seitdem befolgt sie auch wieder sämtliche Befehle von der Erde. Niemand weiß, weshalb dies so ist.
Noch unheimlicher geht es jedoch 56 Millionen Kilometer von der Erde entfernt zu. Die amerikanische Sonde »Viking 1«, die im Juni 1976 sich zur Landung auf dem Mars anschickte, sah sich unversehens in diesem Gebiet, das von der NASA den Namen »Planquadrat XY« erhielt und bereits mit dem berüchtigten Bermuda-Dreieck verglichen wird, unerklärlichen Defekten ausgesetzt, die zuerst die Mission in Frage zu stellen schienen. Es war nicht der erste Zwischenfall. Funkanlagen an Bord der Sonden knallten durch oder wurden wie durch Geisterhand ausgeschaltet. Bei »Mariner 7« explodierte die Bordbatterie, »Mariner 8« ging wegen Ausfalls des automatischen Steuersystems verloren. Sechs amerikanische Raumsonden erlitten bis heute im »Planquadrat XY« schwere Schäden, bei den sowjetischen Sonden »Zond 2« und »Mars 1« brannten die Funkanlagen durch und verhinderten auf diese Weise die Erfüllung der Mission. John Casani, der das Viking-Programm technisch leitet, findet das alles »direkt unheimlich. Man gewinnt den Eindruck, als ob ein unbekannter Freibeuter dort oben immer genau weiß, wann etwas von uns durch diesen Teil des Himmels fliegt.« Farbe bekannte die NASA im Sommer 1976: Sie kündigte einen Satelliten an, der außerirdische Besucher auf die bewohnte Erde hinweisen soll.
Geradezu eine Umkehrung ihres Auftrags erfuhren mehrere Astronauten. Flogen sie mit einer irdischen Mission in das Weltall hinaus, mit einer göttlichen landeten sie wieder auf der Erde. William Pogue, der 1973 in »Skylab III« 84 Tage lang im Kosmos weilte, glaubt nach eigenen Worten, in der Evangelisation das richtige Gleichgewicht in seiner Lebensanschauung gefunden zu haben. Nachdem er aus dem Raumfahrt-Team ausschied, schloß er sich der Evangelisationsgruppe »Höhenflug« an, die 1972 von dem früheren Astronauten James Irwin gegründet wurde. Irwin erlebte, als er mit Apollo 15 auf dem Mond landete, eine »seelische Erwekkung«. Ähnlich erging es anderen, die meisten kehrten mit einer

seelischen Erfahrung zurück, die ihr Leben und ihre Ansichten gewaltig wandelte. Apollo-8-Kommandant Frank Borman bezeugte, er habe damals an Weihnachten 1968 »den Beweis erblickt, daß Gott lebt«. Mitchell wandte sich parapsychologischen Studien zu, und Wernher von Braun, Vater der amerikanischen Raumfahrt, münzte Pogues Worte von der »unendlichen Präzision, mit der Gott das Universum beherrscht«, um in das eigene Bekenntnis, daß Wissenschaft und Religion Geschwister seien in dem Bemühen, die Wahrheit zu ergründen. Für Braun stand fest, daß es »überwältigende Hinweise auf einen Schöpfer« gibt.
Atheisten, die nicht eher an den lieben Gott glauben, bis sie ihn selber in den Armen halten, sei daher nur zugemutet, sich mit handfester Wissenschaft zu begnügen. Etwa mit jenen Wissenschaftlern, die in einer »Concorde« am 30. Juni 1973 in 17 000 Meter Höhe über Afrika der Sonnenfinsternis nachjagten und dabei einem riesigen UFO von 200 Meter Durchmesser begegneten. Der Techniker Jean Degat berichtete: »Es war vollkommen glühend und raste mit großer Geschwindigkeit dahin. Es gelang mir, das Objekt zu filmen, ehe es verschwand.« Der Film wurde von Wissenschaftlern des französischen Weltrauminstituts geprüft; dessen Leiter Claude Poher kommentierte das Ergebnis wie folgt: »Wir müssen nun ernsthaft damit rechnen, daß in großer Höhe fliegende Objekte vorkommen, die wir nicht identifizieren können. Man kann auch die Möglichkeit nicht ausschließen, daß Wesen von anderen Planeten Landungsversuche auf der Erde unternahmen und sogar Erdenmenschen zu Studienzwecken mitgenommen haben.« Der französische Rundfunk erklärte, es handle sich um ein völlig seriöses, von Wissenschaftlern kontrolliertes Ereignis. Am 2. Februar 1974 wurde der sensationelle Film im französischen Fernsehen gezeigt.
Auch für den sowjetischen Professor Dr. Felix Zigel, Professor des Moskauer Instituts für Flugwesen und seit 20 Jahren UFO-Forscher, steht fest, daß »außerirdische Fahrzeuge Rußland ausgekundschaftet haben«.
Auf der amerikanischen Seite ist der bekannte Astrophysiker Professor Allen Hynek ein Zeuge, der sich gewissermaßen vom Saulus zum Paulus wandelte. Zwanzig Jahre fungierte er als wissenschaftlicher Berater des Geheimprojekts Blaubuch der Luftwaffe und veröffentlichte 1972 sein Buch »Erfahrungen mit UFOs«. Darin bekannte er: »Zuweilen erschien mir das gesamte UFO-Problem als ein ausgemachter Unsinn. Wenn ich aber dann interessante Berichte über UFO-Sichtungen erhielt, überkam mich immer stärker das Gefühl, daß es sich doch um Tatsachen handelt.« Hynek kam zu

dem Ergebnis, daß UFOs eine Realität sind, und empfahl, in den USA und anderen Ländern Gruppen interessierter Wissenschaftler und Ingenieure in einem Institut zu etablieren, um auf ständiger Basis das UFO-Problem zu studieren. Ferner, so Hynek, sollten die Vereinten Nationen ein Komitee bilden, das die Wissenschaftler unterstütze und sich ebenfalls ständig damit befasse. Für die amerikanische Bundespolizei verfaßte Hynek schließlich einen Beitrag, der im FBI-Bulletin erschien und die Beamten aufforderte, alle UFO-Beobachtungen an das UFO-Center in Illinois zu melden, das von Hynek geleitet wird. Hynek wörtlich in seinem Beitrag: »Wir haben viele Jahre lang über die UFOs und Leute, die sie gemeldet haben, gelacht. Aber heute, nach einem Vierteljahrhundert des Lächerlichmachens, wird sich die wissenschaftliche Welt langsam der Tatsache bewußt, daß es dabei tatsächlich um ernstzunehmende Dinge geht.« Hynek stellt ferner fest, die UFO-Sichtungen selbst seien bemerkenswert in ihrer prinzipiellen Übereinstimmung der beobachteten Tatsachen. »Die Berichte reichen keineswegs über ein weites Spektrum von Erscheinungen. Es gibt praktisch keine Meldungen über unidentifizierte segelnde Objekte oder über UFOs mit Tragflächen oder Rädern, keine Berichte über rosarote fliegende Elefanten oder über das Empire State Building, das auf dem Kopf stehend über Pittsburgh gesichtet wurde.«

Und nun schließt sich der Ring, sind wir wieder bei jener amerikanischen Luftwaffe angelangt, die mit ihrem Projekt Blaubuch Geheimhaltung praktizierte und mit dem Condon-Report die Öffentlichkeit zu manipulieren versuchte. Es existiert nämlich noch ein anderes Dokument, das schonungslos enthüllt, was die Luftwaffe wirklich über die UFOs dachte und gewiß immer noch denkt. Donald E. Keyhoe, früher Major des amerikanischen Marinekorps und befreundet mit dem Polarforscher Admiral Byrd, außerdem jahrelang persönlicher Adjutant von Charles Lindbergh und bis vor kurzem Leiter der bedeutendsten UFO-Forschungsgruppe der Erde, des National Investigations Committee on Aerial Phenomena, kurz auch NICAP genannt – dieser Donald E. Keyhoe schrieb Anfang der fünfziger Jahre ein UFO-Buch und bot es dem Verlag Henry Holt & Company in New York an. Der Verleger erkundigte sich vorsichtshalber bei der Luftwaffe und erhielt mit Datum vom 26. Januar 1953 aus der Feder von Albert M. Chop, dem damaligen Leiter der Presse- und Nachrichtenstelle der Luftwaffe für das Projekt Fliegende Untertassen, der auch für die Freigabe aller Nachrichen und amtlichen Erklärungen verantwortlich war, einen Brief mit folgendem Wortlaut:

»Sehr geehrte Herren! Hiermit bestätigen wir den Erhalt Ihres Schreibens bezüglich des von Major a. D. Donald E. Keyhoe vom US-Marine-Corps angebotenen Buches über ›Fliegende Untertassen‹. Wir von der Air Force kennen Major Keyhoe als einen verantwortungsvollen, genauen Berichterstatter. Seine langjährige Verbindung und Zusammenarbeit mit der Air Force bei unseren Forschungen über ›unidentifizierte fliegende Objekte‹ qualifiziert ihn zu einer führenden zivilen Autorität für solche Untersuchungen. Alle Sichtungsberichte und anderen Informationen, die er zusammengestellt hat, wurden aufgeklärt und sind Major Keyhoe auf seine Bitte hin aus den Akten der ›Air Technical Intelligence‹ zur Verfügung gestellt worden. Die Air Force und ihr Untersuchungsbüro ›Project Bluebook‹ wissen von Major Keyhoes Schlußfolgerungen, daß ›Fliegende Untertassen‹ von einem anderen Planeten stammen. Die Air Force hat nie geleugnet, daß diese Möglichkeit besteht. Einige Mitarbeiter glauben, daß es sich um uns völlig unbekannte natürliche Phänomene handeln könne, daß aber, falls die offenbar kontrollierten Manöver, die von vielen kompetenten Beobachtern geschildert werden, stimmen, dann die einzige verbleibende Erklärung die interplanetarische Antwort ist.«

18. Kapitel

Unser Selbstmordprogramm

Noch 1908 verkündete der britische Professor William H. Pickerling mit Überzeugung und kaum widersprochen: »Die volkstümliche Vorstellung beschwört häufig riesige fliegende Maschinen, die mit Passagieren an Bord den Atlantik überqueren, so wie es heute moderne Linienschiffe tun. Ohne befürchten zu müssen, einem Irrtum zu erliegen, kann man getrost sagen, daß solche Ideen ins Reich der Phantasie zu weisen sind.« Darüber dürfen wir 70 Jahre danach getrost lächeln, aber wer lächelt, sollte sich zugleich fragen, wie viele Pickerlings heute unter uns weilen, die uns weismachen wollen, es gäbe nichts außer dem, was sie selber greifen, fühlen und sehen können.

Sollte auch dieser Hinweis der Menschheit nicht genügen, so braucht sie nur in den Spiegel zu blicken, um sich selber zu erkennen. Um das zu sehen, was sie noch vor zwei Jahrzehnten selber für unmöglich hielt und in ihrer blinden Fortschrittseuphorie töricht verwarf. Nicht umsonst bekannte David Lilienthal, Vorsitzender der amerikanischen Atomenergiekommission: »Ich bin froh, daß ich kein junger Mann bin, und es tut mir leid um meine Enkel.« Er wußte, wovon er sprach. Resignierend stellte schon Albert Einstein fest: »Die entfesselte Gewalt des Atoms hat alles verändert, nur unsere Denkungsweise nicht. Und so gleiten wir auf eine Katastrophe zu, wie sie die Welt noch nicht gesehen hat.« Noch bedrückender sieht der deutsche Nobelpreisträger Konrad Lorenz die Lage: »Für alles ist es zu spät, der Ruin ist unaufhaltsam.« Wovon die Rede ist? Nun, von dem, was der britische Biologe Gordon Rattray Taylor unser »Selbstmordprogramm« nennt. Die Hölle, das sind wir selbst.

Denn wir haben uns eine biologische und ökologische Zeitbombe gebastelt, für die Taylor ein drastisches Beispiel formulierte: »Gibt man Bakterien in ein Reagenzglas, fügt Nährstoff hinzu und sorgt für Sauerstoff, so werden sich diese Mikroorganismen explosionsartig vermehren, alle zwanzig Minuten etwa ihre Zahl verdoppeln, bis sie schließlich eine feste, auch dem bloßen Auge sichtbare Masse gebildet haben. Dann aber wird die Vermehrung aufhören, je mehr die Bakterien sich durch ihre eigenen Abfallprodukte vergiften. Im Mittelpunkt dieser Masse wird ein Kern von toten und sterbenden

Bakterien liegen; undurchdringliche Nachbarn haben sie von den Nährstoffen und vom Sauerstoff abgeschnitten. Die Zahl der lebenden Bakterien wird fast auf Null sinken, es sei denn, die Abfallprodukte werden beseitigt. Die Menschheit befindet sich heute in einer ähnlichen Situation. Die Bevölkerung wächst explosionsartig, und die Abfallprodukte ihrer Technologie beginnen bereits, ihre Opfer zu fordern. Was unser Wasser und unsere Luft verseucht und vergiftet, sind nicht nur bedauerliche Nebenprodukte des technischen Fortschritts. Sie bedrohen das Leben des Menschen gerade wegen der ungewöhnlich raschen Zunahme der Weltbevölkerung. Sie scheinen geradezu Teil eines Rückkopplungsmechanismus zu sein, durch den die Natur versucht, das übermäßige Wachstum selber wieder in den Griff zu bekommen und zu begrenzen.«

Es ist sicher, daß der Mensch – nur eine von Millionen Arten auf dieser Erde – die Natur über ihre Grenzen hinaus beansprucht. Wir achten nicht darauf, was wir mit unserem Wasser und mit unserem Sauerstoff anfangen. Es kümmert uns auch nicht, daß wir von vielen Tieren und Pflanzen abhängen, von denen wir uns ernähren und die wiederum von vielen anderen abhängen. In unserem blinden Streben nach immer mehr Fortschritt und Wachstum haben wir vergessen, in welch kompliziertes Netz der Natur wir selber eingesponnen sind, daß wir uns selber vernichten, wenn wir es selbstsüchtig zerreißen.

Noch bis vor hundert Jahren reichte das Tempo der Natur aus, die Vorräte, die wir ihr entnahmen, wieder zu regenerieren. Doch seitdem verbraucht die Menschheit mehr Rohstoffe, als die Erde ihr zu geben vermag. Das Ende ist greifbar nahe. Denn: die Luft reinigt das Wasser, das Wasser versorgt die Pflanzen, die Pflanzen erneuern die Luft. Arrogant durchkreuzen wir diesen Kreislauf und holzen die Wälder ab, die Wasser und Sauerstoff abgeben, bauen Dämme und Pipelines und drängen damit die Tierwelt zurück, betonieren die Erdoberfläche und bauen Staudämme und verwirren dadurch den Wasserhaushalt. Die gigantische Verschmutzung unseres Planeten vergiftet alles Leben; dank einer Industrie, die uns immer größeren Wohlstand vorgaukelt und damit vornehmlich ihren eigenen Gewinn meint, sind die meisten größeren Seen dieser Erde bereits tot.

Die Liste der menschlichen Unvernunft ist Legion. Vor 3000 Jahren war China mit Wäldern bedeckt. Sie wurden gerodet, um mehr Ackerflächen zu gewinnen, doch seitdem kennt man die riesigen Überschwemmungen der Ströme und die Dürreperioden. Dennoch beging man im Nordosten Brasiliens den gleichen Fehler: Rigoros

drängte man den Waldanteil von 50 auf weniger als fünf Prozent zurück und handelte sich prompt große Überschwemmungen ein, die zu bändigen und zur Bewässerung zu nützen man sich jetzt zwei Milliarden Dollar kosten läßt. Der vielgepriesene Assuan-Staudamm in Ägypten bewirkte, daß der Nil keine fruchtbaren Schlammassen mehr mit sich führt; im einst auf natürliche Weise blühenden Niltal kommen die Bauern ohne künstlichen Dünger nicht mehr aus. Die Beispiele solcher Tragikomödien der Unvernunft lassen sich ins Unendliche verlängern.
Taylor: »Wenn man Adler schießt, so heißt es, lädt man sich eine Heuschreckenplage auf den Hals. Denn die Adler halten die Eidechsen in Schach. Wenn aber die Eidechsen überhandnehmen, nehmen die Frösche, von denen sich Eidechsen ernähren, ab. Wenn aber die Frösche abnehmen, vermehren sich die Heuschrecken, die sonst von den Fröschen gefressen werden. Das Studium von Beziehungen dieser Art nennt man Ökologie.« Taylor räumt ein, hier könne es sich um Ökologenlatein handeln, gibt aber zugleich eine Geschichte aus Malaysia preis, die den Vorzug hat, wahr zu sein. Dort versuchte man, die Malaria auszurotten, und beschwor damit nicht nur fast einen Pestausbruch, sondern auch den Einsturz mehrerer Dächer. Mit DDT besprühte man die Moskitos, die Malaria verbreiten, und reduzierte damit gleichzeitig die Küchenschaben. Von ihnen leben die Geckos, die nun nicht mehr genug Nahrung fanden, von den Geckos wiederum auch die Katzen. Weniger Katzen aber bedeuten mehr Ratten, die pestübertragende Läuse mit sich herumtragen. Rattengift hätte zwar die Ratten ausgerottet, aber die Läuse auch gezwungen, sich nach neuer Bleibe umzusehen, und das wären wohl Menschen gewesen. Die Weltgesundheitsorganisation kam der Gefahr zuvor, indem sie Katzen importierte und damit die Pestgefahr bannte. Den Einsturz der Dächer konnte sie jedoch nicht verhindern, denn das DDT hatte die Wespen vernichtet, die normalerweise jene Raupen fressen, die auf den blattgedeckten Dächern leben. Möglicherweise war auch die verminderte Anzahl Geckos mitbeteiligt, daß die Raupen ungestört die Dächer abkauten, bis sie zusammenfielen. Taylor dazu: »Alles in allem ein gutes Beispiel für das Gleichgewicht in der Natur.« Und: »Der Mensch – Schlittschuhläufer auf dünnem Eise – verschiebt tölpelhaft biologische Gleichgewichte und zündet so Bevölkerungsexplosionen. Gelegentlich aber versucht er ebenso blindlings, Tierarten auszurotten, die er nicht mag, mit Konsequenzen, die fast komisch anmuten.«
Auch die Beispiele der Monokulturen – typische Auswüchse einer auf materiellen Reichtum bedachten Agrarwirtschaft – warnen

eindringlich davor, künstliche Ökosysteme zu schaffen, die der Natur zuwiderlaufen. Sie locken nicht nur Schädlinge in ungewöhnlichem Maß an, sondern provozieren zugleich umfangreiche Giftsprühaktionen, die den natürlichen Jägern der Schädlinge oft mehr zu Leibe rücken als den Schädlingen selbst. Nehmen wir nur einmal die Obstgärten, in denen außer den Obstbäumen keine anderen Pflanzen geduldet werden. Um die Spanner loszuwerden, sprühte man DDT, aber dadurch wurde die Rote Milbe zum Problem. Denn sie besitzt nicht weniger als 45 natürliche Feinde, die alle zu Tode gesprüht wurden. Taylor meint deshalb, daß wir die meisten unserer Schädlingsprobleme uns selber zu verdanken haben; wer die Ökosysteme vereinfacht, verkennt die ökonomische Organisation der Umwelt.
Zahlreiche Tiere sind vom Aussterben bedroht; wo wir sie in Naturparks zu erhalten versuchen, engen wir zugleich ihren Lebensspielraum ein und schaffen dadurch völlig neue und zuvor nicht bedachte Probleme. Auch die Pflanzen drängen wir zurück und entziehen uns damit gleichzeitig die Existenz: wer soll den Sauerstoff produzieren, den wir atmen müssen? Unsere Meere sind voll von Unrat, den wir als Abfallprodukt unseres Fortschritts wegschütten und dessen biologische Wirkungen wir keineswegs kennen. Das Kohlendioxyd in der Atmosphäre ist dank der Vergeudung fossiler Brennstoffe – von der Natur in Millionen Jahren angesammelt – seit einhundert Jahren rapide angestiegen und bewirkt einen »Gewächshauseffekt«, der unser Klima einschneidend, wenn nicht gar tödlich verändern kann. Sauerstoff wird zudem in geradezu unvorstellbaren Mengen vernichtet: durch Autos, Flugzeuge, Schiffe. Eine Düsenpassagiermaschine verbrennt bei jeder Atlantiküberquerung 35 Tonnen Sauerstoff, das sind bei dem heutigen Luftverkehr immerhin 20 Millionen Tonnen pro Jahr. Die USA regenerieren nur 60 Prozent ihres Sauerstoffbedarfs im eigenen Land, für andere Länder liegen die Zahlen noch weit unter diesem Wert. Aber trotz dieser Alarmsignale werden weiter Wälder abgeholzt, schreit alle Welt nach rigoroser Industrialisierung – und offenbar merkt niemand, daß ein auf Kosten der Umwelt erkaufter Wohlstand in totale Armut münden wird.
Taylor stellt bitter fest, daß es unmöglich geworden ist, einen Eimer Wasser irgendwo aus dem Meer zu schöpfen, ohne darin meßbare Mengen von Menschen erzeugter Radioaktivität zu finden. In der Tat ist das atomare Kapitel das perfideste, das sich die Menschheit bisher in ihr Geschichtsbuch schrieb. In den fünfziger Jahren behauptete die amerikanische Regierung noch, die Kernwaffentests

hätten keine oder nur minimale Wirkung für die Menschen. Ein Jahrzehnt danach mußte sie ernste genetische Schäden als Folge des radioaktiven Fallout einräumen. Auch wenn die oberirdischen Versuche (bis auf China) nun eingestellt sind, geblieben sind die unterirdischen Teste, von deren Auswirkung auf die Umwelt wenig bekannt wird. Geblieben sind vor allem aber die Kernkraftwerke, deren Befürworter sich nicht scheuen, mit der Sicherheit von Arbeitsplätzen zu werben. Wie sicher solche Arbeitsplätze sind, beweisen die Todesfälle in Asbestfabriken, in Uranbergwerken. Was dort alles elend im Frührentneralter starb, ehe man sich bequemte, die Gefahren öffentlich einzugestehen, säumt die Fortschrittsstraße zurück bis ins Dunkel frühkapitalistischer Zeiten.

Es steht fest, daß Kernkraftwerke schon im Normalbetrieb Radioaktivität an ihre Umwelt abgeben. Minimal, sagt die Lobby, die in diesem ausgehenden Jahrhundert auf unaufhörlich steigenden Energiebedarf und damit auf Riesengewinne hofft. Und sie sagt weiter: Wesentlich geringer als die natürliche Radioaktivität, der die Menschen ohnehin täglich ausgesetzt sind. Wer künstliche und natürliche Radioaktivität gegeneinander aufrechnet, unternimmt den untauglichen Versuch, Birnen und Äpfel zusammenzuzählen. Künstliche Nuklide sind in ihrer Wirkung weitgehend unerforscht, ihre Langzeitfolgen werden frühestens in der nächsten Generation erkennbar sein. Bis dahin wird man weiter versuchen, uns Sand in die Augen zu streuen.

Vier radioaktive Nuklide haben besondere Bedeutung erlangt, da sie im Körper in ganz bestimmte Gewebe und Strukturen eingebaut werden. Jod 131 wird in der Schilddrüse gespeichert und kann zu Tumoren führen; die Halbwertszeit ist mit acht Tagen zwar kurz, aber dennoch nicht zu unterschätzen. Denn Halbwertszeit bedeutet, daß im Fall von Jod 131 nach acht Tagen die Hälfte der Atome zerfallen ist, nach weiteren acht Tagen wiederum die Hälfte der noch nicht zersetzten Atome – und so weiter. Erst wenn das letzte Atom zerfallen ist, kann Radioaktivität nicht mehr nachgewiesen werden. Wichtig, daß bis dahin die Strahlung nicht schwächer wird, also jede der »Miniexplosionen« so stark ist wie die andere. Jod 129, das zwar in kleineren Mengen entsteht, hat dafür aber eine Halbwertszeit von 17,250 Millionen Jahren.

Strontium 90 lagert sich in den Knochen ab, beim Zerfall entsteht das ebenfalls radioaktive Yttrium 90, das sich bevorzugt in den Keimdrüsen ansiedelt und dort Mutationen an Ei- und Samenzellen bewirkt. Die Halbwertszeit beträgt 28 Jahre.

Kohlenstoff 14 kann in alle Gewebearten eingebaut werden. Auch

dieses Isotop verändert das genetische Material, das damit an alle nachfolgenden Generationen weitervererbt wird. Seine Halbwertszeit beträgt 6000 Jahre – der Vorrat dieses gefährlichen Isotops erhöht sich also rapide mit dem Wachstum der Atomindustrie.
Cäsium 137 schließlich konzentriert sich ebenfalls in lebendem Gewebe, seine Halbwertszeit beträgt 33 Jahre.
Hinzu kommt, daß nicht nur die direkte Strahlung für den Menschen gefährlich ist; ihr könnte man mit einer Evakuierung begegnen, obwohl selbst solch eine Möglichkeit graue Theorie zu sein scheint. Aber Jod 131, das zusammen mit den Niederschlägen auf Weideland fällt, gelangt auf diese Weise zu den Kühen und damit auch in die Milch. Am Ende dieser Nahrungskette steht wiederum der Mensch. Damit nicht genug: Radioaktiver Abfall, der in Seen oder Flüssen hochverdünnt und damit vermeintlich unschädlich eingeleitet wird, konzentriert sich in Speisefischen bis zu 2000fach, in Schneckenlarven sogar 350000mal stärker als im Wasser. Bei Schwalben fand man die Isotope auf das 75000fache erhöht – bezogen über die Nahrungskette Insekt, Alge, Wasser. Die Zugvögel tragen somit die Radioaktivität munter in die Lande und zudem in einer Stärke, angesichts derer es der Atomlobby eigentlich die Sprache verschlagen müßte. Bei dem Reaktorunfall im britischen Windscale wehte ein günstiger Wind den radioaktiven Fallout zwar in die Irische See oder nach Irland, dennoch durften die Kühe auf einer Fläche von 1000 Quadratkilometern nicht mehr weiden, die gesamte Milch mußte vernichtet werden, und über Nordeuropa stellte man einen Anstieg der Radioaktivität fest.
Vergessen wir außerdem nicht, daß ein einziger Reaktor von 1000 Megawatt Leistung nach einem Jahr Betrieb mehr radioaktives Cäsium, Strontium und Jod enthält, als durch alle vorhergegangenen Kernwaffentests freigesetzt worden ist. Vergessen wir ferner nicht, daß die ungenutzte Wärme über das Kühlwasser die Flüsse aufheizen und damit weitere Mikroorganismen auslöschen wird. Und vergessen wir schließlich nicht, daß der radioaktive Abfall uns vor gigantische Probleme stellt. Selbst wenn wir es vermöchten (und nicht wenige bezweifeln das), den tödlichen Müll absolut strahlungssicher in verlassenen Bergwerken oder auf dem Meeresgrund zu deponieren, wer garantiert uns, daß nachfolgende Generationen diese Satansplätze nicht vergessen? Wer von uns weiß eigentlich, wer was und wo vor 20000 Jahren vergraben hat? Wir kennen nicht einmal die Gräber der damaligen Herrscher und wollen unseren Nachfahren einen Ballast zumuten, dessen Todesstrahlen erst nach Hunderttausenden von Jahren enden.

An den immensen Kosten allein für die Beseitigung des radioaktiven Abfalls entlarvt sich die Lüge vom billigen Atomstrom. Doch sie ist nur das Ende einer Lügenkette, die uns seit einem Jahrhundert anpeitscht, wider die Natur zu handeln. Die Industrie, die den Götzen Wachstum predigt und uns dafür mit Wohlstand, vor allem aber sich selber mit Reichtum belohnen will, hat ihr Ende bereits vorprogrammiert. Schon jetzt vergeuden die Amerikaner, nur um ihren eigenen Lebensstandard zu halten, rund die Hälfte der irdischen Grundrohstoffe. Wann keine Rohstoffe mehr vorhanden sind, um nicht nur die Amerikaner, sondern die sich rasend vermehrende Weltbevölkerung am Leben erhalten zu können, ist an den Fingern nur einer Hand nachzurechnen.
Ob die Menschheit noch eine Chance besitzt, sich zu besinnen, diese Frage besitzt mehr pessimistischen Charakter. Die Torheiten der Technologie halten uns eisern umklammert und zwingen uns, Scheinbedürfnisse zu befriedigen. Dem Goldenen Kalb Wachstum bringen wir unsere täglichen Opfer dar, indem wir – nur ein Beispiel – mehr Kleider kaufen, als wir brauchen. Es gilt nicht als vernünftig, sich damit zu bescheiden, was zum Leben wirklich notwendig ist. Hält dieser Trend an, so werden wir in den Abfällen unserer Scheingüter ersticken und die Natur unseres Planeten völlig zerstören. Taylors Fazit: »Es liegt im Wesen der Industriegesellschaft, daß sie sich eines Tages selbst zerstört: Man kann nicht mit Mitteln, die selbst Unbehagen schaffen, immer mehr Güter produzieren und glauben, daß diese Güter Zufriedenheit bringen werden. Kein Mensch weiß, wie man sich aus dieser Entwicklung heraushalten kann. Man muß Werbung betreiben und sich immer neue Moderichtungen ausdenken, damit der Konsum der Produktion auch gesichert bleibt. Werbeagenten verteidigen ihre Tätigkeit wortreich: Wir müssen neue Märkte erschließen, um Arbeitslosigkeit zu verhindern. So kommen wir dahin zu konsumieren, damit wir produzieren können, statt umgekehrt. Das bezeichne ich als Tretmühle der Technik.«
Fast müßig zu bemerken, daß es auch als unvernünftig gilt, dem Wahnsinn der militärischen Rüstung ein Ende zu bereiten. Sinnlos werden immer schrecklichere Waffen produziert, nur um den angeblichen Frieden zu erhalten. So vergeuden wir nicht nur wertvolle Rohstoffe, die in immer rascherem Tempo als veraltete Tötungswerkzeuge auf dem großen Schrotthaufen landen, sondern auch unsere eigenen Talente. Das moralische Vakuum, in das uns das technische Zeitalter stieß, ließ unser Bewußtsein verkümmern. Dies zu erkennen, ist in der Tat die letzte große Herausforderung an

die Menschheit. Auch wenn wir noch so viele Bäume fällen, um aus ihnen Büttenpapier zu produzieren, auf dem wir uns in verblendeter Selbstgerechtigkeit als die Krone der Schöpfung bezeichnen –, es ändert nichts an der Tatsache, daß wir auf der untersten Sprosse der universalen Stufenleiter stehen.

So hat uns der Ausflug zu den UFOs überraschend zu uns selber geführt. Der Natur und damit der Demut entfremdet, bewahrheitet sich schrecklich an uns selber Hermann Oberths Wort vom Strafplaneten Erde. Beschämt müssen wir erkennen, daß wir uns immer mehr in billige Oberflächlichkeit flüchten, statt uns darauf zu besinnen, in kluger Weise mit der Natur zusammenzuleben. Schon Albert Schweitzer bekundete, der große Fehler aller Ethiken bis zum heutigen Tag liege darin, daß sie meinten, sie hätten sich nur mit dem Verhältnis von Mensch zu Mensch zu beschäftigen. Für die Ethiken der sogenannten westlichen Welt gilt dies bestimmt, wohl kaum für orientalische Religionen, die selbst den Insekten das Recht auf Leben zugestehen. Wir hingegen haben immer noch nicht begriffen, daß Liebe und Toleranz keine Einbahnstraßen sind, die nur auf uns selber zuführen.

Unsere Technik greift nach den Sternen, aber den Kosmos wird nur gewinnen, wer wieder in die Tiefen seiner eigenen Seele hinabsteigt. Nur dort begegnen wir Gott.

Eine sehr alte Weisheit, zugeschüttet von einer irdischen Wissenschaft, deren Hauptwerk vornehmlich darin bestand, sich selber zu widerlegen. Ursprüngliche Wahrheit uns wieder zugänglich zu machen, davon künden die UFOs und Fords Jenseitsbericht und die unzähligen Impulse aus einer höheren Welt. Zu Mel Noel, dem Fliegerleutnant, sagte der »Mann aus Washington«: »Man sollte die Dinge bekanntgeben. Nicht diktieren oder kommentieren, sondern ganz einfach bekanntgeben: So ist die Sache – tut damit, was ihr wollt.«

Nun: So ist die Sache – tut damit, was ihr wollt.

Literaturhinweise

Mira Alfassa (Die Mutter): *Über Erziehung.* Planegg: Auroville Verlag.

Sri Aurobindo: *Die Offenbarung des Supramentalen.* Planegg: Auroville Verlag.

Charles Berlitz: *Das Bermuda Dreieck.* Wien: Zsolnay Verlag.

Johannes von Buttlar: *Reisen in die Ewigkeit.* Frankfurt/M: Fischer Taschenbuch Verlag.

Erich von Däniken: *Erinnerungen an die Zukunft.* Düsseldorf: Econ Verlag.

Frank E. Edwards: *UFOs – eine Realität.* Wiesbaden: Ventla Verlag.

esotera – Monatshefte. Freiburg: Bauer Verlag.

Arthur Ford: *Bericht vom Leben nach dem Tod.* München–Bern: Scherz Verlag.

C. G. Jung: *Ein moderner Mythus: Von Dingen, die am Himmel gesehen werden.* Olten–Freiburg: Walter Verlag.

Michel Klostermann: *Auroville – Stadt des Zukunftsmenschen.* Frankfurt/M: Fischer Taschenbuch Verlag.

Desmond Leslie/George Adamski: *Fliegende Untertassen sind gelandet.* Wiesbaden: Ventla Verlag.

John C. Lilly: *Das Zentrum des Zyklons.* Frankfurt/M: Fischer Taschenbuch Verlag.

Guy L. Playfair: *Phantastische PSI-Phänomene.* Freiburg: Bauer Verlag.

Gordon R. Taylor: *Das Selbstmordprogramm.* Frankfurt/M: Fischer Taschenbuch Verlag.

Peter Tompkins/Christopher Bird: *Das geheime Leben der Pflanzen.* Frankfurt/M: Fischer Taschenbuch Verlag.

Paramahansa Yogananda: *Autobiographie eines Yogi.* München: Barth Verlag.

Bitte umblättern:

auf den nächsten Seiten informieren wir Sie über weitere interessante Fischer Taschenbücher.

Das befreite Kind (6345)
C. G. Jung · Über Grundlagen der Analytischen Psychologie. Die Tavistock Lectures 1935 (6302); Kritik der bürgerlichen Psychologie (6198)
Theodore Lidz · Der gefährdete Mensch (6318);
Marxismus
Psychoanalyse Sexpol, Band 1: Dokumentation (6056), Band 2: Aktuelle Diskussion (6072)
Hg. H. Nagera. Psychoanalytische Grundbegriffe (6331)
Tilmann Moser · Jugendkriminalität und Gesellschaftsstruktur (6158)
Christine Mylius · Traumjournal (1737)
A. S. Neill, u. a. · Die Befreiung des Kindes (6285)
Robert Ornstein · Die Psychologie des Bewußtseins (6317)
Reuben Osborn · Marxismus und Psychoanalyse (6279)
Gordon R. Lowe · Erkenne dich und die anderen (6341)
Fischer Lexikon Psychologie (FL 6)
Nossrat Peseschkian · Psychotherapie des Alltagslebens (1855); Psychoanalyse und Erziehungspraxis (6076)
Ola Raknes · Wilhelm Reich und die Orgonomie (6225)
Josef Rattner · Wirklichkeit und Wahn (6312); Aggression und menschliche Natur (6173); Der schwierige Mitmensch (6186); Gruppentherapie (6223); Psychotherapie als Menschlichkeit (6253); Neue Psychoanalyse und intensive Psychotherapie (6266)
Wilhelm Reich · Die sexuelle Revolution (6093); Die Entdeckung des Orgons: Die Funktion des Orgasmus (6140); Charakteranalyse (6191); Die Massenpsychologie des Faschismus (6250); Der Einbruch der sexuellen Zwangsmoral (6268); Die Entstehung des Orgons: Der Krebs (6336)
Hartwig Röhm · Kindliche Aggressivität (6310)
Otto Rühle · Zur Psychologie des proletarischen Kindes (6280)
Manès Sperber · Alfred Adler oder Das Elend der Psychologie (6139)
Gerhard Studynka · Hirnforschung (6254)
Harry S. Sullivan · Das psychotherapeutische Gespräch (6313)
Thomas S. Szasz · Die Fabrikation des Wahnsinns (6321)
Renate Witte-Ziegler · Ich und die anderen. Protokolle einer gruppentherapeutischen Behandlung (6323)
Lew. S. Wygotski · Denken und Sprechen (6350)

FISCHER
TASCHENBÜCHER

Literatur der Gegenwart

Walter Kempowski · Immer so durchgemogelt (1733)
Ivan Klima · Ein Liebessommer (1717)
Alexandr Kliment · Anständige Leute (1481)
Günter Kunert · Tagträume in Berlin und andernorts (1437)
Reiner Kunze · Der Löwe Leopold (1534); Zimmerlautstärke Gedichte (1934)
Jakov Lind · Selbstporträt (1533); Der Ofen – Eine Erzählung und sieben Legenden (1814)
Elsa Morante · Arturos Insel (1884)
Irmtraud Morgner · Die wundersamen Reisen Gustav des Weltfahrers (1568)
Raymond Queneau · Odile (1724)
Hans Werner Richter · Rose weiß, Rose rot (1399)
Herbert Rosendorfer · Deutsche Suite (1500)
Joseph Roth · Das Spinnennetz (1151)
Arno Schmidt · Schwänze, Fünf Erzählungen (1742); Die Gelehrtenrepublik (685); Seelandschaft mit Pocahontas (719) Tina / oder Über die Unsterblichkeit. Tina / Dya Na Sore / Müller / Massenbach (755); Das steinerne Herz (802); Sommermeteor (1046); KAFF auch Mare Crisium (1080); Orpheus, Fünf Erzählungen (1133); Aus dem Leben eines Fauns (1366); Brand's Haide (1420); Leviathan und Schwarze Spiegel (1476); Alexander, oder Was ist Wahrheit, 3 Erzählungen (1550)
Alan Sillitoe · Ein Start ins Leben (1391)
Alexander Solschenizyn · Der erste Kreis der Hölle (1410)
Ludvik Vaculik · Das Beil (1438)
Erwin Strittmatter · Ole Bienkopp (1800)
Christa Wolf / Gerhard Wolf · Till Eulenspiegel (1718)
Gabriele Wohmann · Ernste Absicht (1297)
Arnold Zweig · Der Streit um den Sergeanten Grischa (1275); Junge Frau von 1914 (1335); Erziehung vor Verdun (1523); Novellen um Claudia (1882)
Gerhard Zwerenz · Nicht alles gefallen lassen (1314); Kopf und Bauch (1360); Bericht aus dem Landesinneren (1468); Vorbereitungen zur Hochzeit (1588); Die Erde ist unbewohnbar wie der Mond (1798)